1変数の微積分

［Webアシスト演習付］

廣瀬英雄・高藤政典
山内雄介・小山哲也
共著

培風館

まえがき

スタンフォード大学構内の落書きに $\frac{1\not{6}}{\not{6}4} = \frac{1}{4}$ というのがあった．ひねってありなかなかおもしろいなと思う．分母分子の 6 をキャンセルさせるのは誤っているように見せかけて，じつは答えがちゃんとあっているからだ．正しくは $\frac{16}{64} = \frac{\not{16}}{\not{16} \times 4} = \frac{1}{4}$ である．なぜ，こういう違和感のある間違いを紹介するかというと，64 という数の表現 $64 = 6 \times 10^1 + 4 \times 10^0$ がきちんと理解できていれば問題ないものを，その基本的な部分の理解が不十分なために，部分的に暗記していた法則を組み合わせて自分なりの解答をつくってしまうということを示す典型例となっているからである．

もう一つの例．例えば，$\frac{d}{dx}3x = 3$ である．答えは正しい．しかし，学生が書き加えた計算過程を示す跡 $\frac{\not{d}}{\not{d}\not{x}}3\not{x} = 3$ が立派な誤答であることを示している．学生の推論過程を追いかけると，d, x を分母分子から約分すると残りは 3 になるということを考えたのであろう．高校で微分法について基本的なことは教わっているはずなのに，まるで「微分という操作」をまったく理解していないかのような計算になっている．

別の例．有理化を行って極限を求める例 $\lim_{n\to\infty}(\sqrt{n+1} - \sqrt{n}) = 1$ では，平方根を求める関数が見えなくなってしまっている．つまり，関数という概念の理解にまで至っていない．自分の知識の範囲内で考えて，$\lim_{n\to\infty}(\sqrt{\not{n}+1} - \sqrt{\not{n}}) = \lim_{n\to\infty}\sqrt{1} = 1$ と導いたということである．

こういう現象の背景には，中学から高校，高校から大学のある時期に，数学の「抽象化の概念」についてこれなくなり，それがそのまま現在に至っていて，そういう学生は少なからずいる，ということが想定される．本書では，そういった，大学で学ぶ準備がある時点で不十分な学生でも教科書についていけるような工夫を行った．しかし，よくみられるような単なるドリルではなく，学生がついてこれなくなった原因にまでさかのぼって，そこから正しい理解への道筋をたどってもらうために，数学の基本的なルールや定義をわかりやすく説明することに注力した．

数学は小さい約束ごとに基づく概念を１つ１つ積み重ねながら，ついには体系的で壮大な宇宙を形成する．そのゆるぎない宇宙を誰もが正確に共有できるためには，１つ１つの概念を曖昧さがないように正しく理解することがとても重要である．そこを曖昧にしたまま高度な概念にたどり着こうとすると，もっている知識や直感だけで築きあげた世界は想定した宇宙の姿とは異なってしまう．本書では，１つ１つの概念をていねいにわかりやすく説明しながら，人類が築きあげてきた微積分への世界へと誘うことを主題としている．微積分には，無限や極限の概念と立ち向かう大きな障壁がある．曖昧な理解のままでは陥りやすいこの概念への誤解などに対して，例を多く用いながらこの障壁を越えていけるような解説を行っていく．さらに本書では，大学の微積分の多変数部分を割愛し，１変数の範囲にとどめ，あくまで基礎的な考え方ができるような内容に努め，実数，関数，微分，積分についてコンパクトにまとめている．

微分は，特に工学部では，これまでニュートン力学と対をなして教えられてきた．微積分の最初の応用がそこにあったからである．そこでは，短い時間で進む時間あたりの距離の極限を速さと定義して，物体の運動法則を記述している．積分は，微分の逆演算として記述されることが多い．しかし，そのような説明は今の時代にそぐわない．もっとイメージをもちやすい微積分のとらえ方はできないだろうか．本書はそういう視点からも記述しているつもりである．微分は関数の変動の激しさをとらえている．ある点の近くを対象にして微細な動きをていねいに記述している．微分係数は動きに敏感さを表現するセンサーである．一方，積分は関数が小刻みに動くことには鈍感で，大きなうねりに主に反応する．積分は，曲線で囲まれた面積で定義されることを前提としているために，微細な挙動を許容するからである．本書での積分の立ち位置は，微分の逆演算としてではなく，こちらである．

演習は，よくみられる教科書のように章末の問題を解いてもらうだけでは理解が不十分になると考えて，多くの問題数を擁するオンライン演習のシステム「愛あるって」を使用していただくことを前提とし，その解説を付録に付けた．教科書の演習問題としてはこの「愛あるって」を利用していただきたい．「愛あるって」の問題数は十分に多いため，章末の問題は各章5問，少し難易度の高い考える問題にとどめている．「愛あるって」は，項目反応管理論 (IRT) を取り入れたアダプティブオンライン IRT システムになっており，学習者の習熟度に合わせた問題が自動的に出題されるため，少ない問題数でも正確な評価値を与えようとするシステムになっている．多くの問題を「楽しく」解くことによって，本書が多様な習熟度の学生の多くに活用されることを願っている．

本書を執筆するに際して，多くの先生方 (今岡光範，久保富士男，谷口哲至，直川耕祐，本田竜広：敬称略) にご協力いただきました．本文中のいくつかのカットは岡田楓さんに描いていただきました．ここに感謝の意を表します．

2019 年 晩秋

著者らしるす

培風館のホームページ

`http://www.baifukan.co.jp/shoseki/kanren.html`

から，オンライン学習のサイト「愛あるって」に入ることができる．

目　　次

ギリシア文字表

大文字	小文字	英語名	読　み
A	α	alpha	アルファ
B	β	beta	ベータ
Γ	γ	gamma	ガンマ
Δ	δ	delta	デルタ
E	ε, ϵ	epsilon	イ (エ) プシロン
Z	ζ	zeta	ゼータ (ツェータ)
H	η	eta	イータ
Θ	θ, ϑ	theta	シータ
I	ι	iota	イオタ
K	κ	kappa	カッパ
Λ	λ	lambda	ラムダ
M	μ	mu	ミュー
N	ν	nu	ニュー
Ξ	ξ	xi	グザイ (クシー)
O	o	omicron	オミクロン
Π	π, ϖ	pi	パイ
P	ρ, ϱ	rho	ロー
Σ	σ, ς	sigma	シグマ
T	τ	tau	タウ
Υ	υ	upsilon	ウプシロン
Φ	ϕ, φ	phi	ファイ
X	χ	chi	カイ
Ψ	ϕ, ψ	psi	プサイ
Ω	ω	omega	オメガ

1

微積分への準備

1.1　数と関数

りんごが3個というときの3個から「個」を取り除く，あるいは，ものさしで測ったら1.5 cmというときの1.5 cmから「cm」を取り除くと，残った数値，3や1.5には具体的な状況は消えてしまって抽象的な「数」だけになる．数学では，このような背後に個性をもたない抽象的な数を取り扱い，一般性を広げていく．ここでは実際に日常で使っている数である「実数」を振り返り，次に数から数への対応関係についての基本的な事柄を学ぶ．

1.1.1　集　合

ある性質をもつ数や点の集まりなどのように，それに属するか属さないかがはっきりしているものの集まりを**集合**といい，集合に属している1つ1つのものをその集合の**要素**，あるいは**元**という．集合を表すにはアルファベットの大文字 A などの表現を用い，A の要素であることを示すには，A に属する要素をすべて書き並べて中括弧 $\{\ \}$ でくくるか，$\{$ 式 $|$ 条件 $\}$ の形式で表す．例えば，A が 3 以下のすべての自然数からなる集合であるとすると，

$$A = \{1, 2, 3\}, \quad \text{または} \quad A = \{k \mid k \text{ は 3 以下の自然数}\}$$

のように表す．また，a が集合 A の要素であるとき $a \in A$ で表し，要素でないとき $a \notin A$ で表す．

集合 A の要素がすべて集合 B の要素であるとき，A は B の**部分集合**であるといい $A \subset B$ で表す．A が B の部分集合でないとき $A \not\subset B$ と表す．対象と

して考えているすべての要素の集合を**全体集合**といい Ω で表す．このとき，

$$A^c = \{x \mid x \in \Omega \text{ かつ } x \notin A\}$$

で定められる集合 A^c を A の**補集合**という．要素が 1 つもない集合は**空集合**といい，記号 $\emptyset$ で表す．

2 つの集合 A, B に対して，

$$A \cup B = \{x \mid x \in A \text{ または } x \in B\}$$

を A と B の**和集合**といい，

$$A \cap B = \{x \mid x \in A \text{ かつ } x \in B\}$$

を A と B の**共通部分**という．また，$A \cap B = \emptyset$ のとき，集合 A と B は**互いに素である**という．さらに，

$$A \setminus B = \{x \mid x \in A \text{ かつ } x \notin B\}$$

を**差集合**という．

集合に関係する図を図 1.1 に示す．

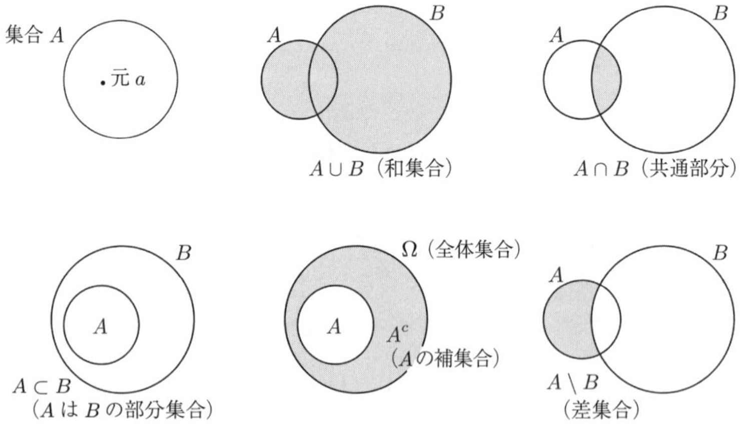

図 1.1　集合に関係する図

○例　$A=\{1,2,3,4,5\}$, $B=\{2,4,6\}$, $C=\{1,3,5\}$ とおくとき，

$$1\in A,\qquad 8\notin A,\qquad B\not\subset A,\qquad C\subset A,$$
$$A\cup B=\{1,2,3,4,5,6\},\quad A\cap B=\{2,4\},\quad B\cap C=\emptyset.$$
□

集合 A と B が等しいということは，$A\subset B$ であり，同時に $B\subset A$ であることになる．つまり，A のすべての要素 a は B に含まれており，B のすべての要素 b は A に含まれているということと同じである．“A のすべての要素 a” というのを，$\forall a\in A$ と表すと，A と B が等しいということを次のように定義することができる．

定義　集合 A と B について $A=B$ とは

$$A=B\iff(\forall x\in A\text{ のとき }x\in B)\text{ かつ }(\forall x\in B\text{ のとき }x\in A)$$

ここで，$\iff$ は同値関係を表す．

1.1.2　数

$1,2,3,\ldots$ を**自然数**という．自然数に 0 と $-1,-2,-3,\ldots$ をあわせたものを**整数**という．0 でない整数 m と整数 n からつくられる数 $\dfrac{n}{m}$ を**有理数**という．有理数を小数で表すと有限小数か循環小数になることがわかっている．有限小数は循環小数に表すこともできるので，有理数は小数で表すと循環小数で表される数ともいえる．例えば，0.5 は $0.4999\cdots$ とまったく同じ数である．

一方，$\sqrt{2}$ は $\dfrac{n}{m}$ の形に表すことができない．ただし，n と m は共通の約数をもたない (既約) とする．なぜなら，もし $\sqrt{2}$ が有理数 $\dfrac{n}{m}$ と表されたと仮定すると，$2m^2=n^2$ となるはずで，左辺は偶数なので n は偶数 $(n=2k)$ になり，結局 $m^2=2k^2$ から m も偶数になり，最初の仮定に反することになるからである．すると，$\sqrt{2}$ は小数に直すと循環しない無限小数となっている．このように，循環しない無限小数となる数を**無理数**という．

有理数と無理数をあわせて**実数**という．自然数全体のつくる集合を $\mathbb{N}$，整数全体のつくる集合を $\mathbb{Z}$，有理数全体のつくる集合を $\mathbb{Q}$，実数全体のつくる集合を $\mathbb{R}$ で表す．

休憩　式，等式，方程式，不等式

(その 1：深刻な約分)

$$\frac{1\cancel{2}\cancel{3}\cancel{4}\cancel{5}\cancel{6}\cancel{7}\cancel{9}}{\cancel{9}8\cancel{7}\cancel{6}\cancel{5}\cancel{4}\cancel{3}\cancel{2}} = \frac{1}{8}$$

のような約分はジョークとして愉快なのだが，次のようになると愉快ではなく深刻になる．

誤答例

$$\frac{4}{6a^2+1} = \frac{\cancel{4}^{2}}{\cancel{6}_{3}a^2+1} = \frac{2}{3a^2+1}$$

分母と分子に同じ因子があるとき，それをキャンセル (約分) することはできるが，部分的にキャンセルして「等号」で結ぶことはできない．

(その 2：式を物語る)　「等号」は左辺と右辺が同じであることを示していて，けっして，左辺を物語って右辺に変わっていくのではない．例えば，$y = x^2 + 3x$ を x で微分せよというとき，その結果は $2x + 3$ とできていても，

$$y = x^2 + 3x = 2x + 3$$

と物語を語るように書いてはいけない．

(その 3：括弧は格好付けではない)　掛け算が優先されるので，

$$1 + 2 \times 3 = (1 + 2) \times 3 = 9$$

ではなく，

$$1 + 2 \times 3 = 1 + (2 \times 3) = 7$$

であるが，曖昧になるような書き方は読み手が困ってしまう．書き手も後で間違う可能性が高い．計算の順序を間違わないように適切に括弧を使うこと．

(その 4：方程式と不等式)

誤答例　$x^2 - 1 > 0$ の解は $x > \pm 1$.

これは，不等式を解きなさいと聞いているのに，途中で方程式の解を求めて不等式にあてはめてしまって間違った例．

方程式とは，左辺と右辺を等号で結んだ関係式．あるいは，左辺から右辺を引いたものが 0 になるという関係式のことである．数学の問題を解くということは，込み入った表現で書かれている式を単純で簡素な式に置き換えても，いっていることは同じですよ，ということで，別に式の正しさが求められているわけではない．■

休憩　分数を表すとき，なぜ，分母を 0 としてはいけないのだろう．

数を 2 で割って 2 を掛けたらもとにもどる．しかし，0 で割れたとして，0 を掛けたら 0 になるから，もとにもどらなくなる．$\dfrac{0}{0}$ ならいいと思うかもしれない．でも，$\dfrac{0}{0}$ が

あったとしてそれを x とおくと，0 を掛けても 0 になるから，$0x=0$ はそれでいいけど，x はこれ，というふうに 1 つに定まらない．つまり，$\dfrac{n}{m}$ は $mx=n$ の解と考えることができ，$m \neq 0$ のときには解がただ 1 つ定まるけれど，$m=0, n=0$ のときには解は無数にあることになり，ちょっと具合が悪いので，そういう場合は排除しておく．

■

1.1.3 数学的帰納法

数学的帰納法は，自然数 n をともなった命題が示されているときに，その命題の真偽を証明する方法である．

命題を $P(n)$ とする．

(1) $P(1)$ は真であることが示されている．

(2) $P(n)$ は真であると仮定すると $P(n+1)$ も真であることが示される．

このとき，すべての n について $P(n)$ は真である．

○数学的帰納法の例 次を示す．

$$1+x+x^2+\cdots+x^n=\frac{1-x^{n+1}}{1-x} \quad (x \neq 1)$$

証明 (1) $n=1$ のとき，左辺 $=1+x$，右辺 $=\dfrac{1-x^2}{1-x}=1+x$ で成り立つ．

(2) $1+x+x^2+\cdots+x^n=\dfrac{1-x^{n+1}}{1-x}$ が成り立っていると仮定すると，

$$\begin{aligned}\text{左辺}+x^{n+1}&=\frac{1-x^{n+1}}{1-x}+x^{n+1}\\&=\frac{1-x^{n+1}+x^{n+1}(1-x)}{1-x}=\frac{1-x^{n+2}}{1-x}.\end{aligned}$$

したがって，(1), (2) よりすべての n について成り立つ． □

1.1.4 結合法則，交換法則，分配法則

実数の計算をするときには次の四則演算の性質を使う．ここで，$a, b, c \in \mathbb{R}$ とする．

公理 加減乗除の四則演算には，次の結合法則，交換法則，分配法則が成り立つ．

(結合法則) $(a+b)+c=a+(b+c)$, および $(ab)c=a(bc)$

(交換法則) $a+b=b+a$, および $ab=ba$

(分配法則) $a(b+c)=ab+ac$, および $(a+b)c=ac+bc$

○分配法則からの例 $(-1)\times(-1)=1$

上記の分配法則で，$a=-1, b=1, c=-1$ とすると，

$$(-1)\times(1-1)=(-1)\times 1+(-1)\times(-1).$$

左辺は 0 で，$(-1)\times 1=-1$ なので，$(-1)\times(-1)=1$ となる． □

1.1.5 実数の計算上の性質

実数の計算では次の性質が成り立つ．ここで，$a,b,c\in\mathbb{R}$ とする．

実数の計算で成り立つ命題

(1) $a=0$ または $b=0 \Longleftrightarrow ab=0$

(2) $a<b \Longleftrightarrow -a>-b$

(3) $a,b<0 \Longrightarrow ab>0$

(4) $a\neq 0 \Longleftrightarrow a^2>0$

(5) $a<b$ かつ $c>0 \Longrightarrow ac<bc$

(6) $0<a<b \Longrightarrow 0<\dfrac{1}{b}<\dfrac{1}{a}$

(7) $0<a<b$ かつ $c<0 \Longrightarrow \dfrac{c}{a}<\dfrac{c}{b}$

○分数の和の例

誤答例 $\dfrac{1}{2}+\dfrac{1}{3}=\dfrac{2}{5}$

これを，「バスケット A に赤いリンゴが 1 個，青いリンゴが 1 個，バスケット B に赤いリンゴが 1 個，青いリンゴが 2 個入っていたとき，全部のリンゴの

中で赤いリンゴの割合はいくらか」という問題に置き換えて，「リンゴは全部で 5 個，そのうち赤いリンゴは 2 個なので，赤いリンゴの割合は $\dfrac{2}{5}$」と解釈してはいけない．2 個の中での比と，3 個の中での比は異なる土俵での比なので，分母どうし，分子どうしで足してはいけない．

$\dfrac{n}{m}$ は，m 個足したら 1 になる等しい量 $\dfrac{1}{m}$ を n 個足したときの量である．2 個足したら 1 になる等しい量 $\dfrac{1}{2}$ を 3 等分して，6 個足したら 1 になる等しい量 $\dfrac{1}{6}$ を 3 個つくって足せば $\dfrac{1}{2}$ になり，3 個足したら 1 になる等しい量 $\dfrac{1}{3}$ を 2 等分して，6 個足したら 1 になる等しい量 $\dfrac{1}{6}$ を 2 個つくって足せば $\dfrac{1}{3}$ になるので，$\dfrac{1}{6}$ を 3 個と 2 個足し合わせれば $\dfrac{5}{6}$ になる．つまり，$\dfrac{1}{2}+\dfrac{1}{3}=\dfrac{3}{6}+\dfrac{2}{6}=\dfrac{5}{6}$ となる．

さて，リンゴにもどって「全部のリンゴの中で赤いリンゴの割合はいくらか」という問題は，$\dfrac{1+1}{2+3}=\dfrac{2}{5}$ という式で表されていることになる．　□

1.1.6　区　間

a, b を実数とするとき

$$\{x \in \mathbb{R} \mid a \leq x \leq b\}, \qquad \{x \in \mathbb{R} \mid a \leq x < b\},$$
$$\{x \in \mathbb{R} \mid a < x\}, \qquad \{x \in \mathbb{R} \mid x \leq b\}$$

などのような形の実数の集合を**区間**とよび，それぞれ記号

$$[a, b], \quad [a, b), \quad (a, \infty), \quad (-\infty, b]$$

で表す．不等号は $\leqq$, $\geqq$ で表されることもあるが，本書では $\leq$, $\geq$ を用い，例えば $a \leq b$ は，「$a < b$ または $a = b$」のことを表す．(a, b) のように端の実数を含まない区間を**開区間**，$[a, b]$ のように端の実数を含む区間を**閉区間**とよぶ．開区間の中の点を**内点**とよび，閉区間の端の点を**端点**とよぶ．左の端点はある実数で押さえられているが右の端点はどんな実数でも押さえることができない区間を表すとき，$[a, \infty)$ あるいは (a, ∞) という表記を用いる．$[a, \infty)$ は a 以上の数の集合を表し，(a, ∞) は a より大きいの数の集合を表す．同様に，左側が押えられないとき，$(-\infty, a)$ あるいは $(-\infty, a]$ という表記を用いる．∞ は

数ではないことに注意したい.

○区間の集合の例 $A_n = \left(0, \dfrac{1}{n}\right) \Longrightarrow$

$$\bigcap_{n=1}^{\infty} A_n = \left(0, \frac{1}{1}\right) \cap \left(0, \frac{1}{2}\right) \cap \cdots \cap \left(0, \frac{1}{n}\right) \cap \cdots = \emptyset$$

証明 $x \in \bigcap_{n=1}^{\infty} A_n$ とする. これはすべての n について $x \in \left(0, \dfrac{1}{n}\right)$ ということになり, $0 < x < \dfrac{1}{n}$ を意味する. しかし, $\dfrac{1}{x}$ より大きいどんな n_0 をとってきても, $0 < \dfrac{1}{n_0} < x$ で $x \notin \left(0, \dfrac{1}{n_0}\right)$ となり, 仮定に反する. □

1.1.7 数直線

直線 ℓ 上に原点 O をとる. また, O ではない点 E をとり OE$=1$ と決める. すると ℓ 上の点 P に対し, 線分 OP の長さを表す実数 s ができる. ℓ を O で 2 つに分けたとき, 各点 P に
$$\begin{cases} \text{P が O の E と同じ側にあるとき} & x = s, \\ \text{P が O の E と反対側にあるとき} & x = -s, \\ \text{P} = \text{O のとき} & x = 0 \end{cases}$$
で決まる実数 x を対応させた直線 ℓ を**数直線**といい, 点 P に対応している実数 x を P の**座標**という.

1.1.8 実数の大小関係

2 つの実数 a, b があるとき $a < b$, $a = b$, $a > b$ のどれか 1 つが成り立つ. また, 次のことが成り立つ. 任意の実数 a, b, c に対して

(i) $a < b$, $b < c$ ならば $a < c$,

(ii) $a < b$ ならば $a + c < b + c$, $a - c < b - c$,

(iii) $a < b$, $c > 0$ ならば $ac < bc$, $\dfrac{a}{c} < \dfrac{b}{c}$,

$a < b$, $c < 0$ ならば $ac > bc$, $\dfrac{a}{c} > \dfrac{b}{c}$.

特に,

$$a < b \iff a - b < 0 \iff -a > -b$$

である.

1.1.9 絶対値

実数 a の**絶対値** $|a|$ を

$$|a| = \begin{cases} a & (a \geq 0), \\ -a & (a < 0) \end{cases}$$

で定める．これは数直線上での点 a と原点 O の距離を表している．

任意の実数 x, y に対して

$$|xy| = |x|\,|y|,$$

$$|x + y| \leq |x| + |y|$$

が成り立つ．これを**三角不等式**という．また，$y \geq 0$ のとき

$$|x| < y \iff -y < x < y \iff (x < y \text{ かつ } -x < y),$$

$$|x| > y \iff (x < -y \text{ または } x > y)$$

が成り立つ．

1.1.10 実数の連続性

実数 $\mathbb{R}$ の部分集合 A において，A の元の中で一番大きな数を A の**最大元** (あるいは**最大値**) という．つまり，$M \in \mathbb{R}$ が A の最大元であるとは，

$$M \in A \text{ かつ，各 } x \in A \text{ について } x \leq M$$

の条件を満たすことをいう．**最小元** m についても同様で，

$$m \in A \text{ かつ，各 } x \in A \text{ について } x \geq m$$

の条件を満たすことをいう．A の最大元や最小元が存在するとき，これらをそれぞれ $\max A$ および $\min A$ と書く．

集合 $A \subset \mathbb{R}$ とする．次の条件を満たす $u \in \mathbb{R}$ を A の**上界**《じょうかい》とよぶ．

$$\text{各 } x \in A \text{ について } x \leq u.$$

同様に，次の条件を満たす $l \in \mathbb{R}$ を A の**下界**《かかい》とよぶ．

$$\text{各 } x \in A \text{ について } l \leq x.$$

集合 A の上界 (下界) が存在するとき，A は**上に有界**(**下に有界**) であるという．さらに，A が上に有界かつ下に有界であるとき，**有界**であるという．

上に有界な集合 $A \subset \mathbb{R}$ において，A の上界全体の集合における最小元を A の**上限**とよび，これを $\sup A$ と書いて「すーぷ A」と読む．また，下に有界な集合 $A \subset \mathbb{R}$ において，A の下界全体の集合における最大元を A の**下限**とよび，これを $\inf A$ と書いて「いんふ A」と読む．

数直線上に有理数だけを配置した集合 B を考えてみる．$\sqrt{2}$ は B には属さないので，有理数を一列に並べると B にはところどころ有理数でない「穴」(じつはこれが無理数になっている) が空いていることになる．数直線上に有理数を並べたとき，有理数 p と有理数 q の間にはいくらでも有理数があるので，数直線上にはすきまがないくらい有理数がびっしり詰まっているように思われる (**稠密**《ちゅうみつ》という) が，実際には $\sqrt{2}$ のように，有理数と有理数のすき間にいくつもの無理数がひそんでいる．

ここで, 例えば, 0 と $\sqrt{2}$ の間にある有理数全体を A とする．$A = (0, \sqrt{2}) \cap \mathbb{Q}$ は有界な $\mathbb{Q}$ の部分集合である．ところが，A には上限が存在しない．もしあったとするとそれは $\sqrt{2}$ になり，$\sqrt{2} \notin \mathbb{Q}$ と矛盾することになるからである．つまり，すき間が空いているときには端点がないことを示唆している．そこで，次を**実数の連続性**の公理として認めることを考える．

実数の連続性の公理

(1) 上に (下に) 有界な $\mathbb{R}$ の空でない部分集合が上限 (下限) をもつ．

(2) 上に (下に) 有界な $\mathbb{R}$ 上の空でない単調増加 (減少) 数列は収束する．

(3) 有界な実数列は収束する部分列をもつ．

ここで，数列や収束についてはまだ議論していないので，(2), (3) については，ここではこのようなことが成り立つということを述べるにとどめる．(1) を公理として認めれば，(2), (3) は定理として導かれる．(3) はボルツァノ・ワイエルシュトラス (Bolzano–Weierstrass) の定理といわれている．

1.1.11 二 項 係 数

$n = 0, 1, 2, \ldots$ の**階乗** $n!$ を

$$n! = \begin{cases} 1 & (n = 0), \\ 1 \times 2 \times \cdots \times n & (n \geq 1) \end{cases} \tag{1.1}$$

で定める．

異なる n 個のものから k 個のものを取り出して並べてできる**順列の数**を ${}_n\mathrm{P}_k$ で表す．これは $n=0,1,2,\ldots$ と $0 \leq k \leq n$ に対して

$$
{}_n\mathrm{P}_k = n(n-1)\cdots(n-k+1) = \frac{n!}{(n-k)!} \tag{1.2}
$$

で計算できる．特に，${}_n\mathrm{P}_n = n!$ である．

また，異なる n 個のものから k 個のものを取り出してできる**組合せの数**を ${}_n\mathrm{C}_k$ または $\begin{pmatrix} n \\ k \end{pmatrix}$ で表す．n 個のものから k 個のものを取り出して並べると，同じメンバーからなる順列がそれぞれ ${}_k\mathrm{P}_k = k!$ 個ずつできるが，これらを同一視すれば組合せの数となるので

$$
{}_n\mathrm{C}_k = \begin{pmatrix} n \\ k \end{pmatrix} = \frac{{}_n\mathrm{P}_k}{k!} = \frac{n!}{(n-k)!\,k!} \quad (n=0,1,2,\ldots,\ 0 \leq k \leq n) \tag{1.3}
$$

である．

さて，文字 a, b の式 $(a+b)^n$ を展開すると $a^{n-k}b^k$ $(k=0,1,\ldots,n)$ の形の項が現れるが，これは n 個の $(a+b)$ のうち k 個から b を取り出し，残りの $n-k$ 個から a を取り出して掛け合わせたものであるから，$a^{n-k}b^k$ の項は全部で ${}_n\mathrm{C}_k$ 個できる．したがって，次がわかる．

$$
\begin{aligned}
(a+b)^n &= \begin{pmatrix} n \\ 0 \end{pmatrix} a^n + \begin{pmatrix} n \\ 1 \end{pmatrix} a^{n-1}b + \cdots + \begin{pmatrix} n \\ n \end{pmatrix} b^n, \\
&= \sum_{k=0}^{n} \begin{pmatrix} n \\ k \end{pmatrix} a^{n-k}b^k
\end{aligned} \tag{1.4}
$$

これを**二項定理**とよんでいる．また，$\begin{pmatrix} n \\ k \end{pmatrix} = {}_n\mathrm{C}_k$ を**二項係数**とよぶことがある．

特に，$n=1,\ldots,5$ のときは

$$
\begin{aligned}
(a+b)^1 &= a+b \\
(a+b)^2 &= a^2+2ab+b^2 \\
(a+b)^3 &= a^3+3a^2b+3ab^2+b^3 \\
(a+b)^4 &= a^4+4a^3b+6a^2b^2+4ab^3+b^4 \\
(a+b)^5 &= a^5+5a^4b+10a^3b^2+10a^2b^3+5ab^4+b^5
\end{aligned}
$$

となっており，斜め上の 2 つの係数を足し算すればそこの係数が求められる，

パスカル (Pascal) の三角形を形成している．

○二項係数の計算例 $\binom{n}{k}+\binom{n}{k+1}=\binom{n+1}{k+1}$ を示す．

きちんと計算すれば求められるが，ここでは，組合せの数を求める手続きから証明しよう．

$n+1$ 個から $k+1$ 個を選ぶ場合の数 $\binom{n+1}{k+1}$ は，

1) どれか (例えば最初のもの) を必ず選ぶ場合の数 $\binom{n}{k}$ と，

2) それを除いたものの中から $k+1$ 個の数を選ぶ場合の数 $\binom{n}{k+1}$，

の和になっているからである． □

1.2 関　数

1 次関数 $y=ax+b$ や 2 次関数 $y=ax^2+bx+c$ などは中学・高校で取り扱ってきたので，関数についてはよくわかっているつもりかもしれない．ここでは，関数とはどういう性質をもっていなければならないか，ということをもう一度振り返ってみよう．どの教科書でも「x を定めると規則 f によってただ 1 つの y が決まる」というようなことが書かれている．ここでは，関数とは何かを正確に理解することで，関数に求められている自然な性格を理解していきたい．

1.2.1 関数の性格

D を実数 $\mathbb{R}$ の集合とする．D の各要素 x に実数 $y\in\mathbb{R}$ をただ 1 つ対応させる規則 f のことを，D で定義された x の**関数**あるいは単に D 上の関数といい，

$$f\ :\ D\to\mathbb{R}\quad\text{または}\quad D\xrightarrow{f}\mathbb{R} \tag{1.5}$$

で表す．関数 f によって $x\in D$ に対応する実数 y を x の f による**値**とよび $f(x)$ で表す．y が x の値であることを

$$f\ :\ x\mapsto y\qquad\text{または}\qquad y=f(x) \tag{1.6}$$

で表す．集合 D を関数 f の**定義域**とよぶ．また，$\{f(x)\mid x\in D\}$ を f の

値域とよび，$f(D)$ で表す．定義域が特に指定されていないときは，その関数が定義される最大の範囲を定義域とする．定義域は区間で示されることが多い．この場合の x, y のように，いろいろな (変化することのできる) 数を代表して表す文字を**変数**とよぶ．x のように定義域の要素を表す変数を**独立変数**，y のように x の値によって変化する変数を**従属変数**とよぶ．

○関数の例　$y = ax + b$ は，x を定めると y はただ 1 つ定まるので，これは関数である．しかし，$x^2 + y^2 = 1$ では，$y = \pm\sqrt{1 - x^2}$ のように，定義域で x を 1 つ定めても y はその x に対して 2 つ対応するので，これは関数ではない．□

より一般に，2 つの集合 D, E について，D の各要素 x に E の要素 y をただ 1 つ対応させる規則を D から E への**写像**という．関数は，E が数の集合のときの写像である．

休憩　「私はあなたを愛している」

「私はあなたを愛している」というとき，「私」を x，「あなた」を y，「愛している」を f とすれば，$y = f(x)$ と書ける．このときの f は関数といえるだろうか．

これは関数ではない．**関係**である．「私」は「あなた」を「愛している」が，同時に「A さん」も愛しているということがあるからである．

関係というのは，x と y の対応だけがひも付けられていて，x が決められると y はただ 1 つだけ対応するということは求められていない．したがって，関数は「関係」に制限をつけて，x を 1 つ決めれば y は 1 つしか対応できないようにしたものであるということになる．

どうして「関係」のままで議論を進めてはいけないのだろうか．それは，x に対応する y_1 と y_2 が同時に存在しては困るからである．なぜだろうか．もし，そのことを許せばややこしくなって話を進めにくくなる．できれば，x から y に行って，逆に y から x に帰ろうとしたとき，ちゃんと帰ってこれる可能性があり，条件が良ければもとのところだけに帰ってこれるようにしたい．

例えば，$y = x^2$ が関数ならば，x を決めれば y はただ 1 つ定まる．ただ，y を定めたときに，x が 1 個だけ決まるとは限らない．0 個だったり，1 個だったり，2 個だったりする．y から x 方向 (f の逆方向) に向かうときには，この場合は関数になっていない．関数は一方向だけに強く規制をかけている．

一方，y を決めたら x が求められるようにしたいときもある．そのときには，逆方向の対応にも制限を設けなければならない．y から x 方向に向かう**逆関数** (後述) f^{-1} が定義できるためには，この逆方向にも関数の性質を求めなければならない．例えば $y = x^2$ のような場合には，$x \geq 0$ のように定義域に制限を設けることで，このことが可能になる．これを**1 対 1 の対応**という．1 対 1 の対応があるときのみ逆関数が定義できることになる．

このとき，行って帰ってきたら同じ場所になっていることになる．つまり，$f^{-1}(f(x)) = x$ となっている．帰って行っても同じなので，$f(f^{-1}(y)) = y$ も成立している． ■

ここで，写像についてもう少し補足しよう．**単射**とは，その値域に属する元はすべてその定義域の元の像としてただ一通りに表されるような写像のことをいう．**1 対 1 の写像**ともいう．つまり，

$$f(x_1) = f(x_2) \text{ ならば } x_1 = x_2 \tag{1.7}$$

となることである．写像 $f : A \to B$ に対し，$f(A) = B$ が成り立つとき**全射**という．全射でかつ単射のときを**全単射**といい，このときに限り**逆写像**を定義できる．

X, Y を実数の集合とする．関数 $f : X \to \mathbb{R}$ と関数 $g : Y \to \mathbb{R}$ に対して，関数 f の値域 $f(X)$ が関数 g の定義域 Y に含まれるとき $x \mapsto g(f(x))$ という関数が考えられる．これを f と g の**合成関数**といい，記号 $g \circ f$ で表す．すなわち

$$(g \circ f)(x) = g(f(x)) \quad (x \in X) \tag{1.8}$$

によって定義された関数 $g \circ f : X \to \mathbb{R}$ が f と g の合成関数である．

1.2.2 座標平面とグラフ

平面に，原点 O と，O で直交する 2 本の数直線を定める．平面の点 P からこの 2 直線に下ろした垂線と 2 直線との交点を求め，これらの交点に対応する実数をそれぞれ x, y とすると，点 P と実数の組 (x, y) は一意的に対応する．このような平面を**座標平面**といい，2 本の数直線を**座標軸**，実数の組 (x, y) を**点 P の座標** (または直交座標) という．今後は点とその座標を同一視し，$\mathrm{P}(x, y)$ などと表す．また，実数の組全体のつくる集合と座標平面も同一視する．実数

の組全体のつくる集合を記号 $\mathbb{R}^2$ で表す．つまり

$$\mathbb{R}^2 = \{(x, y) \mid x, y \in \mathbb{R}\}$$

である．

独立変数を変化させたときの関数の値の変化の様子を目で見るには，関数をグラフで表せばよい．関数 f の**グラフ**とは，座標平面における点の集合

$$\{(x, y) \in \mathbb{R}^2 \mid y = f(x),\ x \in D\}$$

のことである．ただし，D は f の定義域である．

a, b を定数とする．関数 $y = f(x-a) + b$ のグラフは関数 $y = f(x)$ のグラフを x 軸の正の方向に a，y 軸の正の方向に b だけ平行移動したものである．

また, 関数 $y = -f(x)$, $y = f(-x)$, $y = -f(-x)$ のグラフは, 関数 $y = f(x)$ のグラフをそれぞれ x 軸，y 軸，原点に対して対称に移動したものである．グラフが y 軸に関して対称となる関数 ($f(-x) = f(x)$ となる関数) を**偶関数**，原点に関して対称となる関数 ($f(-x) = -f(x)$ となる関数) を**奇関数**という．例えば，$y = x^2$ は偶関数，$y = x^5$ は奇関数である (図 1.2).

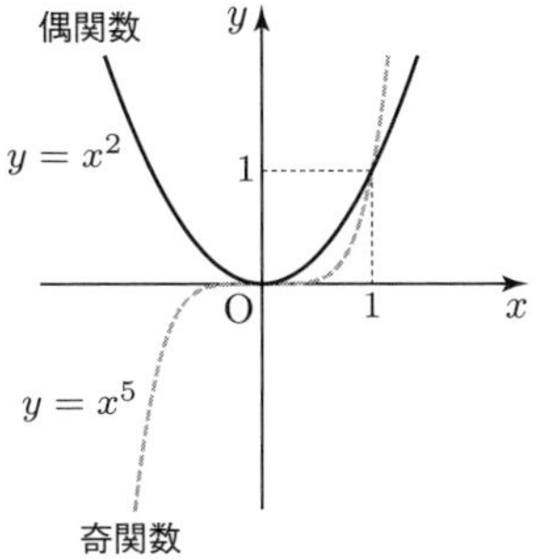

図 1.2　偶関数と奇関数

休憩　$y = f(x)$ のグラフを x 軸方向に右に a だけ，y 軸方向に上に b だけ平行移動したグラフの式は $y = f(x+a) + b$ となるか.

そうはならない．大学生や大学院生になってもよく勘違いする例である．$y - b = f(x-a)$ と書けばまだ混乱は少ないと思うが，教科書によっては，このように x と y の位置を変えて説明しているのでまぎらわしくなっている．$X = x - a, Y = y - b$ と

置き換えてみると，$x = a$ のとき $X = 0$，$y = b$ のとき $Y = 0$ となるので，$y = f(x)$ のグラフを右に a だけ上に b だけ平行移動したもので (X, Y) に置き換えてみると，もとのグラフになっていることがたやすく確認できる．

一般に，$X = \dfrac{x-a}{b}$, $Y = \dfrac{y-c}{d}$ のような変換を行ったときに，(x, y) から (X, Y) への変換は，x 方向に a だけ，y 方向に c だけ平行移動させ，さらに x 方向に b だけ，y 方向に d だけ縮小させたグラフになっている．平行移動によって基準点を原点におき，拡大縮小によって動きの幅を同一基準になるようにしているのが，基準化とよばれるものである．例えば，$y = x^2$ のグラフについていろいろ移動させたり拡大縮小させた例を図 1.3 に示す．■

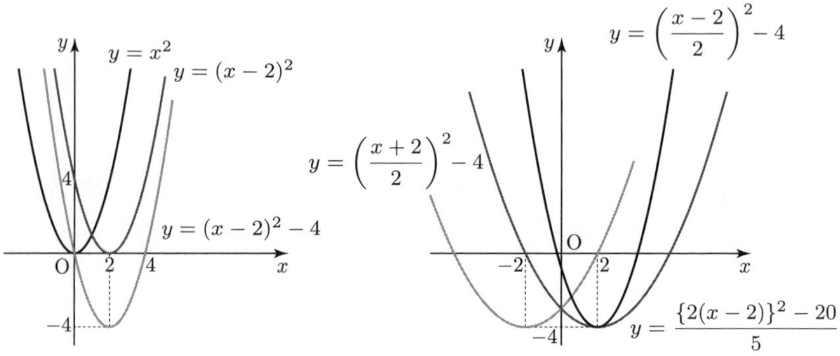

図 1.3　グラフの平行移動 (左図) と拡大縮小 (右図)

1.2.3　関数の有界性，単調性

ある実数 M $(-\infty < M < \infty)$ があって，どんな $x \in D$ に対しても $f(x) \leq M$　(または，$f(x) \geq M$) であるとき，関数 f は**上に有界** (または**下に有界**) であるという．上に有界かつ下に有界であるとき単に**有界**であるという．これは関数の値域が有限区間に含まれるというのと同じことである．

また，関数 f が任意の $x_1, x_2 \in D$ に対し

$$x_1 < x_2 \Rightarrow f(x_1) \leq f(x_2) \quad (\, x_1 < x_2 \Rightarrow f(x_1) < f(x_2)\,) \qquad (1.9)$$

を満たすとき，f は**単調増加** (**狭義単調増加**) であるという．**単調減少**，**狭義単調減少**であることも同様に

$$x_1 < x_2 \Rightarrow f(x_1) \geq f(x_2) \quad (\, x_1 < x_2 \Rightarrow f(x_1) > f(x_2)\,) \qquad (1.10)$$

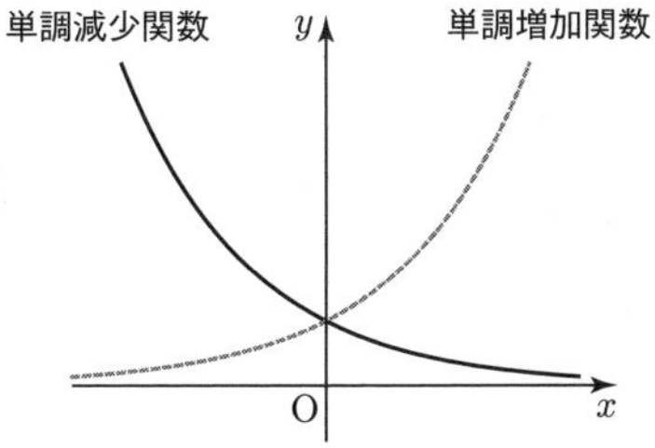

図 1.4　単調増加 (減少) 関数の例

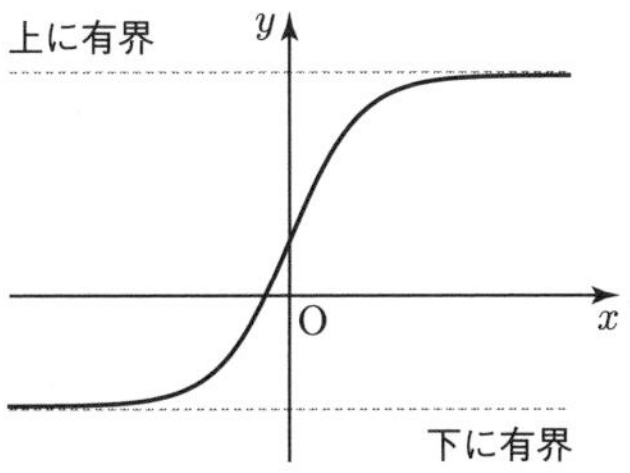

図 1.5　有界な関数の例

と定める．

単調増加 (減少) 関数の例を図 1.4 に示す．単調増加 (減少) 関数のグラフは図のように右上がり (右下がり) となる．

また，図 1.5 に，上に有界で下にも有界な関数の例を示す．

○例　関数 $f(x) = x$ は狭義単調増加関数，関数 $f(x) = -x$ は狭義単調減少関数，関数 $f(x) = 1$ は単調増加関数でもあり，単調減少関数でもある．　□

1.2.4　逆 関 数

関数 $f : D_1 \to R$ が 1 対 1 の対応のとき，f の値域を D_2 とすると，任意の $y \in D_2$ に対して $f(x) = y$ を満たす $x \in D_1$ がただ 1 つ存在する．$y \in D_2$ に対してこの $x \in D_1$ を対応させる関数を $f^{-1} : D_2 \to D_1$ と表し，f の**逆関数**という．つまり，

$$x = f^{-1}(y) \iff y = f(x), \tag{1.11}$$

$$f^{-1}\text{の定義域} = f\ \text{の値域} = D_2, \tag{1.12}$$

$$f^{-1}\text{の値域} = f\ \text{の定義域} = D_1 \tag{1.13}$$

である．

○逆関数の例　$y = f(x) = x^2$ は $-\infty < x < \infty$ で定義されるが，例えば，$x = 1$ と $x = -1$ のように 2 つの異なる x の値で $y = f(x) = 1$ と同じ値になっている．$y = 1$ からは $x = \pm 1$ と 2 つの x に対応できるため，このままでは y から x に対応させる関数にはならない．そこで，値域を $x \geq 0$ に限定す

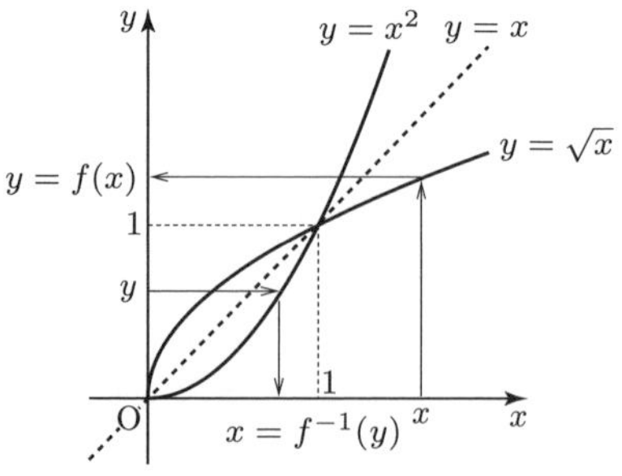

図 1.6　逆関数の例

ることで関数として定義できるように制限を加えることを考える．このとき，$x = \sqrt{y}$ の逆関数 f^{-1} を定義できる．この例を図 1.6 に示す．

じつは，関数 $y = f(x)$ を $y = x$ の直線に対称に移したときにできるグラフが逆関数 $x = f^{-1}(y)$ になっている．また，x から y への対応を考え，その y からもとの x にもどる対応を考えると，$f^{-1}(f(x)) = x$ となっていることがわかる．あるいは，その逆 $f(f^{-1}(y)) = y$ も成り立つ．　□

1.2.5　線 形 関 数

ここでは関数の線形性について述べる．「線形」というと，文字どおり直線性のことが思い浮かぶが，そのとおりで，そのような性質を関数や写像について定義しておこうということである．

線形関数の定義　任意の実数 x, y，および実数の定数 a に対して

(1)　$f(x + y) = f(x) + f(y)$　(1.14)

(2)　$f(ax) = af(x)$　(1.15)

この性質は，定義域での 2 つの変数の和の関数値が値域での関数値の和になっていて，定義域での変数に定数 a を掛けたものの関数値が値域での関数値に定数を掛けたものなっているという性質を表す．一方，非線形関数とは，この性質がない関数のことをいう．ほとんどの関数は非線形関数であるため，現実を考えると線形関数のことについて深く調べる必要性はないように思われるが，後に述べる「微分」を考えるときには，関数はある一点のまわりの挙動を

調べることが重要になってきて，そこでは関数が連続であれば近似的に線形性が成り立つので，線形性を仮定した議論は，じつはかなり重要なのである．

1.3　数列の極限，関数の極限，および関数の連続

実数 x の動きにつれて関数 $f(x)$ がどのように動くかを正確にとらえるためには，点 x 付近での $f(x)$ の挙動が正確に把握できていなければならない．関数を微視的に見るということである．このためには，x と x から少し離れた $x + \Delta x$ でのそれぞれの関数の値 $f(x)$ と $f(x + \Delta x)$ が，Δx が極限まで小さくなったとき，Δx とどのように関係しているかを調べる必要がある．そこで，高校までに学んだ「極限」をもう一度振り返り，関数の動きが比較的容易にとらえられるためには，関数にどのような性格が好ましいかについて考えていく．

そのために，ここではまず，数列の極限からはじめて，次に関数の極限を取り扱い，さらに，関数値が途切れていない状況やなめらかな状況を考えた関数の性質について考えてみたい．

1.3.1　数列の極限

高校までは，「n が限りなく大きくなると $\dfrac{1}{n}$ は限りなく 0 に近づく」といういい方で**極限**操作を表現していた．この例のように簡単な場合には誤解することはあまりないと思われるが，少し込み入った極限を考える場合には，「あなたの限りなく大きい」と「私の限りなく大きい」とは異なっているため，相互に理解が進まないことが考えられる．このようなとき，**限りなく近づく**という感覚を排して，誰からも同じ理解になるような定式化を行う必要がある．これまで学んできたことを使うために，「近い」ということを**距離が近い**というように考えるとよい．点 x と点 y がどの程度近いのかを表す際には，$|x - y|$ がある (小さい) 数 $\varepsilon > 0$ よりも小さくなっている状態を考えると，誰もが同じように理解することになる．

極限操作には，**無限大** ∞ という数ではない概念が加わるので話しがわかりにくくなる．無限大というのはとても大きな数のことではない．大きい数を表現したい “ただの記号” である．そこで，「n が限りなく大きくなる」というの

を「$n \to \infty$」という記号で表す.

実数 a_i $(i = 1, 2, 3, \ldots)$ を，ある規則によって

$$a_1,\ a_2,\ a_3,\ \ldots,\ a_n,\ \ldots$$

のように並べた列を**数列**といい，それぞれの数を**項**という．n を自然数とするとき，n 番目の項を a_n のように表し**第 $\boldsymbol{n}$ 項**という．最初の項 a_1 を**初項**という．a_n を数列の**一般項**という．一般項を用いてこの数列を $\{a_n\}$ のように表す.

$n \to \infty$ のとき，a_n がある定数 α に近づくならば $\{a_n\}$ は α に**収束**するといい，

$$\lim_{n\to\infty} a_n = \alpha, \quad \text{または} \quad a_n \to \alpha \ \ (n \to \infty) \tag{1.16}$$

と表す．数列が収束するとは，ある小さい数 $\varepsilon > 0$ を決めると，それに対応する自然数 N が存在して，$n \geq N$ となるすべての n に対して $|a_n - \alpha| < \varepsilon$ となることを意味する．つまり，ある a_N から先の a_n はすべて α を中心とする一定の距離内に入ってしまうことを意味している.

数列が収束しないとき，数列は**発散**するという．つまり，発散するというのは，$n \to \infty$ のとき，a_n はいかなる定数 α にも近づかないということを意味する．近づかないというのは，$a_n \to \infty$ や，$a_n \to -\infty$ や，a_n が振動していつまでたっても安定した数に近づかないような状況すべてをいう.

ε-N 論法

$a_n \to \alpha$ $(n \to \infty)$ ということについて，高校までは「n が限りなく大きくなるにつれて a_n は限りなく α に近づく」という感覚的な理解をしてきた．「n が大きくなる」とか「α に近づく」というのは “動的な” とらえ方にみえる．しかし，両者の動きをみるときに「どこまでいったら」という曖昧な部分がでてくる.

これを誰にも共通の言葉で表すことを考えてみよう．距離の概念を利用するのである．a_n と α が近いということは $|a_n - \alpha|$ が小さいということと同じである．これを数式で表すと，ある小さい数 $\varepsilon > 0$ があって，$|a_n - \alpha| < \varepsilon$ という状態を考えることができる．このとき，a_n は α を中心とする一定の距離 ε 以内に存在することを “静的に” 表している．n は大きいという状況を考えているのであるから，n は “ある数 N よりも大きい” という制約が入っていると

考えられる．

そこで，いったん $\varepsilon > 0$ が与えられると，ε に対応した $N = N(\varepsilon)$ という自然数が決まり，$n \geq N$ となる自然数すべてに対して a_n は α から ε 以内に存在するということを表現している．そうすると，$\varepsilon > 0$ を明確に定義すれば，a_n が α に近いという状況は誰にでも同じ内容として共有できることになる．そのとき，近さは ε の大きさによっていくらでも小さくコントロールできて，どんなに小さい ε に対しても N から先の n については a_n は全部 α に近いところに存在している．つまり，「n が限りなく大きくなったら，a_n は α に近づく」($n \rightsquigarrow a_n$) というように n が先に示されるのではなく，逆に，$\varepsilon \rightsquigarrow N$ のように，n は後からついてくるような論理になっている．これを **ε-N 論法**という．

○**例**　数値例をみてみよう．例えば，$n \to \infty$ のとき，$a_n = \dfrac{1}{n} \to 0$ である．いま，$\varepsilon = 0.01 \left(= \dfrac{1}{100}\right)$ を与えよう．$N = 101$ とすると，$a_N = \dfrac{1}{101} < \dfrac{1}{100} = \varepsilon$ となるので，$n \geq N$ となる n に対してすべて $|a_n| < 0.01$ が成り立つので，$a_n \to 0$ であることが確認できる．$b_n = \dfrac{1}{n^2} \to 0$ も成り立つが，このときは先と同じ $\varepsilon = 0.01 \left(= \dfrac{1}{100}\right)$ に対して，$M = 11$ とすると，$a_M = \dfrac{1}{11^2} = \dfrac{1}{121} < \dfrac{1}{100} = \varepsilon$ となるので，$m \geq M$ となるすべての m に対して $|b_m| < 0.01$ が成り立つので，$b_m \to 0$ であることが確認できる．

ここで，a_n と b_m が 0 に収束する速さをみてみよう．同じ $\varepsilon = 0.01$ に対して，a_n では $N = 101$ に b_m では $M = 11$ にとれば，収束値 0 に近いところに a_n と b_m が存在していることがわかる．これは，b_m のほうが a_n よりもずっと速く 0 に収束している状態を示している．□

数列 $\{a_n\}, \{b_n\}$ の極限値 $\lim_{n\to\infty} a_n$，$\lim_{n\to\infty} b_n$ が存在するとき，数列の極限について次の定理が成り立つ．

定理　数列の極限について

(1)　$\lim_{n\to\infty} ka_n = k \lim_{n\to\infty} a_n$　(k は定数)

(2)　$\displaystyle\lim_{n\to\infty}(a_n \pm b_n) = \lim_{n\to\infty} a_n \pm \lim_{n\to\infty} b_n$　(複号同順)

(3)　$\displaystyle\lim_{n\to\infty}(a_n b_n) = \left(\lim_{n\to\infty} a_n\right)\left(\lim_{n\to\infty} b_n\right)$

(4)　$\displaystyle\lim_{n\to\infty}\frac{a_n}{b_n} = \frac{\displaystyle\lim_{n\to\infty} a_n}{\displaystyle\lim_{n\to\infty} b_n}$　$\displaystyle(b_n \neq 0,\ \lim_{n\to\infty} b_n \neq 0)$

(5)　すべての n に対し，$a_n \leq b_n$ ならば $\displaystyle\lim_{n\to\infty} a_n \leq \lim_{n\to\infty} b_n$.

(6)　すべての n に対し $a_n \leq c_n \leq b_n$ であり，$\displaystyle\lim_{n\to\infty} a_n = \lim_{n\to\infty} b_n = \alpha$ ならば，数列 $\{c_n\}$ も収束し $\displaystyle\lim_{n\to\infty} c_n = \alpha$. これを**はさみうちの原理**という.

「限りなく近づく」といういい回しでは上記の定理を証明することができないが，距離を使えば証明が可能になる．例えば (2) の場合，$\displaystyle\lim_{n\to\infty} a_n = \alpha$, $\displaystyle\lim_{n\to\infty} b_n = \beta$ としたとき，$\displaystyle\lim_{n\to\infty}(a_n + b_n) = \alpha + \beta$ となる．なぜなら，$\varepsilon > 0$ に対して，ある N_α と N_β があって，$n > N_\alpha$ ならば $|a_n - \alpha| < \dfrac{\varepsilon}{2}$, $n > N_\beta$ ならば $|b_n - \alpha| < \dfrac{\varepsilon}{2}$ となるので，$n > N_\alpha, n > N_\beta$ のとき $|(a_n + b_n) - (\alpha + \beta)| \leq |a_n - \alpha| + |b_n - \beta| < \dfrac{\varepsilon}{2} + \dfrac{\varepsilon}{2} = \varepsilon$ が成り立つからである．

これらの定理は，ある数列の極限がすでにわかっていれば，これを参考にして別の数列の極限を求めることができる，というように使うことができる．このとき，基本的な数列の極限の値だけについてはきちんと求められていなければならない．例えば，$\displaystyle\lim_{n\to\infty} n = \infty$, $\displaystyle\lim_{n\to\infty}\frac{1}{n} = 0$ とかである．

○数列の極限の例 1　$\displaystyle\lim_{n\to\infty}\frac{n^2 + 4n}{n^2 + 3}$ を求める．

分子 $n^2 + 4n$ が無限大に発散する速さは n^2 に支配され，分母 $n^2 + 3$ が無限大に発散する速さも n^2 に支配されるので，n が大きくなると両者は同じ速さで無限大に発散していくように考えられる．これを感覚的ではなく「これまでにわかっている事柄」を使って証明しなければならない．わかっている事柄として，ここでは $\displaystyle\lim_{n\to\infty}\frac{1}{n} = 0$ を使おう．分母分子を 0 でない数 n^2 で割ると

$$\lim_{n\to\infty}\frac{n^2+4n}{n^2+3}=\lim_{n\to\infty}\frac{1+\dfrac{4}{n}}{1+\dfrac{3}{n^2}}.\text{ ここで，}\frac{1}{n}\to 0\text{ なので，}\lim_{n\to\infty}\frac{n^2+4n}{n^2+3}=1$$

となる．　□

○数列の極限の例 2　$\displaystyle\lim_{n\to\infty}\frac{\sin n^2}{\sqrt{n}}$ を求める．

比較を用いる．$|\sin n^2|\leq 1$ なので，$\displaystyle\left|\frac{\sin n^2}{\sqrt{n}}\right|\leq\left|\frac{1}{\sqrt{n}}\right|\to 0\ (n\to\infty)$.　□

○数列の極限の例 3　$\displaystyle\lim_{n\to\infty}(\sqrt{n+1}-\sqrt{n})$ を求める．

誤答例　$\displaystyle\lim_{n\to\infty}(\sqrt{n+1}-\sqrt{n})=1$

なんだ，やさしい．見ただけでわかるではないかと感じるかもしれない．しかし，無限大が直感的に理解できていないために間違うことがある．この間違いは，平方根を求めるという関数操作が極限状態でどうなるか直観的にとらえられず，数式から平方根の記号が飛んでしまい，残った数値 1 だけが光って見えてしまうからと思われる．つまり，$\displaystyle\lim_{n\to\infty}(\sqrt{\cancel{n}+1}-\sqrt{\cancel{n}})=\lim_{n\to\infty}\sqrt{1}=1$ ということである．こういう場合には，$\sqrt{x}$ の関数を描き，x が大きくなったときの $\sqrt{x+1}$ と $\sqrt{x}$ の差をグラフによって直観的に理解すれば正解を想像することはできて，

$$\begin{aligned}\lim_{n\to\infty}(\sqrt{n+1}-\sqrt{n})&=\lim_{n\to\infty}\frac{\sqrt{n+1}+\sqrt{n}}{\sqrt{n+1}+\sqrt{n}}(\sqrt{n+1}-\sqrt{n})\\&=\lim_{n\to\infty}\frac{1}{\sqrt{n+1}+\sqrt{n}}=0\end{aligned}$$

のように求められる．

無限大は数ではないので，n が大きくなるにつれて $\dfrac{1}{n}$ が 0 に，同じように $\dfrac{1}{\sqrt{n}}$ が 0 に近づいていくということを利用するしか説得性をもたないため，このようなまわりくどい方法を使うことになる．　□

○数列の極限の例 4　$\displaystyle\lim_{n\to\infty}\left(\sqrt{4-\frac{1}{n}}-2\right)n$ を求める．

一見，$\sqrt{n}$ の速さで発散しそうである．しかし，きちんと証明しなければ結果はわからない．

$$\begin{aligned}\lim_{n\to\infty}\left(\sqrt{4-\frac{1}{n}}-2\right)n &= \lim_{n\to\infty}\left(\sqrt{\frac{4n-1}{n}}-2\right)\sqrt{n}\cdot\sqrt{n}\\ &= \lim_{n\to\infty}(\sqrt{4n-1}-\sqrt{4n})\sqrt{n}\\ &= \lim_{n\to\infty}\frac{-1}{\sqrt{4n-1}+\sqrt{4n}}\sqrt{n}\\ &= \lim_{n\to\infty}\frac{-1}{\sqrt{4-\dfrac{1}{n}}+\sqrt{4}} = -\frac{1}{4}\end{aligned}$$ □

○数列の極限の例 5 $\lim_{n\to\infty}\{(n+1)^p - n^p\}$ (p は自然数) を求める．

比較を使えば，極限の例 1 から初等的に導くことができる．

$p=1$ のとき，$p=2$ のときに，それぞれ

$$\lim_{n\to\infty}\{(n+1)-n\}=1,$$
$$\lim_{n\to\infty}\{(n+1)^2-n^2\}=\lim_{n\to\infty}(2n+1)=\infty$$

であることは簡単にわかる．このことを使うと，比較によって収束値を求めることができる．

$p>2$ のときには，$p=2$ のとき以上に 2 項間の差は離れそうだから発散しそうだとわかる．実際，

$$\begin{aligned}(n+1)^p-n^p &= (n+1)^2(n+1)^{p-2}-n^2n^{p-2}\\ &> (n+1)^2(n+1)^{p-2}-n^2(n+1)^{p-2}\\ &= ((n+1)^2-n^2)(n+1)^{p-2}\end{aligned}$$

となるので，このことが確認できる．

まとめると，

$$\lim_{n\to\infty}\{(n+1)^p-n^p\}=\begin{cases}\infty & (p>1)\\ 1 & (p=1)\end{cases}$$

となっている．(なお，p が実数のときの問題として議論したものは，後の「数列の極限の例 5 再訪」で示される．) □

休憩　$0.999\cdots = 1$ か，それとも $0.999\cdots < 1$ か.

誤答例　$0.999\cdots < 1$

有理数のところで，$0.499\cdots = 0.5$ であることを述べた．しかし，$0.499\cdots < 0.5$ であって，けっして 0.5 にはならないのではないかと主張されることがある．ここでもう一度考えてみよう．

$0.333\cdots = \dfrac{1}{3}$ に両辺から 3 を掛けて $3\times 0.333\cdots = 3\times\dfrac{1}{3}$，つまり $0.999\cdots = 1$ である．納得する自分に何かだまされた気もする．循環論法のように思えるからだ．

では，p 進法で説明してみよう．ここで，p 進法の数 a を $(a)_p$ と表そう．p 進法では，数 a を

$$\begin{aligned} a = (a)_p &= (a_m\cdots a_1a_0a_{-1}\cdots a_{-n}\cdots)_p \\ &= a_m\times p^m+\cdots+a_1\times p+a_0+\frac{a_{-1}}{p}+\cdots+\frac{a_{-n}}{p^n}+\cdots \end{aligned}$$

で表す．$(0.333\cdots)_{10} = (0.1)_3$ と $(3)_{10} = (10)_3$ から

$$(0.999\cdots)_{10} = (3)_{10}\times(0.333\cdots)_{10} = (10)_3\times(0.1)_3 = (1)_3 = (1)_{10}$$

が成り立つ．

まだ，納得しないという人は，先に述べた ε-N 論法を使ってみよう．0.9, 0.99, 0.999, 0.9999, ... のような数列を考える．n 番目の項 a_n は，

$$a_n = 9\times\left(\frac{1}{10^1}+\frac{1}{10^2}+\frac{1}{10^3}+\cdots+\frac{1}{10^n}\right)$$

になる．この数列は上に有界 $(a_n < 2)$ で単調増加 $(a_n < a_{n+1})$ である．実数の連続性の公理より a_n は極限をもつ．収束値を 1 と想定しよう．すると，$\varepsilon = 10^{-q}$ を考え，$N = q+1$ とすると，$|a_n - 1| < \varepsilon\ (n \geq N)$ になっているので，この想定は正しかったことがわかる．■

○数列の極限の例 6 (ネイピアの数 e)　銀行に a 円貯金して 1 年後の利息が ka とするとき，元金からの増加率は k である．半年毎に利息がつく複利のときの利率を同じとすると，半年後には a 円が $a+\dfrac{k}{2}a$ 円になっており，次の半年ではもとの元金と利息分を預けると 1 年後には $\left(1+k\dfrac{1}{2}\right)^2 a$ 円になっている．1 年を n 分割して同様な複利を考えると 1 年後には $\left(1+k\dfrac{1}{n}\right)^n a$ 円になっている．最も単純な $k=1$ の場合を考えて，この分割をどんどん大きくしていく

と 1 年後の利息はどのようになっていくだろうか．

ここで，$\displaystyle\lim_{n\to\infty} a_n = \lim_{n\to\infty}\left(1+\frac{1}{n}\right)^n$ の値について考えてみよう．じつは，a_n は単調増加数列で上に有界である．したがって a_n は収束する．この収束値には $\boldsymbol{e}$ という記号が使われ，**ネイピア (Napier) の数**とよばれている．2 つのことを証明しよう．

a_n は単調増加数列であること：　二項定理により

$$
\begin{aligned}
\left(1+\frac{1}{n}\right)^n &= \sum_{k=0}^{n}\binom{n}{k}\left(\frac{1}{n}\right)^k \\
&= \sum_{k=0}^{n}\frac{n(n-1)\times\cdots\times(n-k+1)}{k!\,n^k} \\
&= 1+\sum_{k=1}^{n}\frac{n}{n}\,\frac{n-1}{n}\times\cdots\times\frac{n-k+1}{n}\,\frac{1}{k!} \\
&= 1+\sum_{k=1}^{n}\left(1-\frac{1}{n}\right)\left(1-\frac{2}{n}\right)\times\cdots\times\left(1-\frac{k-1}{n}\right)\frac{1}{k!} \\
&< 1+\sum_{k=1}^{n}\left(1-\frac{1}{n+1}\right)\left(1-\frac{2}{n+1}\right)\times\cdots\times\left(1-\frac{k-1}{n+1}\right)\frac{1}{k!} \\
&\qquad +\left(1-\frac{1}{n+1}\right)\left(1-\frac{2}{n+1}\right)\times\cdots\times\left(1-\frac{n}{n+1}\right)\frac{1}{(n+1)!} \\
&= 1+\sum_{k=1}^{n+1}1\left(1-\frac{1}{n+1}\right)\left(1-\frac{2}{n+1}\right)\times\cdots\times\left(1-\frac{k-1}{n+1}\right)\frac{1}{k!} \\
&= 1+\sum_{k=1}^{n+1}\frac{n+1}{n+1}\times\frac{n}{n+1}\times\cdots\times\frac{n-k+2}{n+1}\times\frac{1}{k!} \\
&= 1+\sum_{k=1}^{n+1}\binom{n+1}{k}\left(\frac{1}{n+1}\right)^k = \left(1+\frac{1}{n+1}\right)^{n+1}
\end{aligned}
$$

である．

a_n は上に有界であること：　$k=1,\ldots,n$ のとき $k!\ \geq 2^{k-1}$ であるから，任意の n に対して

$$
\begin{aligned}
\left(1+\frac{1}{n}\right)^n &= 1+\sum_{k=1}^{n}1\left(1-\frac{1}{n}\right)\left(1-\frac{2}{n}\right)\times\cdots\times\left(1-\frac{k-1}{n}\right)\frac{1}{k!} \\
&\leq 1+\left(1+\frac{1}{2}+\frac{1}{2^2}+\cdots+\frac{1}{2^{n-1}}\right)
\end{aligned}
$$

$$= 1 + \frac{1 - \dfrac{1}{2^n}}{1 - \dfrac{1}{2}} < 1 + \frac{1}{1 - \dfrac{1}{2}} = 3$$

が成り立つ．

ネイピアの数 e は無理数であり，$e = 2.718281828459045\cdots$ のような無限小数で表される． □

1.3.2 関数の極限

自然数 n によって定まる数列 $\{a_n\}$ を実数 x によって定まる x の関数 $f(x)$ に自然に拡張することで，$x \to a$ のとき $f(x) \to \alpha$ というような (**収束**するという) **関数の極限**を考えることができる．数列のときと同様に，$\lim_{x \to a} f(x) = \alpha$ とも表現する．また，$f(x)$ がどんな値にも収束しないとき，$f(x)$ は**発散**するという．収束については，次の ε-δ 論法のところで述べる．

$x < a$ の状態を保ったままで $x \to a$ とすることを $x \to a-0$ で表す．この極限操作を**左極限**という．このとき，$f(x) \to \alpha\ (x \to a-0)$ となれば，あるいは別の表現では $\lim_{x \to a-0} f(x) = \alpha$ となれば，$y = f(x)$ は**左側極限値** α に収束するという．同様に，$x > a$ の状態を保ったままで $x \to a$ とすることを $x \to a+0$ で表す．この極限操作を**右極限**という．このとき，$f(x) \to \beta\ (x \to a+0)$ となれば，あるいは別の表現では $\lim_{x \to a+0} f(x) = \beta$ となれば，$y = f(x)$ は**右側極限値** β に収束するという．特に，$a = 0$ のときは簡単のため，$x \to 0-0$，$x \to 0+0$ の代わりにそれぞれ $x \to -0$, $x \to +0$ と書く．

数列の極限のときと同様に，$\lim_{x \to a} f(x)$, $\lim_{x \to a} g(x)$ が存在するとき，関数の極限について次の定理が成り立つ．

定理 関数の極限について

(1) $\lim_{x \to a} kf(x) = k \lim_{x \to a} f(x)$ (k は定数)

(2) $\lim_{x \to a} \{f(x) \pm g(x)\} = \lim_{x \to a} f(x) \pm \lim_{x \to a} g(x)$ (複号同順)

(3) $\lim_{x \to a} \{f(x)g(x)\} = \left(\lim_{x \to a} f(x)\right)\left(\lim_{x \to a} g(x)\right)$

(4) $\displaystyle\lim_{x\to a}\frac{f(x)}{g(x)}=\frac{\displaystyle\lim_{x\to a}f(x)}{\displaystyle\lim_{x\to a}g(x)}\quad(\lim_{x\to a}g(x)\neq 0)$

(5) $x\to a$ のとき，$f(x)\leq g(x)$ ならば $\displaystyle\lim_{x\to a}f(x)\leq\lim_{x\to a}g(x)$.

(6) $x\to a$ のとき, $f(x)\leq h(x)\leq g(x)$ であり, かつ $\displaystyle\lim_{x\to a}f(x)=\lim_{x\to a}g(x)=\alpha$ ならば，$h(x)$ も収束して，その極限値は $\displaystyle\lim_{x\to a}h(x)=\alpha$. これを**はさみうちの原理**という

ε-δ 論法

数列の極限と同様に，関数の極限についても距離を用いた収束を定義することができる．

ある小さい数 $\varepsilon>0$ を定めると，$|f(x)-\alpha|<\varepsilon$ という状態を考えることができるということになるが，数列では “ある N が決まって” という部分が，関数の極限の場合 “x と α との距離 $|x-a|$ がある値より小さく決まって” というように置き換わる．つまり，$\varepsilon>0$ を定めると，その ε に応じたある (小さな) 数 $\delta=\delta(\varepsilon)>0$ が決まり，$0<|x-a|<\delta$ ならば $|f(x)-\alpha|<\varepsilon$ となっているということになる．これを **ε-δ 論法**とよんでいる．

これは，近傍という集合の言葉を使って表すこともできる．a の **δ 近傍**とは $\{x\,|\,|x-a|<\delta\}$ となる開区間 (開集合) である．同様に，α の ε 近傍とは $\{f(x)\,|\,|f(x)-\alpha|<\varepsilon\}$ となる開区間 (開集合) である．このとき，どんな ε (>0) であっても，$0<|x-a|<\delta$ である限り $|f(x)-\alpha|<\varepsilon$ となっているということである．a の δ 近傍を A とし，α の ε 近傍を B とすれば，$f(A\backslash\{a\})\subset B$ ということになっている．

○関数の極限の例 1 $\displaystyle\lim_{x\to a}\frac{x^2-a^2}{x-a}$ を求める．

$x\to a$ のとき, 分母も分子も 0 に近づいていく．しかし，どんなに近づいても $|x-a|=0$ ということは考えていないので，分子を $x^2-a^2=(x+a)(x-a)$ と因数分解して分母・分子から同じ項 $x-a$ を消去することができる．すると，$\displaystyle\lim_{x\to a}\frac{x^2-a^2}{x-a}=\lim_{x\to a}(x+a)=2a$ となる． □

○関数の極限の例 2 $\lim_{x \to 0} (1+x)^{\frac{1}{x}} = e$ を示す．

n が自然数のとき $\lim_{n \to \infty} \left(1+\dfrac{1}{n}\right)^n = e$ であることを先に示したが，ここでは $x = \dfrac{1}{n}$ のようなとびとびの x だけではなく，$\varepsilon > 0$ に対してある $\delta > 0$ が存在し，$0 < |x| < \delta$ を満たす 0 に近いすべての実数について，$|(1+x)^{\frac{1}{x}} - e| < \varepsilon$ が成立しているということを証明したい．

$x \to +0$ とする．このとき，$\dfrac{1}{x} \to \infty$ であるから $n \leq \dfrac{1}{x} < n+1$, すなわち $\dfrac{1}{n} \geq x > \dfrac{1}{n+1}$ となるような自然数 n をとる．$1+x > 1$ であるから，$1+x$ を底とする指数関数は単調増加であり

$$(1+x)^n \leq (1+x)^{\frac{1}{x}} < (1+x)^{n+1}$$

である．一方，

$$1 + \frac{1}{n+1} < 1 + x \leq 1 + \frac{1}{n}$$

であるから

$$\left(1+\frac{1}{n+1}\right)^n < (1+x)^n \leq (1+x)^{\frac{1}{x}} < (1+x)^{n+1} \leq \left(1+\frac{1}{n}\right)^{n+1}$$

である．ここで $x \to +0$ とすると $n \to \infty$ となるので

$$\left(1+\frac{1}{n+1}\right)^n = \left(1+\frac{1}{n+1}\right)^{n+1}\left(1+\frac{1}{n+1}\right)^{-1} \to e \times 1 = e,$$

$$\left(1+\frac{1}{n}\right)^{n+1} = \left(1+\frac{1}{n}\right)^n\left(1+\frac{1}{n}\right) \to e \times 1 = e$$

となる．したがって，はさみうちの原理により $(1+x)^{\frac{1}{x}}$ も e に収束する．

次に，$x \to -0$ とする．$t = -x$ とおくと $t \to +0$ なので，

$$(1+x)^{\frac{1}{x}} = \left(1+\frac{t}{1-t}\right)^{\frac{1}{t}} = \left(1+\frac{t}{1-t}\right)^{\frac{1-t}{t}}\left(1+\frac{t}{1-t}\right)$$

$$\to e \times 1 = e.$$

□

ここで，**数列の和と級数**について考えよう．

数列の初項から第 n 項までの和を S_n で表し，数列 $\{a_n\}$ の**部分和**，あるいは第 n 部分和とよぶ．つまり，

$$S_n = a_1 + a_2 + \cdots + a_{n-1} + a_n = \sum_{k=1}^{n} a_k.$$

また，$n \to \infty$ のときの S_n を**級数**とよぶ．

例えば，$1 + \dfrac{1}{2} + \dfrac{1}{2^2} + \cdots + \dfrac{1}{2^n} + \cdots = 2$ である．

○**例**　$1 + \dfrac{1}{2} + \dfrac{1}{3} + \cdots + \dfrac{1}{n} + \cdots$ は発散する．

証明　$S_n = 1 + \dfrac{1}{2} + \dfrac{1}{3} + \cdots + \dfrac{1}{n}$ とする．このとき，

$$\begin{aligned}
S_{2^n} &= 1 + \frac{1}{2} + \left(\frac{1}{3} + \frac{1}{4}\right) + \left(\frac{1}{5} + \frac{1}{6} + \frac{1}{7} + \frac{1}{8}\right) + \cdots \\
&\quad + \left(\frac{1}{2^{n-1}+1} + \cdots + \frac{1}{2^n}\right) \\
&> 1 + \frac{1}{2} + \left(\frac{1}{4} + \frac{1}{4}\right) + \left(\frac{1}{8} + \frac{1}{8} + \frac{1}{8} + \frac{1}{8}\right) + \cdots \\
&\quad + \left(\frac{1}{2^n+1} + \cdots + \frac{1}{2^n}\right) \\
&= 1 + \frac{1}{2} + 2\left(\frac{1}{4}\right) + 4\left(\frac{1}{8}\right) + 2^{n-1}\left(\frac{1}{2^n}\right) \\
&= 1 + \frac{n}{2}.
\end{aligned}$$

□

○**関数の極限の例 3**　$\displaystyle\lim_{x \to 0} \frac{\sin x}{x} = 1$ を示す．

さて，この極限値は，図を用いて証明することが多い．

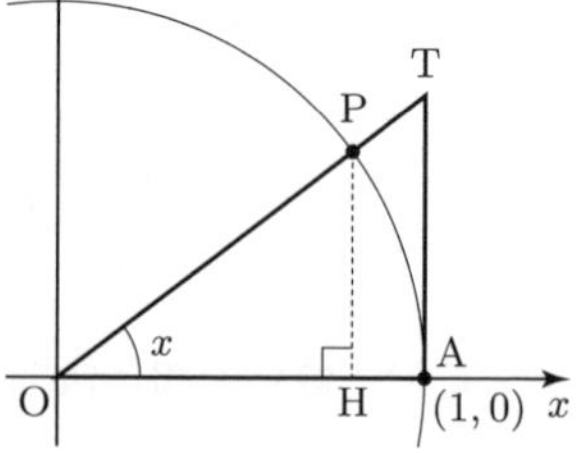

$x \to +0$ の場合で，$0 < x < \dfrac{\pi}{2}$ のときを考える．A を座標 $(1, 0)$ の点とする．原点を中心とする単位円上に $\angle\mathrm{AOP} = x$ となるように点 P をとり，P から x 軸へ下ろした垂線と x 軸の交点を H，A における接線と OP の延長線の交点を T とする．$\mathrm{PH} = \sin x$，弧 $\overset{\frown}{\mathrm{PA}} = x$，$\mathrm{TA} = \tan x$

である．△OPA，扇形 OPA，△OTA の面積を比較すると，$\dfrac{1}{2}\sin x < \dfrac{x}{2} < \dfrac{1}{2}\tan x$ より，$\cos x < \dfrac{\sin x}{x} < 1$ となるので，はさみうちの原理により $\displaystyle\lim_{x\to+0}\frac{\sin x}{x} = 1$ が得られる．

しかし，曲線の長さは積分を使って求められ，円弧の長さは三角関数の積分によって求めるという堂々めぐりの証明になっており，すっきりしない．そこで，$\sin x$ を $\displaystyle\sum_{n=0}^{\infty}\frac{(-1)^n}{(2n+1)!}x^{2n+1}$ という級数で定義する．すると，$\displaystyle\lim_{x\to 0}\frac{\sin x}{x} = 1$ が一気にでてくる．　□

○関数の極限の例 4　$\displaystyle\lim_{x\to 0}\sin\frac{1}{x}$ は発散することを示す．

背理法を使おう．上記の極限が収束するとして，その極限値を L とする．$\varepsilon = \dfrac{1}{3}$ に対して，どんな $\delta > 0$ をとっても，$1 \notin (L-\varepsilon, L+\varepsilon)$ か $0 \notin (L-\varepsilon, L+\varepsilon)$ のどちらかが成り立つ．$0 \notin (L-\varepsilon, L+\varepsilon)$ と仮定する．すると，ある N が存在して，$n > N$ では $\dfrac{1}{n\pi} < \delta$ が成り立ち，$\sin n\pi = 0 \notin (L-\varepsilon, L+\varepsilon)$ となる．したがって，$\left|\sin\dfrac{1}{n\pi} - L\right| \geq \varepsilon$ となる．$1 \notin (L-\varepsilon, L+\varepsilon)$ の場合も同様になり，結局，$\sin\dfrac{1}{x}$ は収束値をもたない．　□

1.3.3　収束の速さ

$x_1 = 2,\ x_n + \dfrac{1}{x_n}$ $(n = 2, 3, \ldots)$ で定義される数列は，

$$
\begin{aligned}
x_1 &= 2.00000000,\\
x_2 &= 1.50000000,\\
x_3 &= 1.41666667,\\
x_4 &= 1.41421569,\\
x_5 &= 1.41421356,\\
x_6 &= 1.41421356
\end{aligned}
$$

のように，かなりの速さで $\sqrt{2}$ $(= 1.41421356\cdots)$ に近づいている．これはニュートン法によってつくられた数列である．一般に，ニュートン法による数

列は速い収束を示すことが知られている．

一方，ネイピアの数を求める $\left(1+\dfrac{1}{n}\right)^n$ では，

$$
\begin{aligned}
x_1 &= 2.000000,\\
x_{10} &= 2.593742,\\
x_{50} &= 2.691588,\\
x_{1000} &= 2.716924
\end{aligned}
$$

のように，なかなか $e = 2.71828\cdots$ に到達しない．収束がかなり遅い．

ここで, 収束の速さを表す記号を導入しよう．**ビッグオー**(O) と**リトルオー**(o) である．これらを**ランダウ** (Landau) **の記号**とよぶ．

収束の速さ

$x_n = O(\alpha_n) \iff$ ある C と r があって，$|x_n| \leq C|\alpha_n|$ $(n \geq r)$.

$x_n = o(\alpha_n) \iff \displaystyle\lim_{n\to\infty} \frac{x_n}{\alpha_n} = 0$ $(n \geq r)$

例えば，$\dfrac{n+1}{n^2} = O\left(\dfrac{1}{n}\right)$, $e^{-n} = o\left(\dfrac{1}{n^2}\right)$ である．

収束の速さに関連して，収束の次数を次のように定義する．

α 次収束　ある $C > 0$ と N があって，

$$|x_{n+1} - x^*| \leq C|x_{n+1} - x^*|^\alpha \quad (n \geq N)$$

が成り立つとき，x_n は **α 次収束**するという．

例えば，先の $\sqrt{2}$ を求める方法は 2 次収束になっている．

1.3.4　連 続 関 数

$y = f(x)$ を区間 I で定義された関数とし，$a \in I$ とする．$y = f(x)$ が $x = a$ で**連続**または点 a で連続であるとは

$$\lim_{x\to a} f(x) \left(= \lim_{x\to a+0} f(x) = \lim_{x\to a-0} f(x) \right) = f(a)$$

を満たすことである．ただし，a が区間の端点であるときは，右側極限値あるいは左側極限値を考えることにする．$f(x)$ が区間 I で連続であるとは，I の各

点で連続であることである．$x = a$ で連続ではないとき**不連続**であるという．

距離を使って，次のような定式化を行うと感覚的ではなく厳密ないいまわしになる．

ε-δ 論法

領域 $D \subset \mathbb{R}$ で定義される関数 f が a で**連続**であるとは，どのような $\varepsilon > 0$ に対しても，ある $\delta = \delta(\varepsilon) > 0$ が存在して，$|x-a| < \delta$ ならば $|f(x)-f(a)| < \varepsilon$ となっていることである．極限のときの $0 < |x-a| < \delta$ と連続のときの $|x-a| < \delta$ との違いに注意すること．このように定義すると，x が右からばかり a に近づかなければならないという印象や，左からばかり近づかなければならないという印象は消えてしまう．簡単にいうと，$\lim_{x \to a} f(x)$ が，a で定義された関数の値 $f(a)$ と等しいということである．a の δ 近傍を A とし，α の ε 近傍を B とすれば，$f(A) \subset B$ ということになっている．

関数 $f(x)$, $g(x)$ が (点 a であるいは区間 I で) 連続ならば，極限に関する定理により，関数 $f(x) \pm g(x)$, $kf(x)$ (k は定数), $f(x)g(x)$, $\dfrac{f(x)}{g(x)}$ も連続である．ただし，考えている点および区間では分母は 0 でないものとする．また，連続関数の合成関数も連続である．したがって，**多項式関数** $f(x) = a_0 + a_1 x + a_2 x^2 + \cdots + a_n x^n$ は連続であり，**有理関数** $f(x) = \dfrac{x \text{ の多項式}}{x \text{ の多項式}}$ は分母が 0 になるような x を除いて連続である．

次の「中間値の定理」と「最大値・最小値の定理」は，連続関数の性質として特に重要である．

中間値の定理

関数 $f(x)$ が閉区間 $[a, b]$ で連続であり，さらに $f(a) < f(b)$ であるならば，$f(a) < c < f(b)$ であるようなどんな実数 c に対しても $f(\xi) = c$ を満たすような実数 ξ が区間 $[a, b]$ に少なくとも 1 つ存在する．

$f(a) > f(b)$ であるときも同様である．

最大値・最小値の定理

関数 $f(x)$ が有界閉区間 $[a,b]$ で連続であるならば，$f(x)$ が最大値をとる点および最小値をとる点がこの区間に存在する．

これらの定理の証明は省略する．

1.4 指数関数・対数関数

掛け算の演算が足し算の演算に変わってしまう．あるいは，逆に，足し算の演算が掛け算の演算に変わってしまう．そういう関数があったら役に立つだろうか．

1.4.1 指 数 関 数

1 人がある感染症にかかっており，その人が接触した人は必ず感染するような強い感染力をもっているとしよう．1 人の感染者は必ず 2 人に接触するとする．すると，最初 1 人の感染者だったのが，次には 2 人増え，さらにその次には 4 人に増えていく．そうして，n 回目の感染のときには 2^n 人が新しい感染者になっている．この n の関数は爆発的に大きくなる性質をもっており，そのような性質を「指数的な増加」といっている．2 の n 乗のような関数を**指数関数**とよんでいる．

実数 a，自然数 n に対して上記と同じように a^n を考える．また，実数 $b \geq 0$ に対して $x^m = b$ となるような実数 $x \geq 0$ があったとしよう．m も自然数とする．このときの x を b の (非負の) **m 乗根**といい $\sqrt[m]{b}$，あるいは $b^{\frac{1}{m}}$ で表す．

そうすると，$a > 0$ を定数，$m, n = 1, 2, \ldots$ とするとき，自然に，

$$a^0 = 1 \ (0 \text{ の指数}), \qquad a^{-n} = \frac{1}{a^n} \ (\text{負の指数}),$$

$$a^{\frac{n}{m}} = \sqrt[m]{a^n} \ (\text{正の分数指数}), \quad a^{-\frac{n}{m}} = \frac{1}{\sqrt[m]{a^n}} \ (\text{負の分数指数})$$

が定義できて，これらを a の**有理数べき**という．

このとき，実数 $a, b > 0$ と有理数 r, s に対して**指数法則**

$$a^r a^s = a^{r+s}, \qquad \frac{a^r}{a^s} = a^{r-s},$$
$$(a^r)^s = a^{rs}, \qquad (ab)^r = a^r b^r, \qquad \left(\frac{a}{b}\right)^r = \frac{a^r}{b^r}$$

が成り立つ．

また，一般の正の有理数 r, s に対して $a^r a^s = a^{r+s}$ が成り立つ．これは，$r = \dfrac{l}{k}$, $s = \dfrac{n}{m}$ (ただし，k, m は自然数，l, n は整数) とおくと，

$$\begin{aligned}(\text{左辺})^{km} &= (a^{\frac{l}{k}} a^{\frac{n}{m}})^{km} = (\sqrt[k]{a^l}\,\sqrt[m]{a^n})^{km} = \left((\sqrt[k]{a^l})^k\right)^m \left((\sqrt[m]{a^n})^m\right)^k \\ &= (a^l)^m (a^n)^k = (a^{lm})(a^{nk}) = a^{lm+nk}, \\ (\text{右辺})^{km} &= (a^{\frac{l}{k}+\frac{n}{m}})^{km} = (a^{\frac{kn+ml}{km}})^{km} = (\sqrt[km]{a^{kn+ml}})^{km} = a^{kn+ml}\end{aligned}$$

だから，$(\text{左辺})^{km} = (\text{右辺})^{km}$．両辺の km 乗根をとって 左辺 $=$ 右辺 を得るからである．

例えば $\sqrt{2} = 1.41421\cdots$ に対して，有理数べきの列 $2^1, 2^{1.4}, 2^{1.41}, \ldots$ の値はある一定の値に近づいていく．この値を $2^{\sqrt{2}}$ と定める．すると，$a > 0$ を定数とするとき，実数 x に対しこのようにして決まる a^x が定まり，これを a の**実数べき**とよぶ．このとき，x を a^x の**指数**という．実数べきも指数法則を満たす．

a を $a > 0, a \neq 1$ とするとき，実数 x に対し実数べき a^x を対応させる関数

$$f(x) = a^x$$

を，a を**底**とする x の**指数関数**とよぶ．定義域は実数全体 $\mathbb{R}$ である．$a = 1$ の場合には，どんな実数 x に対しても $a^x = 1^x = 1$ となる．

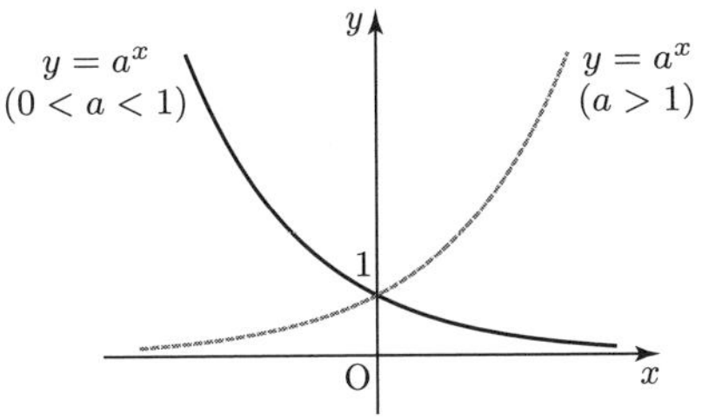

図 1.7　指数関数の例

指数関数について次が成り立つ．

指数関数の性質

(1) グラフは必ず点 $(0,1)$ をとおり，

$1<a$ のとき狭義単調増加，$0<a<1$ のとき狭義単調減少．

(2) $a^{t+s}=a^ta^s,\quad a^{t-s}=\dfrac{a^t}{a^s},\quad a^{ts}=(a^t)^s,$

$(ab)^t=a^tb^t,\quad \left(\dfrac{a}{b}\right)^t=\dfrac{a^t}{b^t}$

1.4.2 対数関数

対数とは，掛け算の世界を足し算の世界に変換するものである．つまり，

$$\log ab=\log a+\log b$$

のように，左辺での ab の掛け算 (の変換値) が右辺では a (の変換値) と b (の変換値) の足し算になっている．

このような変換を可能にする関数は，c を底とする x の指数関数 c^s を別な形で表現したものになっている．つまり，$c^s=b$ とするとき，$\log_c b=s$ というようになっている．こうすると，$c^s=a, c^t=b$ なら，$ab=c^s\cdot c^t=c^{s+t}$ であるから，$\log_c ab=\log_c a+\log_c b=s+t$ となる．この底 c を省略した形が冒頭の表現である．

この底を 10 にとった場合の対数 $\log_{10}x$ を**常用対数**，ネイピアの数 e とった場合の対数 $\log_e x$ を**自然対数**という (底 e を省略して $\log x$ と表す．工学の分野では $\ln x$ と表すこともある.)．このように，底 $c>0$ を決め，

$$y=\log_c x$$

で表される関数を**対数関数**という．整理しよう．

対数の定式化

a を $a>0, a\neq 1$ を満たす定数とする．このとき，$M>0$ に対して

$$a^p=M \tag{1.17}$$

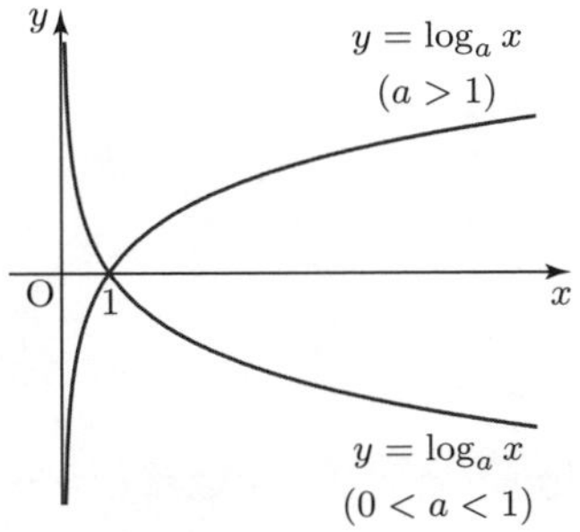

図 1.8　対数関数の例

となる実数 p がただ 1 つ存在する．この p を

$$p = \log_a M, \quad M > 0 \tag{1.18}$$

と表し，a を**底**《てい》とする M の**対数**という．また，M を**真数**とよぶ．つまり，

$$p = \log_a M \quad \Longleftrightarrow \quad a^p = M \tag{1.19}$$

である．$\log_a M$ は「ログ底 a の M」と読む．特に，

$$a^{\log_a M} = M, \quad \log_a a^p = p, \quad \log_a a = 1, \quad \log_a 1 = 0$$

である．底と真数には，条件 $a > 0$, $a \neq 1$, $M > 0$ が付く．

さて，こういう関数をつくって何かいいことがあるのかというと，ある．

休憩　計算尺は掛け算を足し算で行うアナログ計算機

まず，図 1.9 を見てほしい．この図では，$1.4 \times 1.429 \fallingdotseq 2.0$ の計算を $\log 1.4$ と $\log 1.429$ の足し算を行ったものを log のスケールで読み取って，掛け算を行っていることがわかる．いまではもう姿を見ることもなくなったが，これは「計算尺」とよばれて，コンピュータが一般に普及しておらず自由に使えなかったほんの 50 年前までは，エンジニアはこれを使って計算していたスグレモノである．

対数の変換では，この他，桁違いの変化をわかりやすくとらえることができる．例えば，10 倍，100 倍，1000 倍といった増え方を，2，3，4 というような数値の範囲の変化でみることができる．自然界ではこのような桁違いな変化が起こっていても，それを感覚的には段階的に少しずつの変化としかとらえられないようなことがよくある．

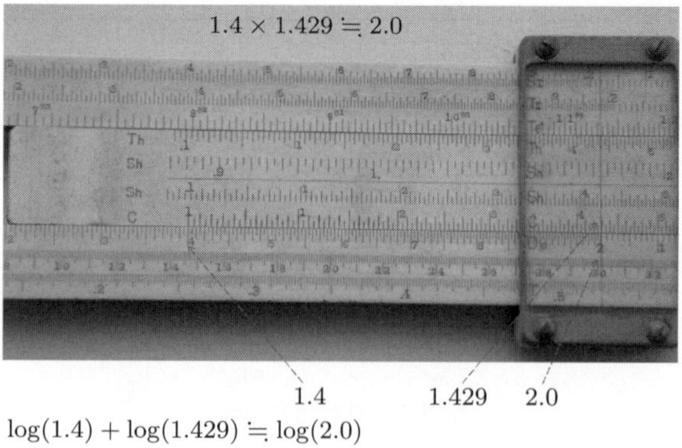

図 1.9　計算尺は掛け算を足し算に変換するアナログな道具

休憩　べき乗則

「べき乗則」というのは経験則としてよく知られた法則で，工学系の分野ではあらゆるところで用いられる便利な法則である．ここに対数変換が使われている．

例えば，機械とかその部品に電気的なストレスや機械的なストレスをかけ続けると，だんだん弱くなり最後には機能を果たせなくなる．ストレスが大きいほど早くダメになる．ダメになる時間を**寿命**という．ストレスが大きいと寿命は短くなる．そこには一定の法則があって，ストレスを s，寿命を t とするときに，$t = ks^{-a}$ という関係が成り立つことが知られている．これを**べき乗則**という．両辺の対数をとると，$\log t = b - a \log s$ ($\log k = b$) と変換できて，$\log t = x$，$\log s = y$ とすると，$x = b - ay$ というように直線関係が得られる．

新製品を作ったときにはその保証期間が示されている．電気製品だと 5 年から 10 年，変電所に設置する機器では 20 年から 30 年というように長い．ときには "100 年プリント" と宣伝されているように 100 年先の寿命まで保証されている．不思議に思ったことはないだろうか．製品が世の中に出たばかりなのになぜ 100 年という先のことがわかるのだろうかと．ここに "べき乗則" が使われているのである．製品や部品に，電気，熱，振動など，さまざまな種類と大きさのストレスをかけることで，上の直線関係の切片と傾きを知ることができる．1 年以内での試験を重ねて多くのデータを集めて解析することで 100 年先を予測することができるわけである．ほとんどの寿命予測はこのようにべき乗則を用いて行われている．■

対数の性質には次のようなものがある．

対数の性質　a, b を $a, b > 0$, $a \neq 1$, $b \neq 1$ を満たす定数，M, N を任意の正の数，k, x を実数とするとき，

(1)　$\log_a MN = \log_a M + \log_a N$,

(2)　$\log_a \dfrac{M}{N} = \log_a M - \log_a N$,

(3)　$\log_a M^k = k \log_a M$,

(4)　$a^x = b^{x \log_b a}$,

(5)　$\log_a M = \dfrac{\log_b M}{\log_b a}$

が成り立つ．

対数の性質のうち特に便利な公式は，上記の (4) の b をネイピアの数 e に置き換えた次の公式である．

指数対数の便利な公式　$a^x = e^{x \log a}$

これは，後に出てくる微分法の計算に便利な公式である．

○例 (極限の計算)　$\displaystyle\lim_{n\to\infty} \sqrt[n]{n} = 1$ について．

これを直接的に解くには，二項定理とはさみうちの原理によるかなり技巧的な手法が要求される．

$$\left(1+\sqrt{\frac{2}{n}}\right)^n = 1 + n\sqrt{\frac{2}{n}} + \frac{n(n-1)}{2}\left(\sqrt{\frac{2}{n}}\right)^2 + \cdots + \left(\sqrt{\frac{2}{n}}\right)^n$$
$$\geq 1 + \sqrt{2n} + \frac{n(n-1)}{2}\frac{2}{n} = n + \sqrt{2n} > n$$

したがって，$1 < \sqrt[n]{n} < 1 + \sqrt{\dfrac{2}{n}}$ なので，$\sqrt[n]{n} \to 1\ (n \to \infty)$ となる．

一方，指数関数や対数関数を使う方法もある．$\displaystyle\lim_{n\to\infty} \sqrt[n]{n} = 1$ を示すには，$\displaystyle\lim_{x\to\infty} \frac{\log x}{x} = 0$ を示せばよく，これは，$\displaystyle\lim_{x\to\infty} \frac{x}{e^x} = 0$ と同じで，このことは，$\dfrac{x}{e^x} < \dfrac{2^x}{e^x} = \left(\dfrac{2}{e}\right)^x \to 0\ (x \to \infty)$ からわかる．　□

○数列の極限の例 5 再訪　$\displaystyle\lim_{n\to\infty} \{(n+1)^p - n^p\}$ (p は正の実数) を求める．

「数列の極限の例 5」では p を自然数としていた．ここでは，p が正の実数のときについて議論しよう．

p が自然数のときと同じように，$p>2$ のときには，

$$\begin{aligned}(n+1)^p-n^p &= (n+1)^2(n+1)^{p-2}-n^2n^{p-2}\\ &> (n+1)^2(n+1)^{p-2}-n^2(n+1)^{p-2}\\ &= ((n+1)^2-n^2)(n+1)^{p-2}\end{aligned}$$

となり発散する．

では，$0<p<\dfrac{1}{2}$ のときにはどうか．このときには，$p=\dfrac{1}{2}$ のとき以上に 2 項間の差は縮まりそうだから 0 に収束しそうだとわかる．実際，

$$\begin{aligned}(n+1)^p-n^p &= (n+1)^{1/2}(n+1)^{p-1/2}-n^{1/2}n^{p-1/2}\\ &< (n+1)^{1/2}n^{p-1/2}-n^{1/2}n^{p-1/2}\\ &= \{(n+1)^{1/2}-n^{1/2}\}n^{p-1/2}\end{aligned}$$

となるので，収束することが確認できる．

では次に，$\dfrac{1}{2}<p<1$ のときにはどうか．このときにも上と同じような比較を行うことによって

$$\begin{aligned}(n+1)^p-n^p &= (n+1)^1(n+1)^{p-1}-n^1n^{p-1}\\ &< (n+1)^1n^{p-1}-n^1n^{p-1}=n^{p-1}\end{aligned}$$

となり収束することが確認できる．この証明法では $0<p<\dfrac{1}{2}$ の場合も兼ねていることがわかる．

さて，残るは $1<p<2$ のときだけである．これも同様に

$$\begin{aligned}(n+1)^p-n^p &= (n+1)^1(n+1)^{p-1}-n^1n^{p-1}\\ &> (n+1)^1(n+1)^{p-1}-n^1(n+1)^{p-1}\\ &= (n+1)^{p-1}\end{aligned}$$

となることから発散していくことがわかる．

以上をまとめると，

$$\lim_{n\to\infty}\{(n+1)^p - n^p\} = \begin{cases} \infty & (p>1), \\ 1 & (p=1), \\ 0 & (0<p<1) \end{cases}$$

となっている. □

休憩 0^0 は何になるのだろう.

誤答例 $0^0=0$ あるいは $0^0=1$.

$\lim_{x\to+0} x^0 = 1$ ($a>0$ に対して $x^0 = \dfrac{x^a}{x^a}$ と考えると, $x>0$ の 0 乗は 1.)

$\lim_{x\to+0} 0^x = 0$ (0 を $x\,(>0)$ 乗しても 0.)

$\lim_{x\to+0} x^x = 1$ (両辺の対数をとれば $x\log x \to 0$ と同じで, また, 上から $\lim_{y\to\infty}\dfrac{-\log y}{y}=0$ が示されているので.)

$\lim_{x\to+0} 0^0 = ?$ (いろんな値がでてくるので未定義となる.) ■

休憩 「ベンフォードの法則」

自然界で観測される 1 から 9 までの数字が出現する確率は一様ではなく, 若い数字ほどその確率が高いことが経験的に知られている. 数の最初の桁の数値を x とするとき, $y=\log_{10}(1+x)$ がその出現確率に近い. これを**ベンフォードの法則**という. 財務データなどの不正チェックに使われることがある.

x	1	2	3	4	5	6	7	8	9
確率	0.301	0.176	0.125	0.097	0.079	0.067	0.058	0.051	0.046

ベンフォードは 1938 年, さまざまな数値データを調べてこのことを統計的に確認した. つまり, この法則は経験則として知られていた. しかし, これは数学的に証明できる.

「ベンフォードの法則」の証明 まず, 2^n という数を考えよう. この数の最初の 1 文字目が, 30 から 40, 300 から 400 の間の数というように, 3 からはじまる場合の数を考えるとき, そのような数の割合は 12.5% になっていることを示そう. このとき, $3\times10^k < 2^n < 4\times10^k$ と $\log 3 + k < n\log 2 < \log 4 + k$ とは同値であるので, 後者について考えよう.

さて, $\log 2$ の整数倍を, 円周の長さが 1 の円に順に左回りに置いてみる. 1 番目の点と 2 番目の点の円周上の長さを $\log 2$, 2 番目の点と 3 番目の点の円周上の長さも

$\log 2$ という具合にである．すると，$\log 2$ は無理数であるから (有理数だと仮定すると，$\log 2 = \dfrac{a}{b}$ と表すことができて，このことは $10^a = 2^b$ を意味し，2^b は 5 で割られることになり矛盾である)，2 つの $\log 2$ の整数倍の数がこの円周上で重なることはない．もし，重なると仮定すれば，$a + m \log 2 = b + n \log 2$，つまり，$\log 2 = \dfrac{b-a}{m-n}$ と表せることになって，これは $\log 2$ が無理数であることに反するからである．したがって，$\log 2$ の整数倍は円周上に無数に位置していることになる．

では，$\log 2$ の整数倍が位置しているときの分布はどうなっているであろうか．例えば，最初の 101 個の $\log 2$ の整数倍を考えてみる．このとき，円周上のすべての 2 点間の距離が 0.01 を超えることはない (鳩ノ巣原理)．どれか一組は 0.01 より小さい．例えば，$5 \log 2$ と $98 \log 2$ がそうである．98 と 5 は 93 離れているので，93 個追加して合わせて $191 \log 2$ を，さらに，$284 \log 2$ を続けて考えていくと，それらは全部 0.01 より小さい距離になっている．0.01 はたまたま選んだだけで，この数を 0.001，あるいは 0.000000001 といくらでも小さくとることができる．つまり，$\log 2$ の整数倍は円周の長さが 1 の円上に一様に分布していることがわかる．そうすると，2^n で表される数の最初の数が 3 になる割合は，$\log 4 - \log 3 \fallingdotseq 0.125$ ということになり，12.5% の正体が示された．ただ，すべての数が 2^n で表されるわけではないので，これで証明が終わったということにはならない．

ところで，どんな数でも，例えば誰かの誕生日の数値でも，π の最初の 100 万桁であっても，2^n という数は無限にあるので，そのはじめの桁のいくつかの数がこれらの数と一致するようなものをみつけることができる．したがって，すべての数の最初の 1 文字目の数が 3 であるような数の割合は 12.5% であるということが示されたことになる．

■

1.5 三 角 関 数

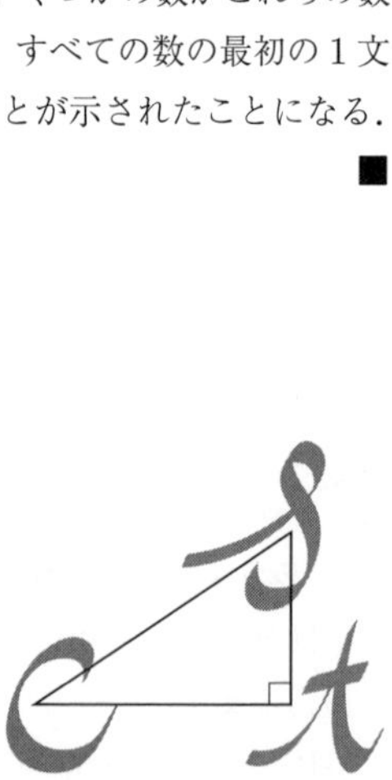

サイン・コサイン・タンジェント．誰でも知っている三角比の名称である．これらは，三角形のどの 2 辺を使うかも s, c, t の筆記体の筆順に従って覚えるとよいと教わった．三角関数は，この三角比に直接関係している関数である．関数であるから，独立変数はきっと角度だろうと考えるが，**度数法**で使う 60° のような変数にはしない．**弧度法**を使う．半径 1 の円がつくる円周の部分的な長さを角度と同一視して独立変数としている．x を円周の部分的な長

さとするとき，例えばサイン関数では，$f(x) = \sin(x)$ のような記法を用いるが，カッコを省略しても間違わないと考え，$\sin(x) = \sin x$ とするのが普通である．これは，$\sin x = \sin \times x$ のことではないことにもう一度注意したい．

三角関数は，三角形にまつわる数のことだと考えるが，じつは，指数関数とも関連している．後に示す，$e^{i\theta} = \cos\theta + i\sin\theta$ という**オイラー** (Euler) **の公式**がそれを示している．じつに深い意味合いがある関数である．

1.5.1 弧度法

半径 1 の円周の，長さ θ の円弧に対する中心角の大きさを θ radian (**ラジアン**) といい，θ rad と表す．このような角の表示法を**弧度法**という．弧度法では，単位 rad (**ラジアン**) を省略する．これに対し 1 回転を 360° とする角の測り方を**度数法**という．半径 1 の円周は 2π の長さをもつので $360^\circ = 2\pi\,\mathrm{rad}$ という関係が成り立つ．

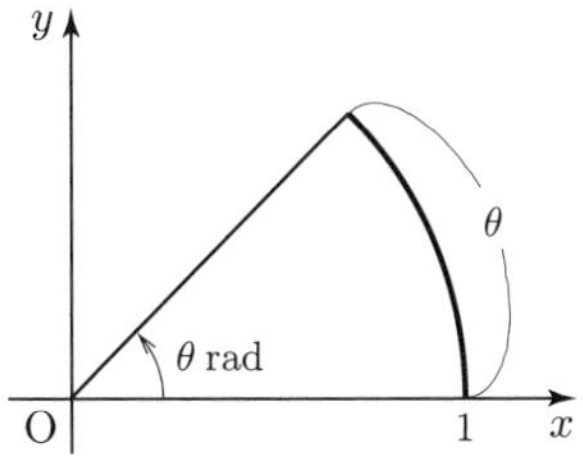

図 1.10 弧度法

定義により，半径 r，中心角 $\theta\,(>0)$ の扇形の弧の長さ ℓ と面積 S は

$$\ell = r\theta, \quad S = \frac{1}{2}r^2\theta = \frac{1}{2}r\ell$$

で与えられる．

1.5.2 三角関数

点 O を原点としたとき，中心が O の半径 1 の円周上を A(1, 0) から正の向き (反時計回り) に θ rad 回転した点を P とし，P の座標を (x, y) とするとき，

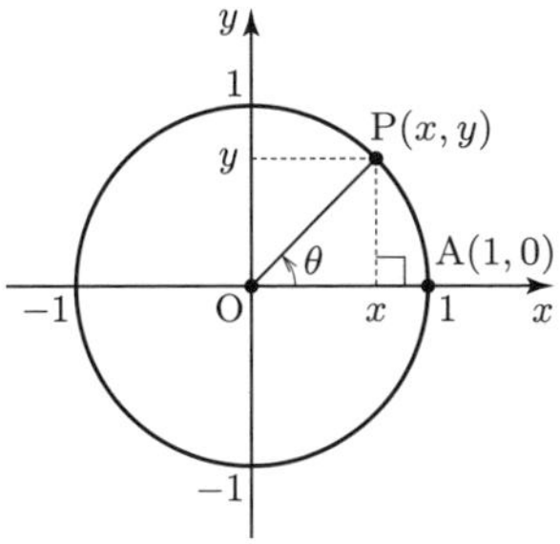

$$\cos\theta = x,$$
$$\sin\theta = y,$$
$$\tan\theta = \frac{y}{x} \quad (x \neq 0)$$

をそれぞれ角 θ の**余弦** (cosine)，**正弦** (sine)，**正接** (tangent) とよぶ．

三角関数のグラフを図 1.11 に示す．

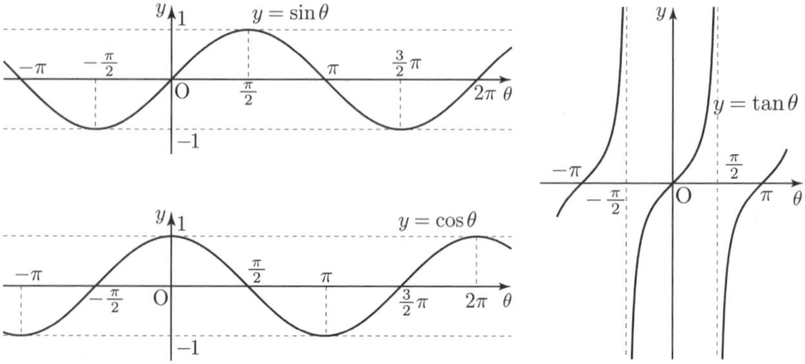

図 1.11　三角関数のグラフ

三角関数について次が成り立つ．

三角関数の性質

(1) **値　域**　$-1 \le \sin\theta \le 1,\ \ -1 \le \cos\theta \le 1,\ \ -\infty < \tan\theta < \infty$

(2) **三平方の定理**　$\sin^2\theta + \cos^2\theta = 1$

(3) **周　期**　$\sin(\theta+2\pi) = \sin\theta,\ \ \cos(\theta+2\pi) = \cos\theta,$

$\tan(\theta+\pi) = \tan\theta$

(4) **相互関係**　$\tan\theta = \dfrac{\sin\theta}{\cos\theta},\ \ \cot\theta = \dfrac{\cos\theta}{\sin\theta} = \dfrac{1}{\tan\theta},\ \ \sec\theta = \dfrac{1}{\cos\theta}$

三平方の定理 (ピタゴラスの定理) の証明には正方形がよく用いられる．しかし，1 辺の長さを a とするとき a^2 は正方形の面積を表すとは限らず，円の面積でも a^2 は登場する．

例えば，3 つの大きさの異なるピザパイを 2 人で分けるとき，一番大きいピザパイを選んだのが得策だったかどうかは，図 1.12 のように半分のピザパイでつくった 3 角形からわかる．

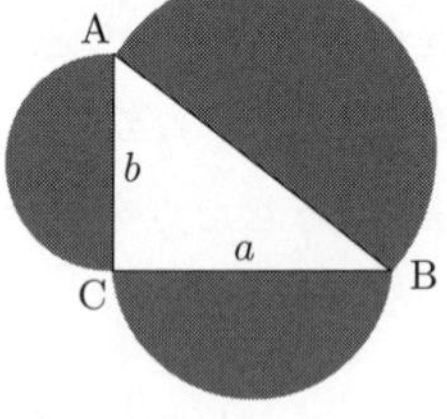

図 1.12　ピタゴラスの定理

さらに，三角関数について次の加法定理が成り立つ．

三角関数の加法定理(複号同順)

$$\sin(\alpha \pm \beta) = \sin\alpha\cos\beta \pm \cos\alpha\sin\beta,$$
$$\cos(\alpha \pm \beta) = \cos\alpha\cos\beta \mp \sin\alpha\sin\beta,$$
$$\tan(\alpha \pm \beta) = \frac{\tan\alpha \pm \tan\beta}{1 \mp \tan\alpha\tan\beta}.$$

これらの加法定理から，以下の公式が導かれる．

2 倍角の公式
$$\sin 2\alpha = 2\sin\alpha\cos\alpha,$$
$$\cos 2\alpha = \cos^2\alpha - \sin^2\alpha = 2\cos^2\alpha - 1 = 1 - 2\sin^2\alpha$$

3 倍角の公式
$$\sin 3\alpha = 3\sin\alpha - 4\sin^3\alpha,$$
$$\cos 3\alpha = 4\cos^3\alpha - 3\cos\alpha$$

半角の公式
$$\cos^2\frac{\alpha}{2} = \frac{1+\cos\alpha}{2}, \quad \cos^2\theta = \frac{1+\cos 2\theta}{2},$$
$$\sin^2\frac{\alpha}{2} = \frac{1-\cos\alpha}{2}, \quad \sin^2\theta = \frac{1-\cos 2\theta}{2},$$
$$\tan^2\frac{\alpha}{2} = \frac{1-\cos\alpha}{1+\cos\alpha}, \quad \tan^2\theta = \frac{1-\cos 2\theta}{1+\cos 2\theta}$$

積 和 変 換
$$\sin A\cos B = \frac{1}{2}\{\sin(A+B) + \sin(A-B)\},$$
$$\cos A\sin B = \frac{1}{2}\{\sin(A+B) - \sin(A-B)\},$$
$$\cos A\cos B = \frac{1}{2}\{\cos(A+B) + \cos(A-B)\},$$
$$\sin A\sin B = -\frac{1}{2}\{\cos(A+B) - \cos(A-B)\}$$

和 積 変 換
$$\sin A + \sin B = 2\sin\frac{A+B}{2}\cos\frac{A-B}{2},$$
$$\sin A - \sin B = 2\sin\frac{A-B}{2}\cos\frac{A+B}{2},$$
$$\cos A + \cos B = 2\cos\frac{A+B}{2}\cos\frac{A-B}{2},$$
$$\cos A - \cos B = -2\sin\frac{A+B}{2}\sin\frac{A-B}{2}$$

実数a, bのうち少なくとも1つは0でないとするとき，$\cos\alpha = \dfrac{a}{\sqrt{a^2+b^2}}$，$\sin\alpha = \dfrac{b}{\sqrt{a^2+b^2}}$ を満たす角αをとると

$$\begin{aligned} a\sin\theta + b\cos\theta &= \sqrt{a^2+b^2}\sin(\theta+\alpha) \\ &= \sqrt{a^2+b^2}\cos\left(\theta+\alpha-\frac{\pi}{2}\right) \end{aligned}$$

が成り立つ．この公式は，上記の「積を和または差で表す公式」や「和または差を積で表す公式」とは一見異なるようにみえるが，同様に導くことができる．

$$\begin{aligned} a\sin\theta + b\cos\theta &= \sqrt{a^2+b^2}\sin\theta\times\frac{a}{\sqrt{a^2+b^2}} + \sqrt{a^2+b^2}\cos\theta\times\frac{b}{\sqrt{a^2+b^2}} \\ &= \sqrt{a^2+b^2}\left(\sin\theta\times\frac{a}{\sqrt{a^2+b^2}} + \cos\theta\times\frac{b}{\sqrt{a^2+b^2}}\right) \\ &= \sqrt{a^2+b^2}\,(\sin\theta\cos\alpha + \cos\theta\sin\alpha) \\ &= \sqrt{a^2+b^2}\,\sin(\theta+\alpha) \end{aligned}$$

○例 (無理数であることの証明)　$\cos 5^\circ$ は無理数であることを示す．

証明 (背理法による)　$\cos 5^\circ$ を有理数と仮定する．このとき，$\cos 45^\circ = \cos(3^2\times 5^\circ)$ であり，右辺は三角関数の3倍角の公式から$\cos 5^\circ$ の有理関数であるため，有理数になる．一方，左辺の$\cos 45^\circ = \dfrac{1}{\sqrt{2}}$ は無理数であり，これは矛盾． □

○例　$\sin x = \sin\left(x-\dfrac{\pi}{3}\right)$ を $0 \le x \le \pi$ の範囲で解く．

【解】

$$\begin{aligned} \sin\left(x-\frac{\pi}{3}\right) &= \sin x\cos\left(-\frac{\pi}{3}\right) + \sin\left(-\frac{\pi}{3}\right)\cos x \\ &= \frac{1}{2}\sin x - \frac{\sqrt{3}}{2}\cos x = \sin x \end{aligned}$$

なので

$$\frac{1}{2}\sin x = -\frac{\sqrt{3}}{2}\cos x,\ \text{つまり}\ \frac{\sin x}{\cos x} = \tan x = -\sqrt{3}\ \text{から}\ x = \frac{2}{3}\pi. \quad \square$$

三角関数は，オイラーの公式が示すように指数関数とも関連している．ここでiは虚数単位である．

オイラーの公式 $e^{i\theta} = \cos\theta + i\sin\theta$

後に示す「テイラー級数」を使えば,

$$e^{\theta} = \sum_{n=0}^{\infty} \frac{1}{n!}\theta^n = 1 + \theta + \frac{1}{2!}\theta^2 + \cdots \quad (-\infty < \theta < \infty),$$

$$\sin\theta = \sum_{n=0}^{\infty} (-1)^n \frac{1}{(2n+1)!}\theta^{2n+1} = \theta - \frac{\theta^3}{3!} + \frac{\theta^5}{5!} + \cdots \quad (-\infty < \theta < \infty),$$

$$\cos\theta = \sum_{n=0}^{\infty} (-1)^n \frac{1}{(2n)!}\theta^{2n} = 1 - \frac{\theta^2}{2!} + \frac{\theta^4}{4!} + \cdots \quad (-\infty < \theta < \infty)$$

となることがわかっている.左辺は多項式ではない.しかし,右辺は多項式のように表されている.このように,一般の関数を多項式のように表現することができるということは,多項式に使える演算が直接いかされるという意味で,このテイラー級数の意義は大きい.

さて,指数関数の変数に $i\theta$ を代入してみると,

$$\begin{aligned} e^{i\theta} &= \sum_{n=0}^{\infty} \frac{1}{n!}(i\theta)^n = 1 + (i\theta) + (i\theta)^2 + \cdots \\ &= \left(1 - \frac{\theta^2}{2!} + \frac{\theta^4}{4!} + \cdots\right) + i\left(\theta - \frac{\theta^3}{3!} + \frac{\theta^5}{5!} + \cdots\right) \\ &= \cos\theta + i\sin\theta \end{aligned}$$

となっていることがわかる.

逆に,三角関数をここで示された多項式の級数で定義することにすると,いろいろ便利である.その1つは,先に示した,極限 $\lim_{x\to 0} \dfrac{\sin x}{x} = 1$ であろう.

○例 (三角関数は連続関数である) $\sin x$ は連続関数であることを示す.

【解】 距離を使って証明しよう.

どのような $\varepsilon > 0$ に対しても,δ を ε と π の小さいほうにとると

$$\begin{aligned} |\sin x - \sin a| &= 2\left|\left(\cos\frac{x+a}{2}\right)\left(\sin\frac{x-a}{2}\right)\right| \\ &\leq 2\left|\frac{x-a}{2}\right| = |x-a| < \delta \leq \varepsilon \end{aligned}$$

となって,$\sin x$ は連続関数であることが証明された. □

1.5.3 逆三角関数

$-1 \leq a \leq 1$ である実数 a に対し，$a = \sin\theta$ を満たす実数 θ は $-\dfrac{\pi}{2} \leq \theta \leq \dfrac{\pi}{2}$ の範囲ではただ 1 つ存在する．この θ を $\sin^{-1} a$（または $\arcsin a$）で表す（「アークサイン」と読む）．すなわち，

$$\theta = \sin^{-1} a \iff a = \sin\theta \quad \left(-\frac{\pi}{2} \leq \theta \leq \frac{\pi}{2}\right)$$

である．

同様に，$-1 \leq a \leq 1$ に対し，$0 \leq \theta \leq \pi$ の範囲で $a = \cos\theta$ を満たす θ を $\cos^{-1} a$（または $\arccos a$）と表す（「アークコサイン」と読む）．

また，$-\infty < a < \infty$ に対し，$-\dfrac{\pi}{2} < \theta < \dfrac{\pi}{2}$ の範囲で $a = \tan\theta$ を満たす θ を $\tan^{-1} a$（または $\arctan a$）と表す（「アークタンジェント」と読む）．すなわち

$$\theta = \cos^{-1} a \iff a = \cos\theta \quad (0 \leq \theta \leq \pi),$$

$$\theta = \tan^{-1} a \iff a = \tan\theta \quad \left(-\frac{\pi}{2} < \theta < \frac{\pi}{2}\right).$$

このように，$-1 \leq x \leq 1$ である x に対して，$\sin^{-1} x$ を対応させる関数が定まる．同様にして，$-1 \leq x \leq 1$ である x に対して，$\cos^{-1} x$ を対応させる関数，さらに，すべての実数 x に対して，$\tan^{-1} x$ を対応させる関数が定まる．これらの関数をそれぞれ**逆正弦関数**，**逆余弦関数**，**逆正接関数**という．また，これらを総称して**逆三角関数**とよぶ．この呼称は，これらの関数が $\sin x$, $\cos x$, $\tan x$ の定義域を制限して考えた関数の逆関数であることによる．

逆三角関数の定義から，次の式が成り立つことがわかる．

$$\sin^{-1}(-x) = -\sin^{-1} x \qquad (-1 \leq x \leq 1),$$

$$\cos^{-1}(-x) = \pi - \cos^{-1} x \qquad (-1 \leq x \leq 1),$$

$$\tan^{-1}(-x) = -\tan^{-1} x \qquad (-\infty < x < \infty),$$

$$\sin^{-1} x + \cos^{-1} x = \frac{\pi}{2} \qquad (-1 \leq x \leq 1),$$

$$\tan^{-1} x + \tan^{-1} \frac{1}{x} = \frac{\pi}{2} \qquad (x > 0)$$

逆三角関数のグラフを図 1.13 に示す．

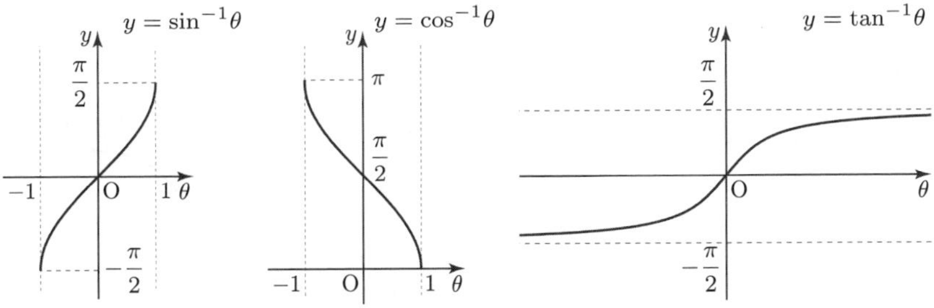

図 1.13　逆三角関数のグラフ

逆三角関数の記法も特殊なので慣れるようにしたい．

注意：逆三角関数の記法　$\sin^{-1} x$ は $\sin x$ の逆関数であって，$\sin x$ の逆数 $(\sin x)^{-1}$ ではないし，ましてや，$\dfrac{x}{\sin}$ というものでもない．

1.6　双曲線関数

三角関数について成り立つ公式に類似する公式をもつのが**双曲線関数**である．x 軸に対して対称になる 2 つの指数関数 e^x と e^{-x} を組み合わせてつくっただけの関数であるが，よく用いられている．双曲線関数は以下で与えられる (図 1.14).

$$\cosh x = \frac{e^x + e^{-x}}{2}, \quad \sinh x = \frac{e^x - e^{-x}}{2}, \quad \tanh x = \frac{\sinh x}{\cosh x}$$

これらをそれぞれ**双曲線余弦関数**[1]，**双曲線正弦関数**，**双曲線正接関数**とよぶ (h の部分を「ハイパボリック」と読む).

双曲線関数について次が成り立つ．

双曲線関数の性質　双曲線関数について，ピタゴラスの定理に対応する次が成り立つ．

$$\cosh^2 x - \sinh^2 x = 1$$

1)　双曲線余弦関数は，これまで工学的には懸垂線を表す関数としてよく紹介されていた．

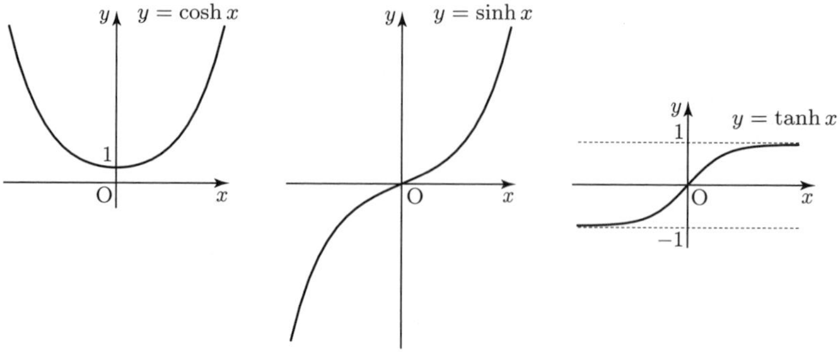

図 1.14　双曲線関数のグラフ

双曲線関数についても，三角関数について成り立つ公式によく似た公式がいくつかあるが，ここでは 2 つだけ紹介して，加法定理などは省略する．

(i) オイラーの公式を参考にすると，

$$\sinh x = -i \sin(ix),$$

$$\cosh x = \cos(ix)$$

という関係が示される．ここで i は虚数単位である．

(ii) 後に示すテイラー級数を使えば，

$$\sinh x = \sum_{n=0}^{\infty} \frac{1}{(2n+1)!} x^{2n+1} = x + \frac{x^3}{3!} + \frac{x^5}{5!} + \cdots \quad (-\infty < x < \infty),$$

$$\cosh x = \sum_{n=0}^{\infty} \frac{1}{(2n)!} x^{2n} = 1 + \frac{x^2}{2!} + \frac{x^4}{4!} + \cdots \quad (-\infty < x < \infty)$$

となることがわかっている．

休憩　ロジスティック関数

最近，人工知能 AI の深層学習に用いられるように，$-\infty < x < \infty$ の刺激 x に対して 2 値反応を示す基本的な関数としてよく使われるようになってきている関数に**ロジスティック関数**がある．

ある事象 A が起こる確率を p とするとき，A が起こる確率と起こらない確率の比をオッズ (odds) といい，その対数をとったものを**対数オッズ**という．この対数オッズの

関数

$$f(p) = \log \frac{p}{1-p} = \log p - \log(1-p)$$

のことを**ロジット関数**という．この逆関数を考えてみる．$f(p) = y$ として，$y = \log \frac{p}{1-p}$ で両辺の指数をとると $p = \frac{e^y}{1+e^y} = \frac{1}{1+e^{-y}}$ となる．そこで，$(-\infty, \infty)$ を定義域，$(0, 1)$ を値域とする単調増加で，$\left(0, \frac{1}{2}\right)$ に関して点対称な関数 $g(x) = \frac{1}{1+e^{-x}}$ を**ロジスティック関数**と定義する．

このロジスティック関数で，$-\infty < x \leq 0$ での $g(x)$ の値は $\frac{1}{2}$ 以下，$0 \leq x < \infty$ での $g(x)$ の値は $\frac{1}{2}$ 以上となるため，$-\infty < x < \infty$ の値を 2 値に分ける 2 値反応の関数として多用されている．ニューラルネットワークの基本的な関数型としても用いられるし，本書の巻末付録 A の最後 (「愛あるって」) に紹介されているように，演習問題の難易度を表す評価関数としても用いられている．また，本書では微分方程式まで立ち入っていないが，生物の成長曲線に対応する微分方程式の解としてもよく知られており，さまざまなところで頻用されている関数である． ■

第 1 章の章末問題

問 1 次を証明せよ．

1 辺の長さが 3 の立方体に 28 個の点を配置する．このとき，少なくとも一組の 2 点 $\{x, y\}$ があって，2 点間の距離 $d(x, y)$ は $\sqrt{3}$ 以下となる．

問 2 次を証明せよ．

$$\binom{n}{0}(-n-0)^2 + \binom{n}{1}(-(n-2)-0)^2 + \cdots + \binom{n}{n-1}((n-2)-0)^2 + \binom{n}{n}(n-0)^2 = n$$

ただし，$\binom{n}{k} = \frac{n!}{k!(n-k)!}$.

問 3 次に答えよ．

$$x_{n+1} = \frac{x_n(x_n^2 + 3a)}{3x_n^2 + a} \quad (n \geq 0)$$

によって定義される数列 $\{x_n\}$ は収束するか発散するかを証明せよ．また，収束するときはその収束値を示せ．ただし，$x_0 > 0$, $a > 0$ とする．

問 4 次を証明せよ.

$$\lim_{n\to\infty}\left(1+\frac{1}{1!}+\frac{1}{2!}+\frac{1}{3!}+\cdots+\frac{1}{n!}\right)=\lim_{n\to\infty}\left(1+\frac{1}{n}\right)^n$$

問 5 次で定義される関数 $f(x)$ は $x=0$ で連続になるかどうかを証明を与えよ.

$$f(x)=\begin{cases}\displaystyle\lim_{x\to 0}\sin x\tan\left(\frac{1}{x}\right) & (x\neq 0),\\ 0 & (x=0)\end{cases}$$

「さいたこすもすこすもすさいた」の歌

2
微　分

関数が閉区間で連続であれば，関数が最大値，最小値をとることや，中間値の定理などのような大域的な性質を紹介した．しかし，関数が局所的にどのようなふるまいをするかについては議論できない．そこで，ここでは，そのような関数の増加減少などの局所的性質を調べることについて議論を進めよう．それが「微分」である．

2.1　微分係数と導関数

2.1.1　微分係数と導関数の定義

ここでは微分係数および導関数の定義からはじめる．

定義 2.1 (微分係数の定義).　$f(x)$ は区間 I で定義された関数とし，a を I の点とする．$f(x)$ が $x=a$ で**微分可能**であるとは，

$$\text{極限値}\ \lim_{h\to 0}\frac{f(a+h)-f(a)}{h}\ \left(=\lim_{x\to a}\frac{f(x)-f(a)}{x-a}\right) \tag{2.1}$$

が存在することをいう．極限値が存在するとき，$\displaystyle\lim_{h\to 0}\frac{f(a+h)-f(a)}{h}$ を $f(x)$ の $x=a$ における**微分係数**といい，記号 $f'(a)$, $\dfrac{df}{dx}(a)$ などで表す．すなわち，

$$f(x)\ \text{が}\ x=a\ \text{で微分可能}\iff f'(a)=\lim_{h\to 0}\frac{f(a+h)-f(a)}{h}\ \text{が存在.}$$

注意 2.1.　α を実数とする．定義 2.1 において，a が I の内点 (つまり，a は I の端点でない) であるときは，$|h|\,(\neq 0)$ を小さくとると $a+h$ は I の点である

ことに注意すれば，極限の性質から次が成り立つ．

$$\lim_{h\to 0}\frac{f(a+h)-f(a)}{h}=\alpha$$
$$\iff \lim_{h\to 0+0}\frac{f(a+h)-f(a)}{h}=\lim_{h\to 0-0}\frac{f(a+h)-f(a)}{h}=\alpha$$

上記において，$\displaystyle\lim_{h\to 0+0}\frac{f(a+h)-f(a)}{h}$ を**右側極限値**，$\displaystyle\lim_{h\to 0-0}\frac{f(a+h)-f(a)}{h}$ を**左側極限値**とよび，右側極限値と左側極限値が一致するときかつそのときに限り極限値が存在するのであった．

次に，a が I の端点，例えば，左側の端点 (つまり，I が $[a,\infty)$，$[a,b)$，$[a,b]$ のような区間) であるときは，$|h|\,(\neq 0)$ を小さくとるとき，$h>0$ であれば $a+h$ は I の点であるが，$h<0$ であれば $a+h$ は I の点ではないため，$f(a+h)$ を考えることはできない．したがって，a が I の左側の端点である場合，極限値 $\displaystyle\lim_{h\to 0}\frac{f(a+h)-f(a)}{h}$ は右側極限値 $\displaystyle\lim_{h\to 0+0}\frac{f(a+h)-f(a)}{h}$ のみを考えることにする．同様に，a が I の右側の端点である場合，極限値 $\displaystyle\lim_{h\to 0}\frac{f(a+h)-f(a)}{h}$ は左側極限値 $\displaystyle\lim_{h\to 0-0}\frac{f(a+h)-f(a)}{h}$ のみを考えることにする． □

注意 2.2. 定義 2.1 の極限の式 (2.1) において，$h=x-a$ と変数変換すれば，$x=h+a\to a\ (h\to 0)$ であって，$f(a+h)=f(x)$ と表すことができるので，$\displaystyle\lim_{h\to 0}\frac{f(a+h)-f(a)}{h}=\lim_{x\to a}\frac{f(x)-f(a)}{x-a}$ となることに注意されたい． □

関数 $f(x)$ が $x=a$ において微分可能であるとき，$f(x)$ は $x=a$ で連続である．なぜならば，$f(x)-f(a)=\dfrac{f(x)-f(a)}{x-a}\cdot(x-a)$ であるから，

$$\begin{aligned}\lim_{x\to a}(f(x)-f(a))&=\lim_{x\to a}\frac{f(x)-f(a)}{x-a}\cdot(x-a)\\&=\lim_{x\to a}\frac{f(x)-f(a)}{x-a}\cdot\lim_{x\to a}(x-a)=f'(a)\cdot 0=0\end{aligned}$$

より，$\displaystyle\lim_{x\to a}(f(x)-f(a))=0$ が得られる．これは $\displaystyle\lim_{x\to a}f(x)=f(a)$ を意味するので，$x=a$ で連続である．

ここで，関数 $f(x)$ の $x=a$ における“微分可能性の意味”について説明する．

$y=f(x)$ のグラフ上の 2 点 $\mathrm{A}(a, f(a))$，$\mathrm{P}(a+h, f(a+h))$ をとおる直線 l_1 の傾きは $\dfrac{f(a+h)-f(a)}{(a+h)-a}=\dfrac{f(a+h)-f(a)}{h}$ であり，この式に h についての極限 $(h\to 0)$ を考えたものが定義 2.1 の極限の式 (2.1) である．

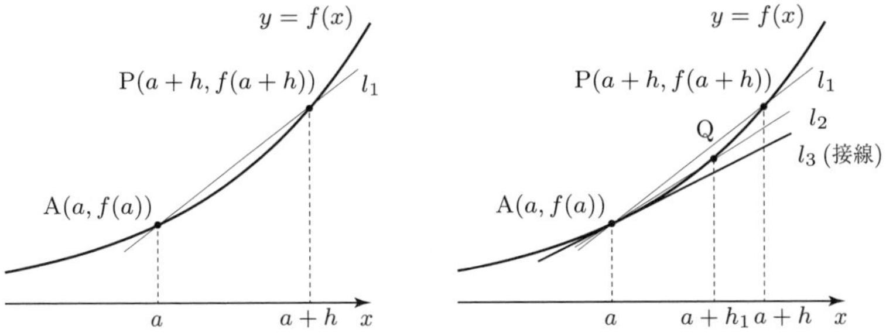

図 2.1

さて，$h \to 0$ とするとき，点 P は $f(x)$ のグラフ上をとおって点 A に近づく (例えば，図 2.1 の右図にあるように点 P は点 Q をとおって点 A に近づく) わけであるが，極限 $\displaystyle\lim_{h\to 0}\frac{f(a+h)-f(a)}{h}$ が存在するとしよう．$\alpha=\displaystyle\lim_{h\to 0}\frac{f(a+h)-f(a)}{h}$ とおくと，$h\to 0$ のとき，$\dfrac{f(a+h)-f(a)}{h}$ がさまざまな値をとりながら[1] 実数 α に近づくので，α は点 A をとおるある直線の傾きであると考えられる．そこで，この直線 (すなわち，点 $\mathrm{A}(a, f(a))$ をとおり，傾き α の直線) を関数 $y=f(x)$ のグラフ上の点 $(a, f(a))$ における**接線**とよぶ (例えば，図 2.1 の右図の直線 l_3 は点 $\mathrm{A}(a, f(a))$ における接線を表す)．

では，関数 $y=f(x)$ のグラフ上の点 $(a, f(a))$ における接線 (点 $(a, f(a))$ をとおり，傾き α の直線) の方程式を考えると，傾き α の直線は，

$$y=\alpha x+b$$

と表すことができる．この直線が点 $(a, f(a))$ をとおるためには，

1) $\dfrac{f(a+h)-f(a)}{h}$ は直線 AP の傾きであるが，例えば，図 2.1 の右図にあるように点 P が点 Q であるとき，すなわち $h=h_1$ であるとき，2 点 A，Q をとおる直線 l_2 の傾き $\dfrac{f(a+h_1)-f(a)}{h_1}$ の値などをとりながら，ということ．

$$f(a) = \alpha a + b, \quad \text{すなわち，} b = f(a) - \alpha a$$

でなければならないので，

$$y = \alpha x + b = \alpha x + f(a) - \alpha a = \alpha(x - a) + f(a)$$

と得られる．また，$\alpha = \lim_{h \to 0} \dfrac{f(a+h) - f(a)}{h}$ を $f'(a)$ と表すのであったから，以上より，接線の方程式は，

$$y = f'(a)(x - a) + f(a)$$

となる．以上をまとめて接線の定義を述べておく．

定義 2.2 (接線の定義).

- 関数 $f(x)$ が $x = a$ で微分可能である．

$\Longleftrightarrow$

- $f'(a) = \lim_{h \to 0} \dfrac{f(a+h) - f(a)}{h}$ が存在する．

$\Longleftrightarrow$

- $y = f(x)$ のグラフ上の点 $(a, f(a))$ をとおり，傾き $f'(a)$ の直線を $y = f(x)$ のグラフ上の点 $(a, f(a))$ における**接線**といい，接線の方程式は次のようになる．

$$y = f'(a)(x - a) + f(a) \tag{2.2}$$

接線の方程式 (2.2) は，$f'(a) = 0$ ならば定数 (関数) であり，$f'(a) \neq 0$ ならば x の 1 次関数であることに注意されたい．例えば，接線の傾き $f'(a)$ を後に定義 2.3 で導入する導関数 $f'(x)$ と混同して，求める接線の方程式を $y = f'(x)(x - a) + f(a)$ としないように気を付けなければならない (もちろん，この式は一般に定数 (関数) や x の 1 次関数にならない)．

例題 2.1. 関数 $f(x) = x^2$ の $x = 1$ における微分係数 $f'(1)$ を (2.1) を用いて求める．

【解】
$$\begin{aligned} f'(1) &= \lim_{h \to 0} \frac{f(1+h) - f(1)}{h} = \lim_{h \to 0} \frac{(1+h)^2 - 1^2}{h} \\ &= \lim_{h \to 0} \frac{(1 + 2h + h^2) - 1}{h} = \lim_{h \to 0} \frac{h(2+h)}{h} \end{aligned}$$

$$= \lim_{h \to 0}(2 + h) = 2$$

これより，$f(x) = x^2$ は $x = 1$ で微分可能で，$f'(1) = 2$ である． □

$f(x) = x^2$ のグラフ上の点 $(1, 1)$ $(= (1, f(1)))$ における接線の方程式を求める．

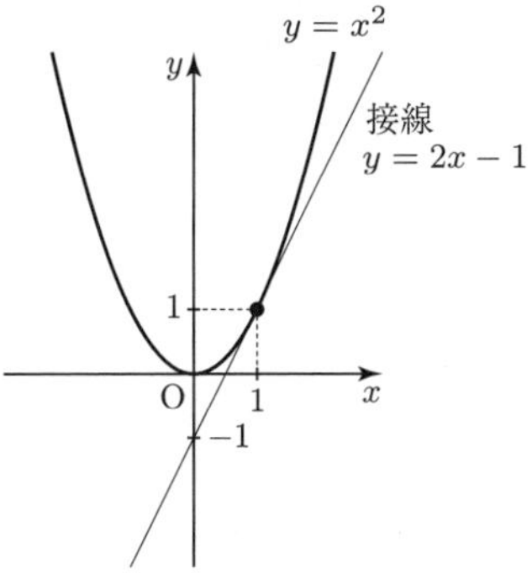

傾き $f'(1) = 2$ の直線より

$$y = 2x + b$$

と表すことができる．また，この直線が点 $(1, 1)$ をとおるので，$1 = 2 \cdot 1 + b$ より，$b = -1$ であるから，求める接線の方程式は，

$$y = 2x - 1$$

である．もちろん，(2.2) を用いて

$$\begin{aligned} y &= f'(1)(x - 1) + 1 = 2(x - 1) + 1 \\ &= 2x - 1 \end{aligned}$$

と求めてもよいが，接線の意味 (いまの場合，傾き $f'(1) = 2$，点 $(1, f(1))$ をとおる直線) がわかっていれば，公式 (2.2) を用いなくても容易に導出できるであろう．

例題 2.2. 関数 $f(x) = |x|$ の $x = 0$ における微分可能性を (2.1) を用いて調べる．

【解】 極限値 $\displaystyle\lim_{h \to 0} \frac{f(0 + h) - f(0)}{h}$ が存在するかどうかを調べればよい．

$$\lim_{h \to 0} \frac{f(0 + h) - f(0)}{h} = \lim_{h \to 0} \frac{|h| - |0|}{h} = \lim_{h \to 0} \frac{|h|}{h}$$

ここで，右側極限値，左側極限値を調べると，

$$\text{右側極限値：} \quad \lim_{h \to 0+0} \frac{|h|}{h} = \lim_{h \to 0+0} \frac{h}{h} = \lim_{h \to 0+0} 1 = 1,$$

$$\text{左側極限値：} \quad \lim_{h \to 0-0} \frac{|h|}{h} = \lim_{h \to 0-0} \frac{-h}{h} = \lim_{h \to 0-0} (-1) = -1.$$

これより，“右側極限値 $\neq$ 左側極限値” であるから $\displaystyle\lim_{h \to 0} \frac{|h|}{h}$ は発散するので，$x = 0$ で微分不可能であることがわかる． □

極限の収束・発散を調べるための技巧的な方法はすぐに理解できなくてもかまわないが，少なくとも微分係数の定義 (定義 2.1) の (2.1) を知らなければ，微分可能性が調べられないことに注意されたい．[2]

右図は $f(x) = |x|$ のグラフである．点 $(0, 0)$，すなわち原点 O を先端とした尖ったグラフになっているが，このようなグラフ上の点が連続関数で微分不可能な点であると認識する 1 つのポイントとしてとらえてもよいだろう．

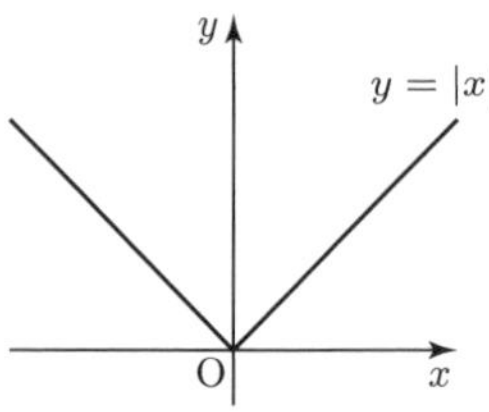

また，x 軸 (直線 $y = 0$) が $f(x) = |x|$ のグラフ上の点 O における接線と考える読者もいるかもしれないが，$x = 0$ で微分不可能であるから，定義 2.2 より点 O における接線を考えることはできない．

定義 2.3 (導関数の定義)．関数 $y = f(x)$ が区間 I のすべての点 x で微分可能であるとき，x に対してその微分係数 $f'(x)$ を対応させる関数を $f(x)$ の**導関数**といい，記号

$$y',\ f'(x),\ \frac{dy}{dx},\ \frac{df}{dx}(x),\ \frac{d}{dx}f(x)$$

などで表す．すなわち，

$$f'(x) = \lim_{h \to 0} \frac{f(x+h) - f(x)}{h}. \tag{2.3}$$

x の関数 $f(x)$ の導関数 $f'(x)$ を求めることを，$f(x)$ を x で**微分する**という．

例題 2.3. 関数 $f(x) = x^2$ の導関数 $f'(x)$ を求める．

【解】

$$\begin{aligned} f'(x) &= \lim_{h \to 0} \frac{f(x+h) - f(x)}{h} = \lim_{h \to 0} \frac{(x+h)^2 - x^2}{h} \\ &= \lim_{h \to 0} \frac{(x^2 + 2xh + h^2) - x^2}{h} = \lim_{h \to 0} \frac{h(2x+h)}{h} \\ &= \lim_{h \to 0} (2x + h) = 2x \end{aligned}$$

□

上記において，関数 $f(x) = x^2$ の導関数が $f'(x) = 2x$ であることがわかった．これにより $f'(1) = 2 \cdot 1 = 2$ であるが，例 2.1 で求めた $x = 1$ における微

2) このように (数学以外でもそうであるが) 物事の定義の重要性を認識しておこう．

分係数となっていることに注意されたい．このように関数 $f(x)$ の導関数を求めることができれば，(定義 2.3 の定義式 (2.3) が表すことであるが) $f(x)$ の各点 $x=a$ での微分係数 $f'(a)$ はただちにわかる．

2.1.2 基本的な関数の導関数

ここでは，基本的な関数の導関数を定義 2.3 の定義式 (2.3) を用いて求める．

基本的な関数の導関数 1.
$f(x)=c$ (定数) のとき，$f'(x)=(c)'=0 \quad (-\infty<x<\infty)$.

証明 c は定数であるから，x がどのような値であろうとも $f(x)$ の値は c ($f(1)=c$, $f(-3)=c$, $f(\text{あ})=c$ など) である．特に，$f(x+h)=c$ であり，また，$h\neq 0$ となる h に対して，常に $\dfrac{0}{h}=0$ であることに注意すると，

$$f'(x)=\lim_{h\to 0}\frac{f(x+h)-f(x)}{h}=\lim_{h\to 0}\frac{c-c}{h}=\lim_{h\to 0}\frac{0}{h}=\lim_{h\to 0}0=0,$$

すなわち，$f'(x)=(c)'=0$. ■

基本的な関数の導関数 2. $(x^n)'=nx^{n-1} \quad$ (n は自然数，$-\infty<x<\infty$).

証明 $f(x)=x^n$ とおくと，二項定理を用いて $f(x+h)=(x+h)^n$ を展開すれば，

$$\begin{aligned} f(x+h)=(x+h)^n&=x^n+\binom{n}{1}x^{n-1}h+\binom{n}{2}x^{n-2}h^2+\cdots+\binom{n}{n}h^n \\ &=x^n+nx^{n-1}h+h\left(\binom{n}{2}x^{n-2}h+\cdots+\binom{n}{n}h^{n-1}\right) \end{aligned}$$

であるから，

$$\begin{aligned} f'(x)&=\lim_{h\to 0}\frac{f(x+h)-f(x)}{h}=\lim_{h\to 0}\frac{(x+h)^n-x^n}{h} \\ &=\lim_{h\to 0}\frac{nx^{n-1}h+h\left(\binom{n}{2}x^{n-2}h+\cdots+\binom{n}{n}h^{n-1}\right)}{h} \\ &=\lim_{h\to 0}\left(nx^{n-1}+\left(\binom{n}{2}x^{n-2}h+\cdots+\binom{n}{n}h^{n-1}\right)\right) \end{aligned}$$

$$= nx^{n-1} + 0 = nx^{n-1}.$$

すなわち，$f'(x) = (x^n)' = nx^{n-1}$. ■

例題 2.3 で $(x^2)' = 2x$ であることを求めたが，x^2 において，上記の公式の $n = 2$ の場合なので，$(x^2)' = 2x^{2-1} = 2x$ が得られる．その他にも

$$(x)' = (x^1)' = 1x^{1-1} = 1x^0 = 1 \quad (x^0 = 1 \text{ であることに注意せよ}),$$
$$(x^3)' = 3x^{3-1} = 3x^2,$$
$$(x^4)' = 4x^{4-1} = 4x^3, \quad \text{など}.$$

基本的な関数の導関数 3. $(x^\alpha)' = \alpha x^{\alpha-1} \quad$ (α は実数，$x > 0$).

この式を導関数の定義式 (2.3) から導くことは困難であるから，ここでは証明せずに次節で証明するが，例は紹介しておく．

○例　**基本的な関数の導関数** 3 の適用の仕方は，**基本的の関数の導関数** 2 と同じである．例えば，$\sqrt{x} = x^{\frac{1}{2}}$, $\sqrt[3]{x^2} = x^{\frac{2}{3}}$, $\dfrac{1}{x} = x^{-1}$, $\dfrac{1}{\sqrt{x}} = x^{-\frac{1}{2}}$ (指数表記) であることに注意すれば,

$$(\sqrt{x})' = (x^{\frac{1}{2}})' = \frac{1}{2}x^{\frac{1}{2}-1} = \frac{1}{2}x^{-\frac{1}{2}} \ \left(= \frac{1}{2\sqrt{x}}\right),$$

$$(\sqrt[3]{x^2})' = (x^{\frac{2}{3}})' = \frac{2}{3}x^{\frac{2}{3}-1} = \frac{2}{3}x^{-\frac{1}{3}} \ \left(= \frac{2}{3\sqrt[3]{x}}\right),$$

$$\left(\frac{1}{x}\right)' = (x^{-1})' = (-1)x^{-1-1} = -x^{-2} \ \left(= -\frac{1}{x^2}\right),$$

$$\left(\frac{1}{\sqrt{x}}\right)' = \left(x^{-\frac{1}{2}}\right)' = -\frac{1}{2}x^{-\frac{1}{2}-1} = -\frac{1}{2}x^{-\frac{3}{2}} \ \left(-\frac{1}{2\sqrt{x^3}}\right), \quad \text{など}. \quad \square$$

次の 2 つの関数 $\log x$, e^x の導関数は，極限公式 $\displaystyle\lim_{t\to 0}(1+t)^{\frac{1}{t}} = e$ から得られる．

基本的な関数の導関数 4. $(\log x)' = \dfrac{1}{x} \quad (x > 0)$.

証明　対数の性質より，

$$\frac{\log(x+h)-\log x}{h}=\frac{\log\left(\frac{x+h}{x}\right)}{h}=\frac{1}{h}\log\left(1+\frac{h}{x}\right)=\frac{1}{x}\cdot\frac{x}{h}\log\left(1+\frac{h}{x}\right)$$
$$=\frac{1}{x}\log\left(1+\frac{x}{h}\right)^{\frac{x}{h}}\xrightarrow[(*1)]{}\frac{1}{x}\log e=\frac{1}{x}\quad(h\to 0).$$

すなわち，$(\log x)'=\dfrac{1}{x}$.　■

基本的な関数の導関数 5.　$(e^x)'=e^x\quad(-\infty<x<\infty)$.

証明　$\dfrac{e^{x+h}-e^x}{h}=e^x\times\dfrac{e^h-1}{h}\xrightarrow[(*2)]{}e^x\times 1=e^x\quad(h\to 0)$,
すなわち，$(e^x)'=e^x$.　■

次の関数の導関数は，極限公式 $\displaystyle\lim_{t\to 0}\frac{\sin t}{t}=1$ から得られる．

基本的な関数の導関数 6.

(i) $(\sin x)'=\cos x\quad(-\infty<x<\infty)$,

(ii) $(\cos x)'=-\sin x\quad(-\infty<x<\infty)$,

(iii) $(\tan x)'=\dfrac{1}{\cos^2 x}\quad\left(x\neq\dfrac{(2n+1)\pi}{2}\ (n\text{ は整数})\right)$.

証明　加法定理より，$\sin(x+h)=\sin x\cos h+\cos x\sin h$ であることに注意すれば[3]，

$$\frac{\sin(x+h)-\sin x}{h}=\frac{\sin x(\cos h-1)+\cos x\sin h}{h}$$
$$=\sin x\frac{\cosh -1}{h}+\cos x\frac{\sin h}{h}$$
$$\xrightarrow[(*3)]{}\sin x\times 0+\cos x\times 1\quad(h\to 0),$$

すなわち，$(\sin x)'=\cos x$ が得られ，(i) が示せた．

(ii), (iii) の証明についても (i) と同様である．(ii) の証明は省略し，(iii) を示す．

---

3)　$\sin(x+h)=\sin x+\sin h$ ではない！

再び加法定理より，$\tan(x+h) = \dfrac{\tan x + \tan h}{1 - \tan x \tan h}$ であるから，

$$\begin{aligned}
\frac{1}{h}\left(\tan(x+h) - \tan x\right) &= \frac{1}{h}\left(\frac{\tan x + \tan h}{1 - \tan x \tan h} - \tan x\right) \\
&= \frac{1}{h} \times \frac{\tan x + \tan h - \tan x(1 - \tan x \tan h)}{1 - \tan x \tan h} \\
&= \frac{1}{h} \times \frac{\tan h(\tan^2 x + 1)}{1 - \tan x \tan h} \\
&= \frac{\tan h}{h} \times \frac{1}{1 - \tan x \tan h} \times \frac{1}{\cos^2 x} \\
&= \frac{1}{\cos h} \times \frac{\sin h}{h} \times \frac{1}{1 - \tan x \tan h} \times \frac{1}{\cos^2 x} \\
&\longrightarrow 1 \times 1 \times 1 \times \frac{1}{\cos^2 x} \quad (h \to 0),
\end{aligned}$$

すなわち，$(\tan x)' = \dfrac{1}{\cos^2 x}$ が得られ，(iii) が示せた. ■

注意 2.3. 上記の証明中の $(*1) \sim (*3)$ の極限計算において，$\displaystyle\lim_{t\to 0}(1+t)^{\frac{1}{t}} = e$，$\displaystyle\lim_{t\to 0}\frac{\sin t}{t} = 1$ に加え，次のことを用いている.

$(*1)$ $\displaystyle\lim_{h\to 0}\log\left(1 + \frac{h}{x}\right)^{\frac{x}{h}} = \log e = 1$

$(*2)$ $\displaystyle\lim_{h\to 0}\frac{e^h - 1}{h} = 1$

$(*3)$ $\displaystyle\lim_{h\to 0}\frac{\cos h - 1}{h} = 0$

これらは次のように確かめられる.

$(*1)$ $t = \dfrac{h}{x}$ とおくと，$h \to 0$ のとき $t \to 0$ であるから，$\displaystyle\lim_{t\to 0}(1+t)^{\frac{1}{t}} = e$ と対数関数の連続性より，

$$\begin{aligned}
\lim_{h\to 0}\log\left(1 + \frac{h}{x}\right)^{\frac{x}{h}} &= \lim_{t\to 0}\log(1+t)^{\frac{1}{t}} = \log\left(\lim_{t\to 0}(1+t)^{\frac{1}{t}}\right) \\
&= \log e = 1.
\end{aligned}$$

$(*2)$ $t = e^h - 1$ とおくと，$h \to 0$ のとき $t \to e^0 - 1 = 0$ である．また，

$e^h = 1+t\ (>0)$ の両辺の対数をとると，$h = \log e^h = \log(1+t)$ であるから，

$$\lim_{h\to 0}\frac{e^h-1}{h} = \lim_{t\to 0}\frac{t}{\log(1+t)} = \lim_{t\to 0}\frac{1}{\frac{\log(1+t)}{t}}$$
$$= \lim_{t\to 0}\frac{1}{\log(1+t)^{\frac{1}{t}}} = \frac{1}{\log e} = 1.$$

$(*3)$ $\dfrac{\cos h - 1}{h}$ を等式変形して，$\displaystyle\lim_{h\to 0}\frac{\sin h}{h} = 1$ を用いれば，

$$\frac{\cos h-1}{h} = \frac{\cos h-1}{h}\times\frac{\cos h+1}{\cos h+1} = \frac{\cos^2 h-1}{h(\cos h+1)} = \frac{-\sin^2 h}{h(\cos h+1)}$$
$$= \frac{\sin h}{h}\times\frac{(-\sin h)}{\cos h+1} \longrightarrow 1\times\frac{0}{2}\quad (h\to 0).$$

すなわち，$\displaystyle\lim_{h\to 0}\frac{\cos h-1}{h} = 0.$ □

誤答例　$(e^x)' = xe^{x-1}.$

基本的な関数の導関数 2 の $(x^n)' = nx^{n-1}$ と混同してしまった結果であろう．

誤答例　$(\sin x)' = \sin.$

$\sin x$ を $\sin\times x$ と間違えて，$(\sin x)' = \sin\times(x)' = \sin\times 1 = \sin$ としてしまったのだろう．

この節において，いくつかの具体的な関数の導関数を紹介したが，微分可能な関数はこれらだけではない．次の節では，導関数を求める公式 (微分法) について説明する．

休憩　関数の形が明示的に示されていないときの関数の微分の例

図 2.2 (左) に示した関数 $f(x)$ を微分した $f'(x)$ のグラフを描く．

微分公式だけを覚えていてはこういう問題にとまどってしまう．「微分」とは何を求めようとしているのかを理解していればすぐにわかる問題なのに，問題のパターンを少し変えるだけで解けなくなる．$f(x)$ を x で微分するとはその点での変化率を求めているのだから，x が動くことによって x での接線の傾きの値がどのように変化していく

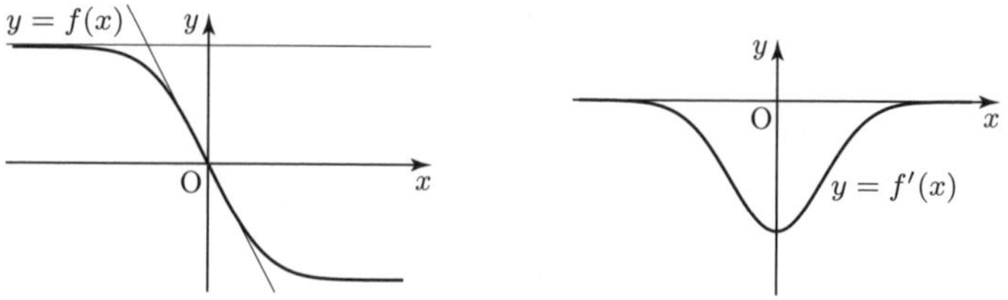

図 2.2　関数 $f(x)$ とその微分 $f'(x)$ のグラフ

かということを追いかければよいだけのことである．それが $f'(x)$ の正体である．原点 $x=0$ で $f(x)$ に接線を引くとおおよそ $x=1$ で x 軸と交わっている．したがって，原点での $f'(x)$ の値 $f'(0)$ は -1 くらいになることがわかる．図 2.2 (右) に $f'(x)$ のグラフを示す． ■

2.2　微 分 法

この節では，関数 $f(x)$, $g(x)$ がある区間で微分可能なとき (すなわち，導関数 $f'(x)$, $g'(x)$ が求まるとき)，和 $f(x)+g(x)$ と定数倍 $kf(x)$ (k は定数)，積 $f(x)g(x)$ と商 $\dfrac{f(x)}{g(x)}$ ($g(x) \neq 0$)，合成関数 $f(g(x))$ の微分法について説明する．

定理 2.1 (微分の線形性)．k を定数とする．関数 $f(x)$, $g(x)$ は区間 I で微分可能とするとき，関数 $f(x)+g(x)$, $kf(x)$ も区間 I で微分可能で，次が成り立つ．

(1) $(f(x)+g(x))' = f'(x)+g'(x)$

(2) $(kf(x))' = kf'(x)$

証明　導関数の定義式 (2.3) より，

$$\begin{aligned}(f(x)+g(x))' &= \lim_{h\to 0}\frac{(f(x+h)+g(x+h))-(f(x)+g(x))}{h}\\ &= \lim_{h\to 0}\frac{(f(x+h)-f(x))+(g(x+h)-g(x))}{h}\\ &= \lim_{h\to 0}\frac{f(x+h)-f(x)}{h}+\lim_{h\to 0}\frac{g(x+h)-g(x)}{h}\\ &= f'(x)+g'(x)\end{aligned}$$

であるから，(1) が得られる．また，

$$(kf(x))' = \lim_{h \to 0} \frac{kf(x+h) - kf(x)}{h} = k \lim_{h \to 0} \frac{f(x+h) - f(x)}{h} = kf'(x)$$

であるから，(2) が得られる． ■

定理 2.1 を具体的な関数を用いて説明すると次のような計算ルールである．

例題 2.4. **(1)** $y = 2x^3 + 3x$ の導関数 y' を求める．

【解】 定理 2.1 の (1) と (2) は次を意味する．

定理 2.1 (1)： $(2x^3)' = 2(x^3)'$, $(3x)' = 3(x)'$,

定理 2.1 (2)： $(2x^3 + 3x)' = (2x^3)' + (3x)'$

また，$\underline{(x^3)' = 3x^2,\ (x)' = 1}$ であるから，

$$\begin{aligned} y' &= (2x^3 + 3x)' \overset{(2)}{=} (2x^3)' + (3x)' \overset{(1)}{=} 2(x^3)' + 3(x)' \\ &= 2 \cdot 3x^2 + 3 \cdot 1 = 6x^2 + 3. \end{aligned}$$

(2) $y = 1 - 2\log x$ の導関数を求める．

【解】 (1) の場合と同様に

定理 2.1 (1)： $(-2\log x)' = -2(\log x)'$,

定理 2.1 (2)： $(1 - 2\log x)' = (1)' + (-2\log x)'$,

また，$\underline{(1)' = 0,\ (\log x)' = \dfrac{1}{x}}$ であるから，

$$\begin{aligned} y' &= (1 - 2\log x)' \overset{(2)}{=} (1)' + (-2\log x)' \overset{(1)}{=} (1)' + (-2)(\log x)' \\ &= 0 - 2 \cdot \frac{1}{x} = -\frac{2}{x}. \end{aligned}$$

□

上記の下線部分のように，前節で扱った基本的な関数の導関数の形：

- $(c)' = 0$ （c は定数）
- $(x^n)' = nx^{n-1}$ （n は自然数）
- $(x^\alpha)' = \alpha x^{\alpha-1}$ （α は実数）
- $(\log x)' = \dfrac{1}{x}$
- $(e^x)' = e^x$
- $(\sin x)' = \cos x$
- $(\cos x)' = -\sin x$

を理解しておこう．これは，あとで説明する積・商の微分法，合成関数の微分法を適用する場合においても同じである．

注意 2.4. $f(x)$, $g(x)$ を区間 I で微分可能な関数とし，k_1, k_2 を定数とするとき，定理 2.1 (1) と (2) をあわせて，次の式で表すことができる．

$$(k_1 f(x) + k_2 g(x))' = k_1 f'(x) + k_2 g'(x) \tag{2.4}$$

上式 (2.4) の一般的な形を紹介しておく．n を $n \geq 2$ の整数とする．$k_1, k_2, \ldots, k_n$ を定数とし，$f_1(x), f_2(x), \ldots, f_n(x)$ を区間 I で微分可能な関数とするとき，

$$\begin{aligned}&(k_1 f_1(x) + k_2 f_2(x) + \cdots + k_n f_n(x))' \\ &\qquad = k_1 f_1'(x) + k_2 f_2'(x) + \cdots + k_n f_n'(x)\end{aligned}$$

が成り立つ．例えば，

$$(3e^x + 2x^2 + 3)' = 3(e^x)' + 2(x^2)' + (3)' = 3e^x + 4x + 0 = 3e^x + 4x$$

である． □

次に，関数の積 $f(x)g(x)$，商 $\dfrac{f(x)}{g(x)}$ の導関数を求めるための微分公式を紹介する．

定理 2.2. 関数 $f(x)$, $g(x)$ が区間 I で微分可能であるとき，関数 $f(x)g(x)$, $\dfrac{f(x)}{g(x)}$ も区間 I で微分可能であり，次が成り立つ (ただし，$\dfrac{f(x)}{g(x)}$ においては $g(x) \neq 0$ となる点のみを考える)．

(1) (積の微分法)　$(f(x)g(x))' = f'(x)g(x) + f(x)g'(x)$

(2) (商の微分法)　$\left(\dfrac{f(x)}{g(x)}\right)' = \dfrac{f'(x)g(x) - f(x)g'(x)}{\{g(x)\}^2}$

証明　まず (1) を示す．関数 $f(x)g(x)$ を導関数の定義式 (2.3) にあてはめると

$$(f(x)g(x))' = \lim_{h \to 0} \frac{f(x+h)g(x+h) - f(x)g(x)}{h}$$

である．右辺の極限を計算するために

$$\begin{aligned}&f(x+h)g(x+h) - f(x)g(x) \\ &\qquad = f(x+h)g(x+h) - f(x)g(x+h) + f(x)g(x+h) - f(x)g(x)\end{aligned}$$

$$= (f(x+h) - f(x))g(x+h) + f(x)(g(x+h) - g(x))$$

のように等式変形を行えば，$f(x)$，$g(x)$ の微分可能性 (および $g(x)$ の連続性) より，

$$\begin{aligned}
(f(x)g(x))' &= \lim_{h\to 0} \frac{f(x+h)g(x+h) - f(x)g(x)}{h} \\
&= \lim_{h\to 0} \frac{(f(x+h) - f(x))g(x+h) + f(x)(g(x+h) - g(x))}{h} \\
&= \lim_{h\to 0} \frac{f(x+h) - f(x)}{h} \cdot \lim_{h\to 0} g(x+h) \\
&\quad + \lim_{h\to 0} f(x) \cdot \lim_{h\to 0} \frac{g(x+h) - g(x)}{h} \\
&= f'(x)g(x) + f(x)g'(x)
\end{aligned}$$

となり，(1) が得られる．

次に (2) を示す．そのために $f(x) = 1$ の場合，すなわち，$\left(\dfrac{1}{g(x)}\right)' = -\dfrac{g'(x)}{\{g(x)\}^2}$ であることをまず示す．導関数の定義式 (2.3) より，

$$\begin{aligned}
\left(\frac{1}{g(x)}\right)' &= \lim_{h\to 0} \frac{\frac{1}{g(x+h)} - \frac{1}{g(x)}}{h} = \lim_{h\to 0} \frac{1}{h} \cdot \frac{g(x) - g(x+h)}{g(x+h)g(x)} \\
&= \lim_{h\to 0} \frac{-(g(x+h) - g(x))}{h} \cdot \lim_{h\to 0} \frac{1}{g(x+h)g(x)} \\
&= -g'(x) \cdot \frac{1}{\{g(x)\}^2} = -\frac{g'(x)}{\{g(x)\}^2}
\end{aligned}$$

となるので，$\left(\dfrac{1}{g(x)}\right)' = -\dfrac{g'(x)}{\{g(x)\}^2}$ である．

この結果と (1) の積の微分法を用いることにより，一般の場合 $\left(\dfrac{f(x)}{g(x)}\right)'$ を次のように示すことができる．

$$\begin{aligned}
\left(\frac{f(x)}{g(x)}\right)' &= \left(f(x)\frac{1}{g(x)}\right)' = f'(x)\left(\frac{1}{g(x)}\right) + f(x)\left(\frac{1}{g(x)}\right)' \\
&= \frac{f'(x)}{g(x)} + f(x)\left(-\frac{g'(x)}{\{g(x)\}^2}\right) = \frac{f'(x)g(x) - f(x)g'(x)}{\{g(x)\}^2}
\end{aligned}$$

よって，(2) が得られた． ■

注意 2.5. 定理 2.2 (1), (2) からわかるように

$$(f(x)g(x))' \neq f'(x)g'(x), \quad \left(\frac{f(x)}{g(x)}\right)' \neq \frac{f'(x)}{g'(x)}$$

である． □

定理 2.2 の例を紹介する．

例題 2.5. **(1)** $y = x\log x$ の導関数 y' を求める．

【解】 定理 2.2 (1) で，$f(x) = x$，$g(x) = \log x$ として適用すると

$$y' = (x\log x)' = (x)'\log x + x(\log x)'$$
$$= 1\cdot\log x + x\cdot\frac{1}{x} = \log x + 1.$$

(2) $y = \left(\dfrac{x}{x+1}\right)$ の導関数 y' を求める．

【解】 定理 2.2 (2) で，$f(x) = x$，$g(x) = x+1$ として適用すると

$$y' = \left(\frac{x}{x+1}\right)' = \frac{(x)'(x+1) - x(x+1)'}{(x+1)^2} = \frac{1\cdot(x+1) - x\cdot 1}{(x+1)^2}$$
$$= \frac{x}{(x+1)^2}.$$

(3) 前節の**基本的な関数の導関数** 6 で $(\tan x)' = \dfrac{1}{\cos^2 x}$ であることを示したが，ここでは，商の微分法から得られることを確認する．

【解】 $\tan x = \dfrac{\sin x}{\cos x}$ であるから，定理 2.2 (2) を用いて，$(\tan x)'$ を求めると

$$(\tan x)' = \left(\frac{\sin x}{\cos x}\right)' = \frac{(\sin x)'\cos x - \sin x(\cos x)'}{\cos^2 x}$$
$$= \frac{\cos x\cdot\cos x - \sin x\cdot(-\sin x)}{\cos^2 x} = \frac{\cos^2 x + \sin^2 x}{\cos^2 x}$$
$$= \frac{1}{\cos^2 x}.$$
□

次に，合成関数 $f(g(x))$ の導関数を求めるための微分公式を紹介する．

定理 2.3 (合成関数の微分法). 関数 $y=f(t)$ は区間 I で微分可能とし，関数 $t=g(x)$ が区間 J で微分可能であるとする．さらに，$y=f(t)$ の値域は J に含まれるとする (すなわち，t が I 全体を動くとき，$y=f(t)\in J$)．このとき，合成関数 $y=f(g(x))$ は区間 I で微分可能であり，次が成り立つ．

$$\frac{dy}{dx}=\frac{dy}{dt}\times\frac{dt}{dx}, \tag{2.5}$$

または

$$y'=\bigl(f(g(x)\bigr)'=f'(g(x))\times g'(x). \tag{2.6}$$

証明 関数 $f(g(x))$ を導関数の定義式 (2.3) にあてはめると

$$\bigl(f(g(x))\bigr)'=\lim_{h\to 0}\frac{f(g(x+h))-f(g(x))}{h}$$

である．ここで，$k=g(x+h)-g(x)$ ($\Longleftrightarrow g(x+h)=g(x)+k$) とおくと，$g(x)$ は連続関数であるから，$h\to 0$ のとき，$k\to 0$ であることと $\displaystyle\lim_{h\to 0}\frac{k}{h}=\lim_{h\to 0}\frac{g(x+h)-g(x)}{h}=g'(x)$ であることに注意する．

さて，$|h|\,(\neq 0)$ が十分小さな h に対して，$k\neq 0$ であれば，

$$\begin{aligned}\frac{f(g(x+h))-f(g(x))}{h}&=\frac{f(g(x+h))-f(g(x))}{k}\cdot\frac{k}{h}\\&=\frac{f(g(x)+k)-f(g(x))}{k}\cdot\frac{k}{h}\end{aligned}$$

と等式変形することにより，

$$\begin{aligned}\bigl(f(g(x))\bigr)'&=\lim_{h\to 0}\frac{f(g(x+h))-f(g(x))}{h}=\lim_{h\to 0}\frac{f(g(x)+k)-f(g(x))}{k}\cdot\frac{k}{h}\\&=f'(g(x))\cdot g'(x).\end{aligned}$$

よって，$k\neq 0$ であれば，$\bigl(f(g(x))\bigr)'=f'(g(x))\cdot g'(x)$ が得られる[4)]．

では，$|h|\,(\neq 0)$ が十分小さな h に対して，$k=0$ となる場合も考慮に入れて定理を証明するには，いささか技巧的ではあるが上記の議論を次のように修正すればよい．

---

4) $k\neq 0$ の特別な場合ではあるが，上の導出により合成関数の微分法の公式 $\bigl(f(g(x))\bigr)'=f'(g(x))\cdot g'(x)$ において，なぜ $f'(g(x))$ と $g'(x)$ の積になるのかがよくわかるであろう．

k の関数 $\varphi(k)$ を次のように定める．

$$\varphi(k)=\begin{cases}\dfrac{f(g(x)+k)-f(g(x))}{k} & (k\neq 0),\\ f'(g(x)) & (k=0)\end{cases}$$

すると，$f(g(x)+k)-f(g(x))=\varphi(k)\cdot k$ と表すことができる．実際に，$k\neq 0$ であれば，

$$\varphi(k)\cdot k=\frac{f(g(x)+k)-f(g(x))}{k}\cdot k=f(g(x)+k)-f(g(x)),$$

$k=0$ であれば，

$$f(g(x)+0)-f(g(x))=0=\varphi(0)\cdot 0$$

となるからである．また，$\varphi(k)$ は $k=0$ で連続，すなわち，$\lim_{k\to 0}\varphi(k)=\varphi(0)=f'(g(x))$ である．

いま，$h\to 0$ のとき，$k\to 0$ であることと $\lim_{h\to 0}\dfrac{k}{h}=\lim_{h\to 0}\dfrac{g(x+h)-g(x)}{h}=g'(x)$ であることにもう一度注意すると，

$$\begin{aligned}\bigl(f(g(x))\bigr)'&=\lim_{h\to 0}\frac{f(g(x+h))-g(x)}{h}=\lim_{h\to 0}\frac{f(g(x)+k)-f(g(x))}{h}\\&=\lim_{h\to 0}\frac{\varphi(k)\cdot k}{h}=\lim_{h\to 0}\varphi(k)\cdot\frac{k}{h}\\&=\varphi(0)\cdot g'(x)=f'(g(x))\cdot g'(x).\end{aligned}$$

よって，$\bigl(f(g(x))\bigr)'=f'(g(x))\cdot g'(x)$ が示された． ■

注意 2.6. (2.5) と (2.6) は表記の違いだけであって，**同じ式を表す**ことに注意されたい．ここで，関数 $y=f(x)$ の導関数を表す記号 (y', $\dfrac{dy}{dx}$ など) について再確認しよう．

$y=f(x)$ の導関数を表す記号 y' や $\dfrac{dy}{dx}$ (または $f'(x)$ や $\dfrac{df}{dx}$, $\dfrac{d}{dx}f(x)$) は，$y=f(x)$ を x で**微分する**ことによって得られる関数であるから，$y'=\dfrac{dy}{dx}$ である．記号 $\dfrac{dy}{dx}$ (または $\dfrac{df}{dx}$, $\dfrac{d}{dx}f(x)$) には，**何をどの (独立) 変数で微分しているかが明記**されている (もちろん，$\dfrac{dy}{dx}$ は y を (独立) 変数 x で微分したものということ) が，記号 y' にはどの変数で微分をしているかが**省略されている**．

例えば，

関　数	導関数		意　味
• $y=f(t)$	$y'=\dfrac{dy}{dt}$	$\cdots$	y を t で微分したもの，
• $y=f(u)$	$y'=\dfrac{dy}{du}$	$\cdots$	y を u で微分したもの，
• $t=g(x)$	$t'=\dfrac{dt}{dx}$	$\cdots$	t を x で微分したもの，
• $r=h(s)$	$r'=\dfrac{dr}{ds}$	$\cdots$	r を s で微分したもの，
• $y=f(g(x))$	$y'=\dfrac{dy}{dx}$	$\cdots$	y を x で微分したもの，

など．このように，

- (2.5) の左辺 $\dfrac{dy}{dx}$　$\cdots$　$y=f(g(x))$ を x で微分したもの，
- (2.5) の右辺 $\dfrac{dy}{dt}\times\dfrac{dt}{dx}$　$\cdots$　$y=f(t)$ を t で微分したものと
  $t=g(x)$ を x で微分したものとの積．

である．

また，(2.5) と (2.6) が同じであることを念のため述べておく．

- $y=f(g(x))$ において，$\underline{y'=\dfrac{dy}{dx}=(f(g(x)))'}$，
- $y=f(t)$ において，$\underline{y'=\dfrac{dy}{dt}=f'(t)}$ と $t=g(x)$ なので，$\dfrac{dy}{dt}=f'(g(x))$，
- $t=g(x)$ において，$t'=\dfrac{dt}{dx}=g'(x)$

であるから，

$$\big(f(g(x))\big)'=\frac{dy}{dx}=\frac{dy}{dt}\times\frac{dt}{dx}=f'(g(x))\times g'(x).$$

上記の下線の箇所において，ともに y' と表しているが，これらは異なる関数であることに注意されたい．

このように，どの変数で微分しているかを省略した記号 y' だけでは，注意深く読まないと誤解や混乱が生じることが多い．このような場面において，記号

$\dfrac{dy}{dx}$ の利便性がわかるであろう．さらに，$\dfrac{dy}{dx}$, $\dfrac{dy}{dt}$, $\dfrac{dt}{dx}$ **を形式的に分数のように考えれば，(2.5) は，分数を dt で約分した形となっているので覚えやすい．**

したがって，例えば，$y = f(t)$, $t = g(s)$, $s = h(x)$ であるとき，合成関数 $y = f\bigl(g(h(x))\bigr)$ の導関数 $\dfrac{dy}{dx}$ は，

$$\frac{dy}{dx} = \frac{dy}{dt} \times \frac{dt}{ds} \times \frac{ds}{dx}$$

(もちろん，これは

$$\Bigl(f\bigl(g(h(x))\bigr)\Bigr)' = f'\bigl(g(h(x))\bigr) \times g'(h(x)) \times h'(x)$$

を意味する) である． □

例題 2.6. $y = (x^2+3)^5$ の導関数 $y' = \dfrac{dy}{dx}$ を求める．

【**解**】 $t = x^2+3$ とすれば, $y = t^5$ である (すなわち, $y = (x^2+3)^5$ は $y = t^5$ と $t = x^2+3$ の合成関数である)．$\dfrac{dy}{dt} = \dfrac{d}{dt}(t^5) = 5t^4$, $\dfrac{dt}{dx} = \dfrac{d}{dt}(x^2+3) = 2x$ なので，(2.5) より，

$$\frac{dy}{dx} = \frac{dy}{dt} \times \frac{dt}{dx} = 5t^4 \times 2x = 10xt^4. \qquad (*1)$$

$t = x^2+3$ なので，$\dfrac{dy}{dx} = 10xt^4 = 10x(x^2+3)^4$. □

注意 2.7. 例題 2.6 の $y = (x^2+3)^5$ の導関数 $y' = \dfrac{dy}{dx}$ を求める計算において，t のおき方は自由であるが，合成関数の微分法 (2.5) を用いる際に，**おいた文字 t で微分 $\dfrac{dy}{dt}$，おいた文字 t を微分 $\dfrac{dt}{dx}$ が簡単に求められるように t を設定すればよい．**

上の解法では，基本的な関数の導関数の形はすでに知っているのだから，$\dfrac{dy}{dt} = \dfrac{d}{dt}(t^5) = 5^4$, $\dfrac{dt}{dx} = \dfrac{d}{dx}(x^2+3) = 2x$ と計算するのは容易である．また，$t = x^2$ として，$y = (x^2+3)^5$ を $y = (t+3)^5$ と考えてもよいが，$\dfrac{dy}{dt} = \dfrac{d}{dt}(t+3)^5$ がただちに得られないので，$\dfrac{dy}{dx} = \dfrac{dy}{dt} \times \dfrac{dt}{dx}$ の計算が困難であろう (もちろん，$\dfrac{dt}{dx} = \dfrac{d}{dx}(x^2) = 2x$ は容易であるが)．

(2.5) と同じであるが，(2.6) を用いた計算式を以下にあげておく．

$$y' = \left((x^2+3)^5\right)' = 5(x^2+3)^4 \times (x^2+3)' = 5(x^2+3)^4 \times 2x$$
$$= 10x(x^2+3)^4 \qquad (*2)$$

(2.6) を用いたこの計算式 $(*2)$ は，(2.5) の計算式 $(*1)$ と比べて計算量が少ないようにみえるので，適用しやすいと思うかもしれない．しかし，$(*2)$ は，頭の中で計算式 $(*1)$ の $\dfrac{dy}{dt}$，$\dfrac{dt}{dx}$ を求める計算を行っているのであるから，合成関数の微分法に不慣れな読者は，(2.5) を用いて計算することをお勧めする．計算に慣れてくれば，自然と計算式 $(*2)$ のようにできるであろう． □

合成関数の微分法に慣れるために，いくつかの合成関数の微分の計算例をあげておく (下記の例では，すべて関数 $t = x^2+3x$ が合成されている)．

例題 2.7. **(1)** $y = (x^2+3x)^5$ を x で微分する．

【解】 (2.5) の形： $y = t^5$，$t = x^2+3x$ として，$\dfrac{dy}{dt} = 5t^4$，$\dfrac{dt}{dx} = 2x+3$.

したがって，$\dfrac{dy}{dx} = \dfrac{dy}{dt} \times \dfrac{dt}{dx} = 5t^4 \times (2x+3) = 5(x^2+3x)^4(2x+3)$.

(2.6) の形：

$$y' = \left((x^2+3x)^5\right)' = 5(x^2+3x)^4 \times (x^2+3x)' = 5(x^2+3x)^4(2x+3).$$

(2) $y = \sqrt{x^2+3x}\ \left(= (x^2+3x)^{\frac{1}{2}}\right)$ を x で微分する．

【解】 (2.5) の形： $y = \sqrt{t}$，$t = x^2+3x$ として，

$$\frac{dy}{dt} = \frac{d}{dt}(\sqrt{t}) = \frac{d}{dt}(t^{\frac{1}{2}}) = \frac{1}{2}t^{\frac{1}{2}-1} = \frac{1}{2}t^{-\frac{1}{2}}, \qquad \frac{dt}{dx} = 2x+3.$$

したがって，

$$\frac{dy}{dx} = \frac{dy}{dt} \times \frac{dt}{dx} = \frac{1}{2}t^{-\frac{1}{2}} \times (2x+3)$$
$$= \frac{1}{2}(x^2+3x)^{-\frac{1}{2}}(2x+3) \ \left(= \frac{2x+3}{2\sqrt{x^2+3x}}\right).$$

(2.6) の形：

$$y' = (\sqrt{x^2+3x})' = \left((x^2+3x)^{\frac{1}{2}}\right)' = \frac{1}{2}(x^2+3x)^{\frac{1}{2}-1} \times (x^2+3x)'$$

$$= \frac{1}{2}(x^2+3x)^{-\frac{1}{2}}(2x+3) \quad \left(= \frac{2x+3}{2\sqrt{x^2+3x}}\right).$$

(3)　$y = \log(x^2+3x)$ を x で微分する．

【解】 (2.5) の形：　$y = \log t,\ t = x^2+3x$ として，

$$\frac{dy}{dt} = \frac{d}{dt}(\log t) = \frac{1}{t}, \quad \frac{dt}{dx} = 2x+3.$$

したがって，　$\displaystyle \frac{dy}{dx} = \frac{dy}{dt} \times \frac{dt}{dx} = \frac{1}{t} \times (2x+3) = \frac{2x+3}{x^2+3x}.$

(2.6) の形：　$\displaystyle y' = \big(\log(x^2+3x)\big)' = \frac{1}{x^2+3x} \times (x^2+3x)' = \frac{2x+3}{x^2+3x}.$

(4)　$y = e^{x^2+3x}$ を x で微分する．

【解】 (2.5) の形：　$y = e^t,\ t = x^2+3x$ として，

$$\frac{dy}{dt} = \frac{d}{dt}(e^t) = e^t, \quad \frac{dt}{dx} = 2x+3.$$

したがって，　$\displaystyle \frac{dy}{dx} = \frac{dy}{dt} \times \frac{dt}{dx} = e^t \times (2x+3) = e^{x^2+3x}(2x+3).$

(2.6) の形：　$y' = (e^{x^2+3x})' = e^{x^2+3x} \times (x^2+3x)' = e^{x^2+3x}(2x+3).$

(5)　$y = \sin(x^2+3x)$ を x で微分する．

【解】 (2.5) の形：　$y = \sin t,\ t = x^2+3x$ として，

$$\frac{dy}{dt} = \frac{d}{dt}(\sin t) = \cos t, \quad \frac{dt}{dx} = 2x+3.$$

したがって，$\displaystyle \frac{dy}{dx} = \frac{dy}{dt} \times \frac{dt}{dx} = \cos t \times (2x+3) = (2x+3)\cos(x^2+3x).$

(2.6) の形：

$$\begin{aligned} y' = (\sin(x^2+3x))' &= \cos(x^2+3x) \times (x^2+3x)' \\ &= \cos(x^2+3x) \times (2x+3) \\ &= (2x+3)\cos(x^2+3x). \end{aligned}$$

□

誤答例　$(\sqrt{x^2+3x})' = \sqrt{2x+3}, \quad (e^{x^2+3x})' = e^{2x+3}.$

合成関数の微分法 (定理 2.3) を正しく適用せずに独自の計算方法で計算を行った結果であろう．

次は，一般に微分可能な関数 $f(x)$ が合成されている場合の微分の計算例をあげておく (関数の合成が可能な場合を考えるものとする)．行う計算は上記の例題と同様であるから，計算結果を覚えるのではなく，合成関数の微分法 (定理 2.3) を用いて自分自身で求められることが大切である．

○例

関　数 : **導関数** (x で微分)

- $y = \big(f(x)\big)^5$: $\dfrac{dy}{dx} = \Big(\big(f(x)\big)^5\Big)' = 5\big(f(x)\big)^4 \times f'(x)$
  ($y = t^5$, $t = f(x)$ とする．$\dfrac{dt}{dx} = f'(x)$ に注意して，定理 2.3 を適用)

- $y = \sqrt{f(x)}$: $\dfrac{dy}{dx} = \big(\sqrt{f(x)}\big)' = \big(\{f(x)\}^{\frac{1}{2}}\big)' = \dfrac{1}{2}\{f(x)\}^{-\frac{1}{2}} \times f'(x)$
  ($y = \sqrt{t}$, $t = f(x)$ として，定理 2.3 を適用)

- $y = \log f(x)$: $\dfrac{dy}{dx} = \big(\log f(x)\big)' = \dfrac{1}{f(x)} \times f'(x) = \dfrac{f'(x)}{f(x)}$
  ($y = \log t$, $t = f(x)$ として，定理 2.3 を適用)

- $y = e^{f(x)}$: $\dfrac{dy}{dx} = \big(e^{f(x)}\big)' = e^{f(x)} \times f'(x)$
  ($y = e^t$, $t = f(x)$ として，定理 2.3 を適用)

- $y = \sin\{f(x)\}$: $\dfrac{dy}{dx} = \big(\sin\{f(x)\}\big)' = \cos\{f(x)\} \times f'(x)$
  ($y = \sin t$, $t = f(x)$ として，定理 2.3 を適用)

- $y = f(x^5)$: $\dfrac{dy}{dx} = \big(f(x^5)\big)' = f'(x^5) \times 5x^4$
  ($y = f(t)$, $t = x^5$ とする．$\dfrac{dy}{dt} = f'(t)$ に注意して，定理 2.3 を適用) □

ここで，前節で紹介した**基本的な関数の導関数** 3 の $(x^\alpha)' = \alpha x^{\alpha-1}$ の証明と対数関数 $y = \log x$ の一般的な形である $y = \log|x|$ の導関数を求めておく．

(1) $(\log|x|)' = \dfrac{1}{x} \quad (x \neq 0)$

証明　$x>0$ であるとき，$|x|=x$ なので，$(\log|x|)'=(\log x)'=\dfrac{1}{x}$.
$x<0$ であるとき，$|x|=-x$ なので，定理 2.3 より，

$$(\log|x|)'=(\log(-x))'=\frac{1}{-x}\times(-x)'=\frac{1}{x}.$$

以上で，$(\log|x|)'=\dfrac{1}{x}$ であることが示された．■

(2) $(x^{\alpha})'=\alpha x^{\alpha-1}$　(α は実数，$x>0$)

証明　$f(x)=x^{\alpha}$ とおく．$x>0$ なので，$f(x)=x^{\alpha}>0$ であるから，$f(x)=x^{\alpha}$ の両辺の自然対数を考えると

$$\log f(x)=\log x^{\alpha}=\alpha\log x,$$

すなわち，

$$\log f(x)=\alpha\log x \tag{2.7}$$

(2.7) の両辺を x で微分すると[5)]，

$$(\text{左辺})'=(\log f(x))'=\frac{1}{f(x)}\times f'(x)=\frac{f'(x)}{f(x)},$$

$$(\text{右辺})'=(\alpha\log x)'=\alpha\times(\log x)'=\alpha\times\frac{1}{x}=\frac{\alpha}{x}.$$

$(\text{左辺})'=(\text{右辺})'$ なので，$\dfrac{f'(x)}{f(x)}=\dfrac{\alpha}{x}$，すなわち，$f'(x)=\dfrac{\alpha}{x}\times f(x)=\dfrac{\alpha}{x}\times x^{\alpha}=\alpha x^{\alpha-1}$ となり，$f'(x)=(x^{\alpha})'=\alpha x^{\alpha-1}$ が示された．■

注意 2.8. 上記の (2) において，関数 $f(x)=x^{\alpha}$ の導関数が $f'(x)=\alpha x^{\alpha-1}$ であることを合成関数の微分法 (定理 2.3) を用いて示したが，合成関数の微分法を適用するためには，$f(x)=x^{\alpha}$ の微分可能性を示す必要がある．$f(x)=x^{\alpha}$ の微分可能性は，次のようにしてただちに確かめられる．

証明　(2.7) より，$\log f(x)=\alpha\log x$ であって，$\alpha\log x$ は $x>0$ で微分可能であるから，$\log f(x)$ は $x>0$ で微分可能である．また，関数 e^{t} は実数全体 $(-\infty<t<\infty)$ で微分可能であるから，合成関数の微分法より，合成関数 $e^{\log f(x)}$ は $x>0$ で微分可能である．$f(x)=e^{\log f(x)}$ であるから，これで $f(x)=x^{\alpha}$ の $x>0$ において，微分可能であることが確認できた．□

5) 左辺の微分では合成関数の微分法 (定理 2.3) を用いることに注意せよ．

注意 2.8 で述べたように，すでにわかっている微分可能な関数 (例えば，対数関数 $y = \log x$ と指数関数 $y = e^x$) の合成によって，与えられた関数 $f(x)$ の微分可能性がただちに得られる．このような考え方は，$f(x)$ の微分可能性を調べる方法としてしばしば適用される．その例を紹介する．

例題 2.8. **(1)** (一般の指数関数の導関数)

a を $a > 0$ かつ $a \neq 1$ とする．$(a^x)' = a^x \log a \quad (-\infty < x < \infty)$.

【解】 $f(x) = a^x$ とおき，$f(x)$ の微分可能性を調べる．$f(x) = e^{\log f(x)} = e^{\log a^x} = e^{x \log a}$ であって，$t = x \log a$ は x の 1 次関数であるから，実数全体 $(-\infty < x < \infty)$ で微分可能である．また，関数 e^t は実数全体 $(-\infty < t < \infty)$ で微分可能であるから，$f(x) = e^{x \log a}$ は実数全体 $(-\infty < x < \infty)$ で微分可能である．

導関数 $f'(x)$ を求める計算は，合成関数の微分法 (定理 2.3) より，

$$\begin{aligned} f'(x) &= (e^{x \log a})' = e^{x \log a} \times \underline{(x \log a)'} = e^{x \log a} \times \underline{\log a \cdot (x)'} \\ &= e^{x \log a} \times \log a \cdot 1 = \underline{\underline{e^{x \log a}}} \log a = \underline{\underline{a^x}} \log a. \end{aligned}$$

すなわち，$f'(x) = (a^x) = a^x \log a$ が得られた[6]．

(2) (一般の対数関数の導関数)

a を $a > 0$ かつ $a \neq 1$ とする．$(\log_a x)' = \dfrac{1}{x \log a} \quad (x > 0)$.

【解】 $f(x) = \log_a x$ とおき，$f(x)$ の微分可能性を調べる．底 a を底 e に変換すると[7]，$f(x) = \log_a x = \dfrac{\log x}{\log a}$ であって，$\log x$ は $x > 0$ で微分可能であるから，($\dfrac{1}{\log a}$ が定数であることに注意して) 定理 2.1 より，$f(x) = \dfrac{\log x}{\log a}$ は $x > 0$ で微分可能である．

そこで，導関数 $f'(x)$ は，

$$f'(x) = \left(\frac{\log x}{\log a} \right)' = \frac{1}{\log a} \cdot (\log x)' = \frac{1}{\log a} \cdot \frac{1}{x} = \frac{1}{x \log a},$$

すなわち，$f'(x) = (\log_a x)' = \dfrac{1}{x \log a}$ が得られた．

---

6) 上の計算の下線部分において，$\log a$ は定数，さらに，$e^{x \log a} = a^x$ であることに注意せよ．

7) 底 e の対数 (自然対数) $\log_e x$ は，e を省略して $\log x$ と表すことに注意せよ．

(3) $(x^x)' = x^x(\log x + 1) \quad (x > 0).$

【解】$f(x) = x^x$ とおき，$f(x)$ の微分可能性を調べる．$f(x) = e^{\log f(x)} = e^{\log x^x} = e^{x \log x}$ であって，2 つの関数 x，$\log x$ は $x > 0$ で微分可能であるから，定理 2.2 より，それらの積 $t = x \log x$ は $x > 0$ で微分可能である．また，関数 e^t は実数全体 $(-\infty < t < \infty)$ で微分可能であるから，$f(x) = e^{x \log x}$ は $x > 0$ で微分可能である．

導関数 $f'(x)$ を求める計算は，合成関数の微分法 (定理 2.3) と積の微分法 (定理 2.2) より，

$$\begin{aligned} f'(x) &= (e^{x \log x})' = e^{x \log x} \times (x \log x)' \\ &= e^{x \log x} \times \Big((x)' \cdot \log x + x \cdot (\log x)'\Big) \\ &= e^{x \log x} \times \left(1 \cdot \log x + x \cdot \frac{1}{x}\right) \\ &= \underline{e^{x \log x}}(\log x + 1) = \underline{x^x}(\log x + 1), \end{aligned}$$

すなわち，$f'(x) = (x^x)' = x^x(\log x + 1)$ が得られた[8]．　□

次は，合成関数の微分法 (定理 2.3) の応用として，与えられた微分可能な関数 $y = f(x)$ に逆関数 $x = f^{-1}(y)$ が存在する場合[9]，その逆関数 $x = f^{-1}(y)$ の (y で微分した) 導関数 $x' = \dfrac{dx}{dy}$ について考えよう．

$$x = f^{-1}(y) \iff y = f(x)$$

であるから，$y = f(x)$ の両辺を y で微分すると[10]，

$$(\text{左辺})' = (y)' = \frac{d}{dy}(y) = 1,$$

$$(\text{右辺})' = (f(x))' = \frac{d}{dy}(f(x)) = \frac{d}{dx}f(x) \times \frac{d}{dy}(x) = f'(x) \times \frac{dx}{dy}. \quad (2.8)$$

ここで (左辺)$'$ = (右辺)$'$ より，

8) 上の計算の下線部分において，$e^{x \log x} = x^x$ であることに注意せよ．

9) 逆関数がいつでも存在するとは限らないことに注意せよ．

10) $x = f^{-1}(y)$ なので，x は y の関数であるから，右辺の微分では合成関数の微分法 (定理 2.3) を用いることに注意せよ．

$$1 = f'(x) \times \frac{dx}{dy},$$

すなわち，$\dfrac{dx}{dy} = \dfrac{1}{f'(x)}$ である．$x = f^{-1}(y)$ であるから，

$$\frac{dx}{dy} = \frac{1}{f'(x)} = \frac{1}{f'(f^{-1}(y))} \tag{2.9}$$

である．これで $x = f^{-1}(y)$ の導関数 $x' = \dfrac{dx}{dy}$ が得られた．

また，(2.8) の計算からわかるように，$f'(x)$ は $y = f(x)$ を x で微分したものであるから，$f'(x) = \dfrac{dy}{dx}$ であることに注意すれば，(2.9) は次のように表すことができる．

$$\frac{dx}{dy} = \frac{1}{\frac{dy}{dx}} \qquad \left(x' = \frac{dx}{dy}, \quad f'(x) = \frac{dy}{dx}\right) \tag{2.10}$$

$\dfrac{dx}{dy}$, $\dfrac{dy}{dx}$ を形式的に分数のように考えれば，(2.10) は，$\dfrac{dx}{dy}$ と $\dfrac{dy}{dx}$ は互いに逆数の関係になっている．

なお，(2.8) の計算において，細かなことではあるが，合成関数の微分法 (定理 2.3) を適用するためには，逆関数 $x = f^{-1}(y)$ の微分可能性が必要である[11)]．逆関数の微分可能性を保証する次の定理 (逆関数の微分法) をあげておく．

定理 2.4 (逆関数の微分法)**.** 関数 $y = f(x)$ は区間 I で狭義単調かつ微分可能であり，I の各点で $f'(x) \neq 0$ であるとする．このとき，逆関数 $x = f^{-1}(y)$ は f の値域 $f(I)$ で微分可能であり，(2.9) が成り立つ (もちろん，(2.9) と同じである (2.10) も成り立つ)．

証明　$x = f^{-1}(y)$ が $f(I)$ で微分可能であることを示せばよい[12)]．

f は狭義単調増加であるとする．b を $f(I)$ の任意の点とする．$b = f(a)$ とし，$x = f^{-1}(y)$ の $y = b$ における微分可能性，すなわち，定義 2.1 の定義式 (2.1) に従って，

$$\text{極限 } \lim_{k \to 0} \frac{f^{-1}(b+k) - f^{-1}(b)}{k} \text{ が存在}$$

---

11) 導関数 $x' = \dfrac{dx}{dy}$ が存在しなければ，(2.8) の計算に意味がない．

12) 微分可能性が示せれば，(2.9) が成立することは，すでに証明が完了している．

するかどうかを調べる．$|k|\,(\neq 0)$ を十分小さい数として，$b+k$ を $f(I)$ の点とすると，$f^{-1}(b+k)=a+h$ を満たす数 h がただ1つ存在する (つまり，h は k に依存して決まる).

$$f^{-1}(b+k)=a+h \Longleftrightarrow b+k=f(a+h),$$
$$f^{-1}(b)=a \Longleftrightarrow b=f(a)$$

であるから，$f^{-1}(b+k)-f^{-1}(b)=(a+h)-a=h$, $k=f(a+h)-b=f(a+h)-f(a)$ なので，

$$\frac{f^{-1}(b+k)-f^{-1}(b)}{k}=\frac{h}{f(a+h)-f(a)}=\frac{1}{\frac{f(a+h)-f(a)}{h}}$$

となる．

$$k\to 0 \text{ のとき，} h\to 0 \qquad (*)$$

であるから，

$$\lim_{k\to 0}\frac{f^{-1}(b+k)-f^{-1}(b)}{k}=\lim_{h\to 0}\frac{1}{\frac{f(a+h)-f(a)}{h}}=\frac{1}{f'(a)}.$$

仮定より，$f'(a)\neq 0$ なので，極限値 $\dfrac{1}{f'(a)}$ が存在することがわかったので，$x=f^{-1}(y)$ は $y=b$ で微分可能である．b は $f(I)$ の任意の点であったから，$x=f^{-1}(y)$ は $f(I)$ で微分可能である．

$y=f(x)$ が狭義単調減少の場合も同様に示すことができる．■

注意 2.9. 上記の証明の $(*)$ は逆関数 $x=f^{-1}(y)$ が $y=b$ で連続であることを示しているが，逆関数の連続性を厳密に証明することは，本書の内容を超えるので証明は省略する．定理 2.4 の仮定の f の微分可能性 (特に f の連続性) と狭義単調性 (上記の証明では f を狭義単調増加であるとした) がどのように用いられて $(*)$ が成立するのかを述べておく．

$k>0$ とすると $b=f(a)<b+k=f(a+h)$ なので，f は狭義単調増加であるから $a<a+h$, 特に $h>0$ である．さらに，k_1 を k より小さい正の数 (つまり，$k>k_1>0$) とすると，$b<b+k_1<b+k$ なので，f の連続性 (中間値の定理) より，$b+k_1=f(a+h_1)$ を満たす数 h_1 が存在し，f は狭義単調増加であるから，このような h_1 がただ1つ存在する．

$b = f(a) < b + k_1 = f(a + h_1) < b + k = f(a + h)$ なので，再び f の狭義単調増加性より，$a < a + h_1 < a + h$，すなわち，$0 < h_1 < h$ である．これは，$k \to 0 + 0$ のとき，それに応じて $h \to 0 + 0$ となることを意味する．同様に $k \to 0 - 0$ の場合も $h \to 0 - 0$ となることがわかる．よって，$k \to 0$ のとき，$h \to 0$ となる． □

次の例題で，逆関数の微分法 (定理 2.4) を適用して逆三角関数の導関数を求める．

例題 2.9 (逆三角関数の導関数)**.**

(1) $(\sin^{-1} x)' = \dfrac{1}{\sqrt{1 - x^2}} \quad (-1 < x < 1).$

【解】 $y = \sin^{-1} x$ とおくと, $y = \sin^{-1} x \iff x = \sin y$ である．$-1 < x < 1$ のとき $-\dfrac{\pi}{2} < y < \dfrac{\pi}{2}$ であり, y がこの範囲にあるときは $\dfrac{d}{dy}(\sin y) = \cos y > 0$ であるから，逆関数の微分法 (定理 2.4) より，$y = \sin^{-1} x$ は $-1 < x < 1$ で微分可能である．そこで，導関数 $y' = \dfrac{dy}{dx}$ を求めるために，$x = \sin y$ の両辺を x で微分すると[13]，

$$(\text{左辺})' = (x)' = \frac{d}{dx}(x) = 1,$$

$$(\text{右辺})' = (\sin y)' = \frac{d}{dx}(\sin y) = \frac{d}{dy}(\sin y) \times \frac{dy}{dx} = \cos y \times \frac{dy}{dx}.$$

(左辺)$'$ = (右辺)$'$ より，$1 = \cos y \times \dfrac{dy}{dx}$，すなわち，$\dfrac{dy}{dx} = \dfrac{1}{\cos y}$ である．$\cos y > 0 \left(-\dfrac{\pi}{2} < y < \dfrac{\pi}{2}\right)$ および $x = \sin y$ であったから, $\cos y = \sqrt{\cos^2 y} = \sqrt{1 - \sin^2 y} = \sqrt{1 - x^2}$ であるから，$y' = (\sin^{-1} x)' = \dfrac{1}{\cos y} = \dfrac{1}{\sqrt{1 - x^2}}$ が得られた．

(2) $(\cos^{-1} x)' = -\dfrac{1}{\sqrt{1 - x^2}} \quad (-1 < x < 1).$

【解】 $y = \cos^{-1} x$ とおくと, $y = \cos^{-1} x \iff x = \cos y$ である．$-1 < x < 1$ のとき $0 < y < \pi$ であり, y がこの範囲にあるときは $\dfrac{d}{dy}(\cos y) = -\sin y < 0$

13) y は x の関数であるから，$\sin y$ を x で微分するには，合成関数の微分法 (定理 2.3) を適用することに注意せよ．

であるから，逆関数の微分法 (定理 2.4) より，$y=\cos^{-1}x$ は $-1<x<1$ で微分可能である．そこで，導関数 $y'=\dfrac{dy}{dx}$ を求める計算は，(2.10) により，

$$\frac{dy}{dx}=\frac{1}{\frac{dx}{dy}}=\frac{1}{\frac{d}{dy}(\cos y)}=-\frac{1}{\sin y}.$$

$\sin y>0\ (0<y<\pi)$ および $x=\cos y$ であったから，$\sin y=\sqrt{\sin^2 y}=\sqrt{1-\cos^2 y}=\sqrt{1-x^2}$ であるから, $y'=(\cos^{-1}x)'=-\dfrac{1}{\sin y}=-\dfrac{1}{\sqrt{1-x^2}}$ が得られた．

(3) $(\tan^{-1}x)'=\dfrac{1}{1+x^2}\quad(-\infty<x<\infty)$.

【解】 $y=\tan^{-1}x$ とおくと，$y=\tan^{-1}x\iff x=\tan y$ である．$-\infty<x<\infty$ のとき $-\dfrac{\pi}{2}<y<\dfrac{\pi}{2}$ であり，y がこの範囲にあるときは $\dfrac{d}{dy}(\tan y)=\dfrac{1}{\cos^2 y}>0$ であるから，逆関数の微分法 (定理 2.4) より，$y=\tan^{-1}x$ は $-\infty<x<\infty$ で微分可能である．そこで，導関数 $y'=\dfrac{dy}{dx}$ を求める計算は，(2.10) により，

$$\frac{dy}{dx}=\frac{1}{\frac{dx}{dy}}=\frac{1}{\frac{d}{dy}(\tan y)}=\frac{1}{\frac{1}{\cos^2 y}}.$$

$x=\tan y$ および $1+\tan^2 y=\dfrac{1}{\cos^2 y}$ なので，$\dfrac{1}{\cos^2 y}=1+\tan^2 y=1+x^2$ であるから，$y'=(\tan^{-1}x)'=\dfrac{1}{\frac{1}{\cos^2 y}}=\dfrac{1}{1+x^2}$ が得られた． □

注意 2.10. 例題 2.9 (1) の解答内の導関数 $y'=\dfrac{dy}{dx}=\dfrac{1}{\cos y}$ を求める計算において，(2.10) の公式 $\dfrac{dy}{dx}=\dfrac{1}{\frac{dx}{dy}}$ (または $\dfrac{dx}{dy}=\dfrac{1}{\frac{dy}{dx}}$) を用いなかった．この理由は，逆関数の微分法 (定理 2.4) は，逆関数の微分可能性を保証するものであって，**逆関数の導関数を具体的に求めるには，合成関数の微分法 (定理 2.3) を理解してさえすれば，(2.10) の公式に頼ることなく，**直接計算できることを (すでに (2.9) を導出した際の (2.8) の計算ではあるが) わかってもらいたかったためである．続く (2), (3) では，(2.10) の公式 $\dfrac{dy}{dx}=\dfrac{1}{\frac{dx}{dy}}$ (または $\dfrac{dx}{dy}=\dfrac{1}{\frac{dy}{dx}}$) を

用いて導関数を求めた. □

この節の最後に，微分の線形性 (定理 2.1)，積・商の微分法 (定理 2.2)，合成関数の微分法 (定理 2.3) によって得られたいくつかの具体的な関数の導関数と前節で紹介した基本的な関数の導関数を以下にまとめておく.

さまざまな関数の導関数

- $(c)' = 0 \quad (c$ は定数$)$
- $(x^n)' = nx^{n-1} \quad (n$ は自然数$)$
- $(x^\alpha)' = \alpha x^{\alpha-1} \quad (\alpha$ は実数$)$
- $(\log_a x)' = \dfrac{1}{x \log a} \quad (a > 0$ かつ $a \neq 1)$

  特に，$(\log x)' = \dfrac{1}{x \log e} = \dfrac{1}{x}$
- $(\log_a |x|)' = \dfrac{1}{x \log a} \quad (a > 0$ かつ $a \neq 1)$

  特に，$(\log |x|)' = \dfrac{1}{x \log e} = \dfrac{1}{x}$
- $(a^x)' = a^x \log a \quad (a > 0$ かつ $a \neq 1)$

  特に，$(e^x)' = e^x \log e = e^x$
- $(\sin x)' = \cos x$
- $(\cos x)' = -\sin x$
- $(\tan x)' = \dfrac{1}{\cos^2 x}$
- $(\sin^{-1} x)' = \dfrac{1}{\sqrt{1 - x^2}}$
- $(\cos^{-1} x)' = -\dfrac{1}{\sqrt{1 - x^2}}$
- $(\tan^{-1} x)' = \dfrac{1}{1 + x^2}$

2.3 微分法の応用

この節では，微分の概念を用いて微分可能な関数の局所的な性質 (関数の増加減少，関数の近似など) をいくつか説明する．

2.3.1 関数の増減・凹凸

(1) 高次導関数

区間 I で微分可能な関数 $y=f(x)$ の導関数 $f'(x)$ が I で微分可能なとき，$y=f(x)$ は I で**2 回微分可能**であるという．このとき，$f'(x)$ の導関数 $(f'(x))'$ を $y=f(x)$ の**2 次導関数**といい，記号

$$y'',\quad f''(x),\quad y^{(2)},\quad f^{(2)}(x),\quad \frac{d^2y}{dx^2},\quad \frac{d^2}{dx^2}f(x)$$

などで表す．同様にして，n を自然数とするとき，$y=f(x)$ が I で n 回繰り返して微分ができるとき，$y=f(x)$ は I で $\boldsymbol{n}$ **回微分可能**であるという．このとき，$y=f(x)$ を n 回繰り返して微分して得られる関数を $y=f(x)$ の $\boldsymbol{n}$ **次導関数**といい，

$$y^{(n)},\quad f^{(n)}(x),\quad \frac{d^ny}{dx^n},\quad \frac{d^n}{dx^n}f(x)$$

などで表す．これらを総称して**高次導関数**という．また，$f(x)$ が I で n 回微分可能で n 次導関数 $f^{(n)}(x)$ が I で連続であるとき，$f(x)$ は $\boldsymbol{n}$ **回連続微分可能**または C^n **級**であるという．記号の利便上，連続関数のことを C^0 **級**関数ともよび，$f^{(0)}(x)$ は $f(x)$ 自身を表すものとする．1 回連続微分可能であることを単に連続微分可能ともいう．さらに，$f(x)$ が，すべての自然数 n に対して n 回連続微分可能であるとき，$f(x)$ は**無限回連続微分可能**または C^∞ **級**という．

高次導関数の意味と記号の確認のために次の例を紹介する．

例題 2.10. **(1)** 関数 $y=2x^3+x$ の導関数 $y'=\dfrac{dy}{dx}$ と 2 次導関数 $y''=\dfrac{d^2y}{dx^2}$ を求める．

【解】 まず，導関数 $y'=\dfrac{dy}{dx}$ を求めると，

$$y'=(2x^3+x)'=2(x^3)'+(x)'=2\cdot 3x^2+1=6x^2+1.$$

$y'=6x^2+1$ をさらに x で微分して 2 次導関数 $y''=\dfrac{d^2y}{dx^2}$ を求めると，

$$y'' = (6x^2+1)' = 6(x^2)' + (1)' = 6 \cdot 2x + 0 = 12x.$$

(2) 関数 $f(x) = e^{2x}$ の導関数 $f'(x) = \dfrac{d}{dx}f(x)$ と 2 次導関数 $f''(x) = \dfrac{d^2}{dx^2}f(x)$ を求める.

【解】 まず，導関数 $f'(x) = \dfrac{d}{dx}f(x)$ を求めると[14)],

$$f'(x) = e^{2x} \times (2x)' = e^{2x} \times 2 = 2e^{2x}.$$

$f'(x) = 2e^{2x}$ をさらに x で微分して 2 次導関数 $f''(x) = \dfrac{d^2}{dx^2}f(x)$ を求めると,

$$f''(x) = (2e^{2x})' = 2(e^{2x})' = 2(e^{2x} \times (2x)') = 2(e^{2x} \times 2) = 4e^{2x}.$$

(3) 関数 $f(x) = e^{x^2}$ の導関数 $f'(x) = \dfrac{d}{dx}f(x)$ と 2 次導関数 $f^{(2)}(x) = \dfrac{d^2}{dx^2}f(x)$ を求める.

【解】 まず，導関数 $f'(x) = \dfrac{d}{dx}f(x)$ を求めると[15)],

$$f'(x) = (e^{x^2})' = e^{x^2} \times (x^2)' = e^{x^2} \times 2x = 2xe^{x^2}.$$

$f'(x) = 2xe^{x^2}$ をさらに x で微分して 2 次導関数 $f^{(2)}(x) = \dfrac{d^2}{dx^2}f(x)$ を求めると[16)],

$$\begin{aligned} f^{(2)}(x) &= (2xe^{x^2})' = 2(xe^{x^2})' = 2((x)'e^{x^2} + x(e^{x^2})') \\ &= 2(1 \cdot e^{x^2} + x \cdot e^{x^2} \times (x^2)') = 2(e^{x^2} + x \cdot e^{x^2} \times 2x) \\ &= 2(e^{x^2} + 2x^2e^{x^2}) \quad \left(= 2e^{x^2}(1+2x^2)\right). \end{aligned}$$

□

(2) 関数のグラフ

さて，与えられた関数 $f(x)$ がどのような関数であるかを調べる際に注目することは，まずは $f(x)$ の連続性や，さらに強く微分可能性をもっているかどうかであるが，$f(x)$ のグラフを描くことができれば，視覚化できたことにより $f(x)$ の概観が一目で理解できる．では，グラフを描くには，グラフがとおる点

14) 合成関数の微分法 (定理 2.3) を適用することに注意せよ.
15) 合成関数の微分法 (定理 2.3) を適用することに注意せよ.
16) 積の微分法 (定理 2.2) を適用することに注意せよ.

$(x, f(x))$ を求めればよいが，点 $(x, f(x))$ が無限個あるので，点 $(x, f(x))$ をすべて求めることはできない．そこで，$f(x)$ の最大値や最小値のような $f(x)$ がもつ特別な値を求めることや $f(x)$ の増減を調べることが必要となる．もちろん，$f(x)$ に何も仮定しなければ手も足も出せないので，この節では，関数 $f(x)$ は微分可能とし，$f(x)$ の導関数 (および (存在すれば) 高次導関数) を用いて，局所的な性質 (関数の増減，関数の近似など) を調べていこう．

区間 I で微分可能な関数 $f(x)$ は I で連続であるから，I が閉区間であれば，最大値・最小値の定理から $f(x)$ は最大値および最小値をもつ．しかし，最大値・最小値の存在は保証されていても，どの点で最大値・最小値をとるかはわからないし，I が閉区間でなければ，最大値・最小値をもつかどうかはわからない．そこで，最大値・最小値に代わる極値とよばれる $f(x)$ の特別な値を導入する．

定義 2.4 (極値)．　$f(x)$ は区間 $I = [a, b]$ で定義された関数とし，c を I の内点とする (つまり，$c \neq a$, $c \neq b$)．c を含む十分小さい開区間 (a_1, b_1) $(\subset [a, b])$ をとるとき，

- 開区間 (a_1, b_1) のすべての点 x に対して，
  $f(c) \geq f(x)$ であるとき，$f(x)$ は点 c で**極大**であるという．このとき，$f(c)$ を**極大値**という．
- 開区間 (a_1, b_1) のすべての点 x に対して，
  $f(c) \leq f(x)$ であるとき，$f(x)$ は点 c で**極小**であるという．このとき，$f(c)$ を**極小値**という．

極大値と極小値をあわせて**極値**とよぶ．

注意 2.11. 極値は局所的な最大値 (極大値 $f(c)$ はある開区間 (a_1, b_1) で最大値) および局所的な最小値 (極小値 $f(c)$ はある開区間 (a_1, b_1) で最小値) であることを意味する．また，定義 2.4 (極値) は関数 $f(x)$ の連続性や微分可能性に無関係であることに注意されたい．極値をとる点 c は $I = [a, b]$ の内点 (つまり，$a < c < b$) であるから，I の端点 a や b で極値は定義されない．さらに，区間 I は閉区間でなくてもよい，すなわち，I として $[a, b)$, $(a, b]$, (a, b), $(-\infty, \infty)$ のいずれの場合でも極値は定義される．　□

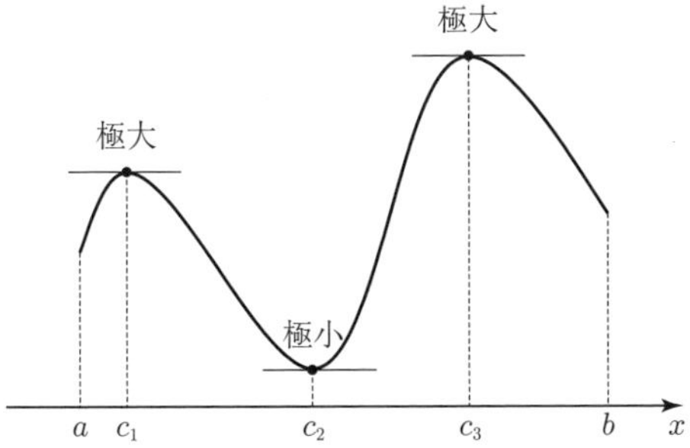

図 2.3　極大・極小

図 2.3 は，極値のイメージを描いたものである．点 c_1 と c_3 で極大，点 c_2 で極小である．また，極値をとるグラフ上の点 (3 箇所ある) でのそれぞれ接線の傾きが 0 (つまり，接線の傾きが x 軸と平行) であるが，この性質を次に述べる．

定理 2.5 (極値をとるための必要条件)**.** $f(x)$ は区間 I で定義された関数とし，c を I の内点とする．$f(x)$ が点 c で極値をとり，点 c で微分可能であるならば，$f'(c) = 0$ である．

証明　$f(c)$ が極大値とする．点 c における微分係数の定義式 (2.1)，すなわち，

$$f'(c) = \lim_{h \to 0} \frac{f(c+h) - f(c)}{h}$$

$$\iff f'(c) = \lim_{h \to 0+0} \frac{f(c+h) - f(c)}{h} = \lim_{h \to 0-0} \frac{f(c+h) - f(c)}{h}$$

を用いて $f'(c) = 0$ となることを示す．

c は I の内点であるから，$|h|$ $(\neq 0)$ を十分小さくとるとき，$c + h$ は I の点であって，$f(c)$ は極大値であるから，

$$f(c) \geq f(c+h),\ \text{すなわち，}\ f(c+h) - f(c) \leq 0$$

である．よって，

$$h > 0 \quad \text{ならば，}\quad \frac{f(c+h) - f(c)}{h} \leq 0,$$

$$h < 0 \quad \text{ならば，}\quad \frac{f(c+h) - f(c)}{h} \geq 0$$

であるから，

$$f'(c) = \lim_{h \to 0+0} \frac{f(c+h) - f(c)}{h} \leq 0 \text{ より，} f'(c) \leq 0,$$

$$f'(c) = \lim_{h \to 0-0} \frac{f(c+h) - f(c)}{h} \geq 0 \text{ より，} f'(c) \geq 0.$$

以上より，$f'(c) \leq 0$ かつ $f'(c) \geq 0$ であるから，$f'(c) = 0$ であることが示された．

$f(c)$ が極小値である場合も同様に示される． ■

注意 2.12. 定理 2.5 は，極値をとるための "十分条件" でないことに注意されたい．すなわち，$f'(c) = 0$ を満たす点 c であれば，必ず点 c で極値をとるという意味ではない．例えば，$f(x) = x^3$ において，$f'(x) = 3x^2$ であるから $f'(0) = 3 \cdot 0^2 = 0$ であるが，点 0 で極値をとらない．図 2.4 の左図から $f(0) = 0$ が極値でないことがただちにわかるが，念のため理由を述べておく．k を任意の正の数とするとき，0 を含む開区間 $(-k, k)$ において，$f(x) = x^3$ は正の値や負の値をとるので，$f(0) = 0$ は極値でない．

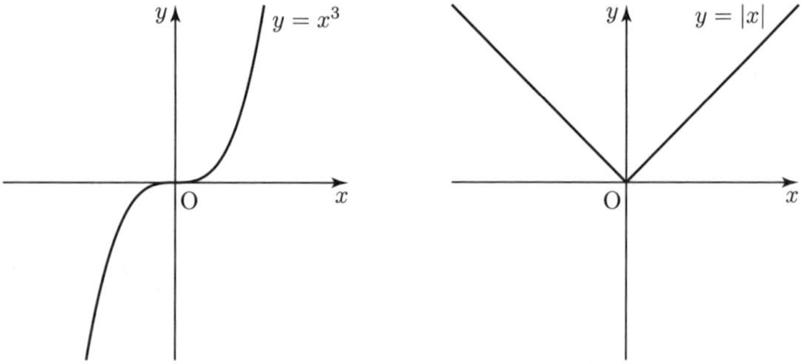

図 2.4

また，微分不可能な点で極値をとる可能性があることに注意されたい (極値の定義 (定義 2.4) は関数の微分可能性とは無関係であった)．例えば，$f(x) = |x|$ は点 0 において微分可能ではないが，極小値 $f(0) = 0$ をとる (図 2.4 の右図を参照)． □

関数 $f(x)$ が区間 I で微分可能であるとき，$f'(x) = 0$ を満たす I の内点 x は定理 2.5 より，極値をとる候補の点 (極値をとる可能性がある点) である．それらの点で極値をとるかどうかは，極値をとる候補の点の前後において，$f(x)$ が増加状態であるかまたは減少状態であるかを調べることができれば判定できる．

このことについて説明するために，例えば，区間 $[a,b]$ で定義された微分可能な関数 $f(x)$ のグラフが図 2.5 のようになっていたとすると，$f'(x)=0$ を満たす x は $x=c_1, c_2, c_3$ の 3 点であり，これらが極値をとる候補の点である．極値をとる候補の点 c_1，c_2，c_3 のそれぞれの前後において，$f(x)$ の増減を考察すると，

- 点 c_1 において，$f(c_1)$ は極大値であるが，$x=c_1$ を境目として，$f(x)$ が単調増加 ($\nearrow$) から単調減少 ($\searrow$) に変化している．
- 点 c_2 において，$f(c_2)$ は極小値であるが，$x=c_2$ を境目として，$f(x)$ が単調減少 ($\searrow$) から単調増加 ($\nearrow$) に変化している．
- 点 c_3 において，$f(c_3)$ は極値ではないが，$x=c_3$ のまわりで $f(x)$ は狭義単調増加である．

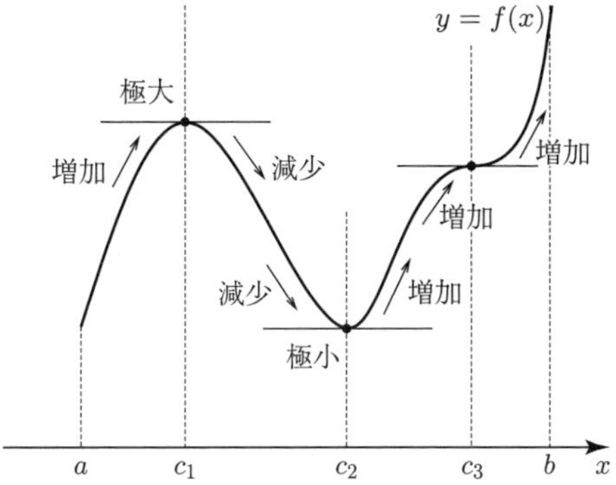

図 2.5

この例では現れなかったが，もし $f'(c_4)=0$ を満たす点 c_4 があって，$x=c_4$ のまわりで $f(x)$ が狭義単調減少であれば，$f(c_4)$ は極値ではない．

このように，極値をとる候補の点の前後で関数 $f(x)$ の増減を調べることは，極値であるかどうかを判定する 1 つの十分条件を与える．このことを次にあげておく．

定理 2.6 (極値の判定条件). $f(x)$ は区間 I で定義された微分可能な関数とする. c を I の内点とし, $f'(c) = 0$ を満たすとする. このとき, 次が成り立つ.

- $x = c$ を境目として, $f(x)$ が単調増加 (↗) から単調減少 (↘) に変化すれば, $f(c)$ は極大値である.

x	$x < c$	c	$c < x$
$f(x)$	増加 (↗)	極大	減少 (↘)

- $x = c$ を境目として, $f(x)$ が単調減少 (↘) から単調増加 (↗) に変化すれば, $f(c)$ は極小値である.

x	$x < c$	c	$c < x$
$f(x)$	減少 (↘)	極小	増加 (↗)

- $x = c$ のまわりで $f(x)$ が狭義単調増加 (または狭義単調減少) であるとき, $f(c)$ は極値でない.

x	$x < c$	c	$c < x$
$f(x)$	増加 (↗)	極値でない	増加 (↗)

x	$x < c$	c	$c < x$
$f(x)$	減少 (↘)	極値でない	減少 (↘)

さて, 定理 2.6 により, 関数 $f(x)$ の増減を調べることができれば, 極値であるかどうかを判定できることがわかった. 定理 2.6 の説明では, $f(x)$ のグラフがすでに描けていたのだから, $f(x)$ の増減や極値が容易に考察できた. では, $f(x)$ の増減はどのようにすれば調べられるのであろうか. 次に, このことについて説明する.

関数 $f(x)$ の $x = a$ における微分係数 $f'(a)$ は, $f(x)$ のグラフ上の点 $(a, f(a))$ における接線の傾きを表すのであった.

- 接線の傾き $f'(a) > 0$ であれば, 接線は右上がりであるから, $f(x)$ は点 a で増加状態と考えられる.

この "点 a で増加状態" という意味を述べておく. 定義 2.1 の定義式 (2.1) を用いると $f'(a) = \lim_{x \to a} \dfrac{f(x) - f(a)}{x - a} > 0$ であるから, 関数 $\dfrac{f(x) - f(a)}{x - a}$ が $x \neq a$ となる x で連続なので, x が a に十分近いとき, $\dfrac{f(x) - f(a)}{x - a} > 0$ となる. これより, $x > a$ であれば $f(x) - f(a) > 0$, すなわち, $f(x) > f(a)$ であり, $x < a$ であれば $f(x) - f(a) < 0$, すなわち, $f(x) < f(a)$ である. したがっ

て，$x_1 < a < x_2$ (x_1, x_2 は a に十分近い) であれば，$f(x_1) < f(a) < f(x_2)$ となるということである．

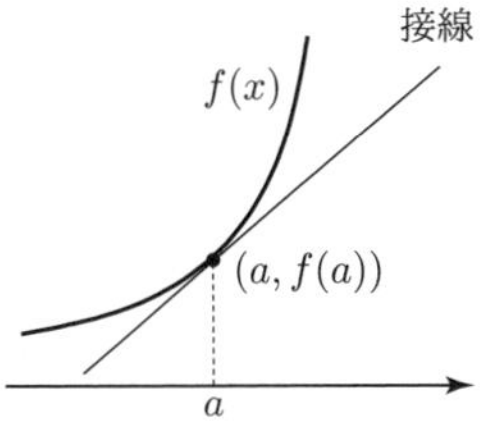

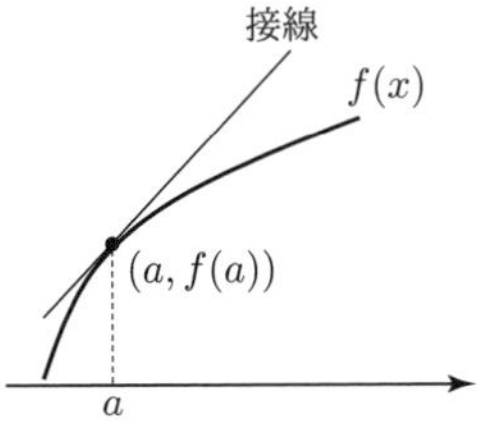

- 接線の傾き $f'(a) < 0$ であれば，接線は右下がりであるから，$f(x)$ は点 a で減少状態と考えられる．

点 a で増加状態という意味と同様に，“点 a で減少状態” という意味は，$x_1 < a < x_2$ (x_1, x_2 は a に十分近い) であれば，$f(x_2) < f(a) < f(x_1)$ となるということである．

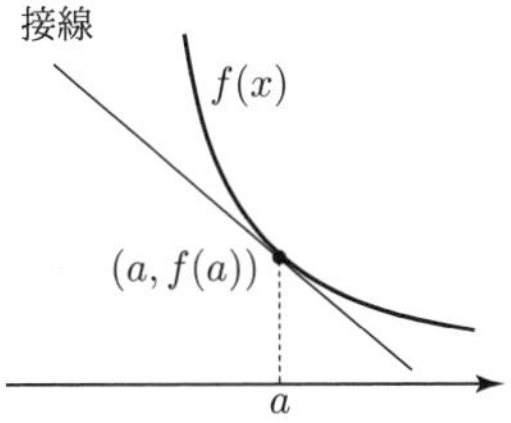

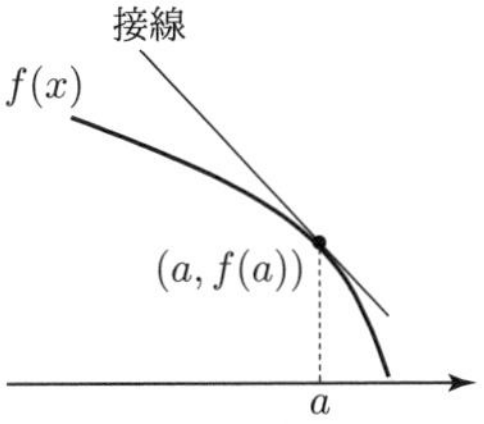

このように，接線の傾き (つまり，微分係数) の符号が正か負かで関数 $f(x)$ の増減の判定ができそうであるが，このことを正確に述べるためには，微分可能な関数において基本かつ重要な次の定理が必要となる．

定理 2.7 (**ロル** (Rolle) **の定理**)**.** 関数 $f(x)$ は閉区間 $[a, b]$ で連続，開区間 (a, b) で微分可能とする．$f(a) = f(b)$ であるとき，

$f'(c) = 0$ を満たす c が $a < c < b$ の範囲で存在する．

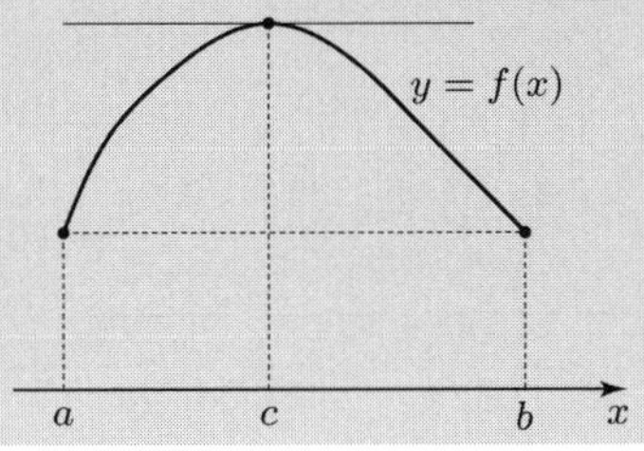

証明 $f(x)$ が定数 (関数) であるときは，$f'(x) = 0$ であるから開区間 (a, b) のすべての点 c で $f'(c) = 0$ となるので，定理の主張が得られる．

次に，$f(x)$ は定数 (関数) でないとする．$f(x)$ は連続であるから，最大値・最小値の定理より，最大値 M と最小値 m が存在するが，$f(x)$ は定数 (関数) でないので，$m < M$ でなければならない．いま，$f(a) = f(b)$ であるから，$m \neq f(a)$ $(= f(b))$ または $M \neq f(a)$ $(= f(b))$ のうち，少なくともどちらか一方が成立する．$M \neq f(a)$ とすれば，$M = f(c)$ を満たす c が $a < c < b$ の範囲で存在するので，c は内点であるから $M = f(c)$ は極大値である．したがって，定理 2.5 より $f'(c) = 0$ となる．$m \neq f(a)$ の場合も同様である．すなわち，$m = f(d)$ を満たす d が $a < d < b$ の範囲で存在するので，$m = f(d)$ は極小値である．だから，定理 2.5 より $f'(d) = 0$ となる． ■

次の定理は**平均値の定理**とよばれ，定理 2.7 の仮定の "$f(a) = f(b)$" を除いた内容となっている (したがって，平均値の定理 (定理 2.8) は，定理 2.7 より適用しやすいものになっている)．

定理 2.8 (**平均値の定理**)．関数 $f(x)$ は閉区間 $[a, b]$ で連続，開区間 (a, b) で微分可能とする．このとき，

$$f'(c) = \frac{f(b) - f(a)}{b - a} \text{ を満たす } c \text{ が } a < c < b \text{ の範囲で存在する．}$$

(同じ主張であるが，$b - a$ を払って，
$f(b) - f(a) = f'(c)(b - a)$ を満たす c が $a < c < b$ の範囲で存在する．)

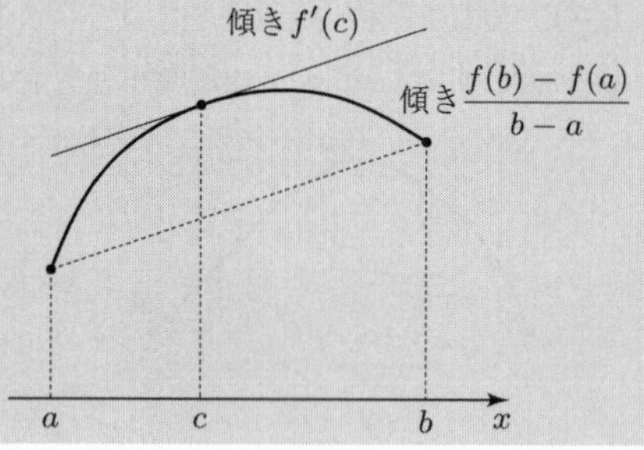

証明 $F(x)=f(x)-f(a)-\dfrac{f(b)-f(a)}{b-a}(x-a)$ とおく．$F(x)$ は閉区間 $[a,b]$ で連続，開区間 (a,b) で微分可能であり，

$$F'(x)=f'(x)-\frac{f(b)-f(a)}{b-a}\cdot 1=f'(x)-\frac{f(b)-f(a)}{b-a}$$

である．また，

$$F(a)=f(a)-f(a)-\frac{f(b)-f(a)}{b-a}(a-a)=0,$$

$$F(b)=f(b)-f(a)-\frac{f(b)-f(a)}{b-a}(b-a)=f(b)-f(a)-(f(b)-f(a))=0$$

であるから，$F(a)=F(b)\ (=0)$ である．よって，$F(x)$ は定理 2.7 の仮定をすべて満たすので，$F'(c)=0$ を満たす c が $a<c<b$ の範囲で存在する．したがって，$F'(c)=f'(c)-\dfrac{f(b)-f(a)}{b-a}=0$ であるから $f'(c)=\dfrac{f(b)-f(a)}{b-a}$ となる． ■

平均値の定理 (定理 2.8) で $f(a)=f(b)$ の場合には，$\dfrac{f(b)-f(a)}{b-a}=\dfrac{0}{b-a}=0$ であるから，定理 2.7 となっていることに注意されたい．

さて，関数 $f(x)$ の導関数 $f'(x)$ の符号 (すなわち，各点 x での微分係数の符号) で $f(x)$ の増減が判定できる次の定理は，平均値の定理 (定理 2.8) から得られる．

定理 2.9 (関数の増減の判定条件)．関数 $f(x)$ は閉区間 $[a,b]$ で連続，開区間 (a,b) で微分可能とする．このとき，次が成り立つ．

(1) 開区間 (a,b) で常に $f'(x)=0$ であるならば，$f(x)$ は閉区間 $[a,b]$ で定数 (関数) である (すなわち，ある定数 α によって，$f(x)=\alpha$ と表される)．

(2) 開区間 (a,b) で常に $f'(x)>0$ であるならば，$f(x)$ は閉区間 $[a,b]$ で狭義単調増加である．

(3) 開区間 (a,b) で常に $f'(x)<0$ であるならば，$f(x)$ は閉区間 $[a,b]$ で狭義単調減少である．

証明 $x_1,\ x_2$ を閉区間 $[a,b]$ の任意の異なる 2 点とし，$x_1<x_2$ とする．すなわち，$a\leq x_1<x_2\leq b$ とする．すると $f(x)$ は，もちろん，閉区間 $[x_1,x_2]$

で連続，開区間 (x_1, x_2) で微分可能であるから，平均値の定理 (定理 2.8) より，

$$f(x_2) - f(x_1) = f'(c)(x_2 - x_1) \tag{2.11}$$

を満たす c が $x_1 < c < x_2$ の範囲で存在する．導関数 $f'(x)$ が $f'(x) = 0$, $f'(x) > 0$, $f'(x) < 0$ のそれぞれの場合に分けて，(1), (2), (3) が成立することを以下に示す．

- (1) のとき： 開区間 (a, b) で常に $f'(x) = 0$ であるから，特に $f'(c) = 0$ である．よって，(2.11) より $f(x_2) - f(x_1) = f'(c)(x_2 - x_1) = 0 \cdot (x_2 - x_1) = 0$ なので，$f(x_1) = f(x_2)$ となる．x_1, x_2 の選び方は任意であったので，$f(x)$ は閉区間 $[a, b]$ で定数 (関数) である (すなわち，$\alpha = f(x_1)$ $(= f(x_2))$ とおくと，$f(x) = \alpha$ となる).
- (2) のとき： 開区間 (a, b) で常に $f'(x) > 0$ であるから，特に $f'(c) > 0$ である．よって，$x_2 - x_1 > 0$ であることに注意すると，(2.11) より $f(x_2) - f(x_1) = f'(c)(x_2 - x_1) > 0$ なので，$f(x_2) > f(x_1)$ となる．x_1, x_2 の選び方は任意であったので，$f(x)$ は閉区間 $[a, b]$ で狭義単調増加である．
- (3) のとき： 開区間 (a, b) で常に $f'(x) < 0$ であるから，特に $f'(c) < 0$ である．よって，$x_2 - x_1 > 0$ であることに注意すると，(2.11) より $f(x_2) - f(x_1) = f'(c)(x_2 - x_1) < 0$ なので，$f(x_1) > f(x_2)$ となる．x_1, x_2 の選び方は任意であったので，$f(x)$ は閉区間 $[a, b]$ で狭義単調減少である． ■

関数の増減の判定条件 (定理 2.9) の内容を確認するために例をあげておく．

例題 2.11. (1) $f(x) = x^2$ $(-1 \leq x \leq 1)$ の増減を調べる[17]．

【解】 $f'(x) = \dfrac{d}{dx}(x^2) = 2x$ である．$f'(x)$ の符号が変わる (可能性がある) 境目の点，すなわち，$f'(x) = 0$ を満たす x を求めると，$2x = 0$ より $x = 0$ である．このとき，$-1 < x < 0$ であれば $f'(x) = 2x < 0$, $0 < x < 1$ であれば $f'(x) = 2x > 0$ であるから，定理 2.9 (2), (3) より，

---

17) $f(x) = x^2$ は単純な式であり，グラフの概形もすでに知っているので増減を調べるのに定理 2.9 を適用するまでもないが，このような単純な例題で定義や定理の内容を理解することは重要であるから，ここでは定理 2.9 を適用して増減を調べることにする．

$$\begin{cases} \bullet\ \text{閉区間 } [-1,0] \text{ で } f(x)=x^2 \text{ は狭義単調減少,} \\ \bullet\ \text{閉区間 } [0,1] \text{ で } f(x)=x^2 \text{ は狭義単調増加,} \end{cases}$$

であることがわかる．

$f(0)=0$ が極小値であることを確認しておく．$f'(0)=0$ であるから，定理 2.5 より $x=0$ は極値をとる候補の点 ($f'(x)$ の符号が変わる可能性がある境目の点) であって，上で増減を調べたように，$x=0$ の前後で $f(x)$ は減少から増加に変わるので，定理 2.6 より $f(0)=0$ は極小値である．

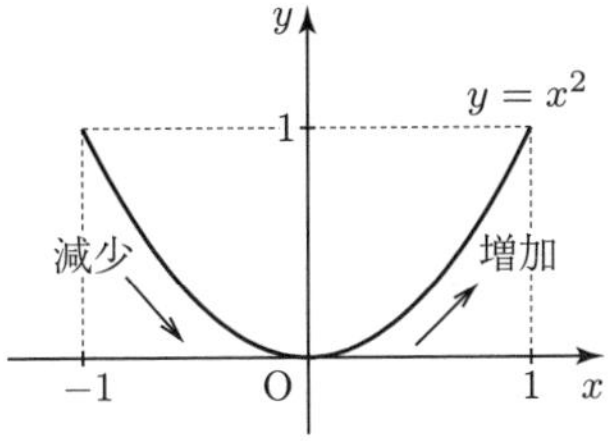

(2) 2 つの関数 $F(x)$, $G(x)$ はともに閉区間 $[a,b]$ で連続，開区間 (a,b) で微分可能とする．開区間 (a,b) で $F'(x)=G'(x)$ であるとき，ある定数 α が存在して，$F(x)=G(x)+\alpha$ と表されることを示す[18)]．

【解】 関数 $F(x)-G(x)$ は閉区間 $[a,b]$ で連続，開区間 (a,b) で微分可能である．また，$F'(x)=G'(x)$ であるから，$(F(x)-G(x))'=F'(x)-G'(x)=0$ なので，定理 2.9 (1) より，ある定数 α が存在して，関数 $F(x)-G(x)$ は閉区間 $[a,b]$ で $F(x)-G(x)=\alpha$ と表される．したがって，$F(x)=G(x)+\alpha$ が得られる． □

注意 2.13. 例題 2.11 (1) の【解】でみたように，与えられた関数 $f(x)$ の増減または極値を調べるときに，$f'(x)$ の符号，その符号に応じて $f(x)$ の増減を表にまとめるのが一般的である (この表を $f(x)$ の**増減表**とよぶ)．

$f(x)=x^2$ $(-1 \leq x \leq 1)$ の増減表を以下に記しておく．

x	-1 $(*1)$	$\cdots$ $(*2)$	0 $(*3)$	$\cdots$ $(*4)$	1 $(*5)$
$f'(x)=2x$	$f'(-1)=-2$	$-$ $(*6)$	$f'(0)=0$ $(*7)$	$+$ $(*8)$	$f'(1)=2$
$f(x)=x^2$	$f(-1)=1$	↘ (減少) $(*9)$	$f(0)=0$ (極小値) $(*10)$	↗ (増加) $(*11)$	$f(1)=1$

18) この内容は，導関数が等しい関数たちは定数分しか異ならないということを示しており，後で不定積分を導入する際に必要になる (定理 3.7 を参照)．

この増減表の見方を説明しておく．

(∗1) ∼ (∗5)： 定義域 $-1 \leq x \leq 1$ なので，(∗1) と (∗5) は定義域の端点である．(∗3) の 0 は，$f'(x) = 0$ を満たす x ($f'(x)$ の符号が変わる (可能性がある) 境目の点) である．(∗2) は $-1 < x < 0$ の範囲を表し，(∗4) は $0 < x < 1$ の範囲を表す．

(∗6) ∼ (∗8)： (∗7) では $f'(0) = 0$ としているが，(∗3) は $f'(x) = 0$ を満たす x，それが $x = 0$ なので，(∗7) の箇所は当然 0 となることに注意せよ．(∗6) は，(∗2)，すなわち，$-1 < x < 0$ において $f'(x) = 2x < 0$ なので，“−” と記す．同様に，(∗8) は，(∗4)，すなわち，$0 < x < 1$ において $f'(x) = 2x > 0$ なので，“+” と記す．

(∗9) ∼ (∗11)： (∗9) は，(∗2)，すなわち，$-1 < x < 0$ において $f'(x) < 0$ なので，$f(x)$ は狭義単調減少であるから，それを “↘” と記す．同様に，(∗11) は，(∗4)，すなわち，$0 < x < 1$ において $f'(x) > 0$ なので，$f(x)$ は狭義単調増加であるから，それを “↗” と記す．(∗10) は $x = 0$ での値 $f(0)$ であるが，$f'(0) = 0$ であって，$x = 0$ の前後で $f(x)$ が減少から増加に変わるので，定理 2.6 より，$f(0) = 0$ は極小値である．この (∗9) と (∗11) から $f(0)$ が極値であるかどうかを判定する． □

定理 2.9 の内容に基づいて，定理 2.6 を書き改めたものを次にあげておく[19]．

定理 2.10 (極値の判定条件 2)．$f(x)$ は区間 I で定義された微分可能な関数とする．c を I の内点とし，$f'(c) = 0$ を満たすとする．このとき，次が成り立つ．

- $x = c$ を境目として，$f'(x)$ が $f'(x) > 0$ ($f(x)$ が増加) から $f'(x) < 0$ ($f(x)$ が減少) に変化すれば，$f(c)$ は極大値である．

x	$x < c$	c	$c < x$
$f'(x)$	+	0	−
$f(x)$	↗	極大	↘

19) この内容の一部分は，例題 2.11 の【解】ですでに現れたものである．

- $x = c$ を境目として，$f'(x)$ が $f'(x) < 0$ ($f(x)$ が減少) から $f'(x) > 0$ ($f(x)$ が増加) に変化すれば，$f(c)$ は極小値である．

x	$x < c$	c	$c < x$
$f'(x)$	$-$	0	$+$
$f(x)$	↘	極小	↗

- $x = c$ のまわりで常に $f'(x) > 0$ (または常に $f'(x) < 0$) のとき，$f(c)$ は極値でない．

x	$x < c$	c	$c < x$
$f'(x)$	$+$	0	$+$
$f(x)$	↗	極値でない	↗

x	$x < c$	c	$c < x$
$f'(x)$	$-$	0	$-$
$f(x)$	↘	極値でない	↘

練習のために，与えられた関数の増減・極値を調べる例を紹介する．

例題 2.12. 次の (1), (2) の関数 $f(x)$ の増減表を作成し，極値を調べる．

(1) $f(x) = x^3 - 3x \ (-2 \leq x \leq 3)$.

【解】 (i)　(導関数の計算)

導関数 $f'(x)$ を求めると，$f'(x) = (x^3 - 3x)' = (x^3)' - 3(x)' = 3x^2 - 3$.

(ii) (極値をとる候補の点を導出)

$f'(x) = 0$ を求めると，$3x^2 - 3 = 3(x^2 - 1) = 3(x+1)(x-1) = 0$ より，$x = -1,\ 1$ (これらが極値をとる候補の点である).

(iii) ($f'(x)$ の符号を調べる)

$f'(x) = 3(x+1)(x-1)$ であるから，$x > 1$ または $x < -1$ のとき $f'(x) > 0$，$-1 < x < 1$ のとき $f'(x) < 0$ である[20].

以上より，増減表は次のとおりである．

x	-2	$\cdots$	-1	$\cdots$	1	$\cdots$	3
$f'(x)$		$+$ $(*1)$	0	$-$ $(*2)$	0	$+$ $(*3)$	
$f(x)$	-2	↗	2	↘	-2	↗	16

20)　2 つの 2 次不等式 $3(x+1)(x-1) > 0$ と $3(x+1)(x-1) < 0$ をそれぞれ解いているだけであることに注意せよ．

したがって，$x=-1$ のとき，極大値 $f(-1)=2$ であり，$x=1$ のとき，極小値 $f(1)=-2$ である．

(2) $f(x)=e^{-x^2}\ (-1 \leq x \leq 1)$.

【解】 (i)　(導関数の計算)

導関数 $f'(x)$ を求めると，(合成関数の微分法 (定理 2.3) より)

$$f'(x)=(e^{-x^2})'=e^{-x^2}\times(-x^2)'=e^{-x^2}\times(-2x)=-2xe^{-x^2}.$$

(ii) (極値をとる候補の点を導出)

$f'(x)=0$ を求める．すなわち，$-2xe^{-x^2}=0$ を解く．$e^{-x^2}>0$ [21)]より，$-2xe^{-x^2}=0 \Longleftrightarrow -2x=0$ であるから，$x=0$ (これが極値をとる候補の点である).

(iii) ($f'(x)$ の符号を調べる)

$f'(x)=-2xe^{-x^2}$ であって，$e^{-x^2}>0$ であるから，$x>0$ のとき $-2x<0$ なので $f'(x)=-2xe^{-x^2}<0$，$x<0$ のとき $-2x>0$ なので $f'(x)=-2xe^{-x^2}>0$ である．

以上より，増減表は次のとおりである．

x	-1	$\cdots$	0	$\cdots$	1
$f'(x)$	$\frac{2}{e}$	$+$	0	$-$	$\frac{2}{e}$
$f(x)$	$\frac{1}{e}$	$\nearrow$	1	$\searrow$	$\frac{1}{e}$

したがって，$x=0$ のとき，極大値 $f(0)=e^0=1$ である．　□

休憩　$f'(x)$ の符号の調べ方

(1) の【解】の増減表の $(*1)\sim(*3)$ において，これらは (iii) で $f'(x)$ の符号を調べた結果から得られる．すなわち，

- $(*1)$, $(*3)$ は $-2<x<-1$ または $1<x<3$ のとき，
$$f'(x)=3(x+1)(x-1)>0,$$
- $(*2)$ は $-1<x<1$ のとき，$f'(x)=3(x+1)(x-1)<0$

21)　指数関数の性質．

である．(iii) で述べたように，$f'(x)$ の符号は，2 つの 2 次不等式 $3(x+1)(x-1)>0$ と $3(x+1)(x-1)<0$ をそれぞれ解くことによってわかることであるが，不等式を解くことが苦手な読者は，$f'(x)$ の x に**具体的な値を代入**して $f'(x)$ の符号を決定してもかまわない．例えば，

- $(*1)$ であれば，$-2<x<-1$ のうち具体的な値，例えば，$x=-\frac{3}{2}$ を考えると，$f'\bigl(-\frac{3}{2}\bigr)=3\bigl(-\frac{3}{2}+1\bigr)\bigl(-\frac{3}{2}-1\bigr)=3\cdot\bigl(-\frac{1}{2}\bigr)\cdot\bigl(-\frac{5}{2}\bigr)=\frac{15}{4}>0$ であるから，$(*1)$ の箇所は "+" としてよい．
- $(*2)$ であれば，$-1<x<1$ のうち具体的な値，例えば，$x=0$ を考えると，$f'(0)=3(0+1)(0-1)=-3<0$ であるから，$(*2)$ の箇所は "−" としてよい．
- $(*3)$ であれば，$1<x<3$ のうち，具体的な値，例えば，$x=2$ を考えると，$f'(2)=3(2+1)(2-1)=9>0$ であるから，$(*3)$ の箇所は "+" としてよい．

このような計算 (具体的な値を代入して符号の決定) をしても許される理由は，$f'(x)=3(x+1)(x-1)$ が連続関数であるから，中間値の定理より $f'(x)$ の符号が一定になることが保証されるからである．このことを正確に述べておく．

$f'(x)$ は連続関数とし，開区間 (c_1,c_2) のすべての点 x において，$f'(x)\neq 0$ とする．x_1，x_2 を $c_1<x_1<x_2<c_2$ とするとき，$f'(x_1)$ と $f'(x_2)$ は同符号であることを示す．$f'(x_1)$ と $f'(x_2)$ は異符号とすると，$f'(x_1)<0<f'(x_2)$ または $f'(x_2)<0<f'(x_1)$ となるが，どちらの場合でも，中間値の定理より，$f'(c)=0$ を満たす c が $x_1<c<x_2$ の範囲で存在する．これは，$c_1<x<c_2$ を満たすすべての x に対して，$f'(x)\neq 0$ であることに反する．したがって，$f'(x_1)$ と $f'(x_2)$ は同符号でなければならない．以上より，開区間 (c_1,c_2) で $f'(x)$ の符号は一定である．　□

与えられた微分可能な関数 $f(x)$ の増減・極値を調べることで，$f(x)$ のグラフの概形がある程度理解できたことになるわけだが，$f(x)$ が 2 回微分可能である場合，2 次導関数 $f''(x)$ を用いて $f(x)$ の増減をさらに詳しく調べることができる．このことについて説明する．

閉区間 $[a,b]$ で関数 $f(x)$ は連続，開区間 (a,b) で導関数 $f'(x)$ が $f'(x)>0$ (または $f'(x)<0$) であれば，$f(x)$ は (定理 2.9 より) 閉区間 $[a,b]$ で狭義単調増加 (または狭義単調減少) となるが，次の 3 種類の増加 (または減少) の状態が考えられるだろう．具体的な関数のグラフでイメージするためにそれぞれの増加状態に名前をつけておく．増加と減少は互いに対称的なものなので，それぞれの増加状態について理解できれば，自然と減少状態についても理解できるであろう．

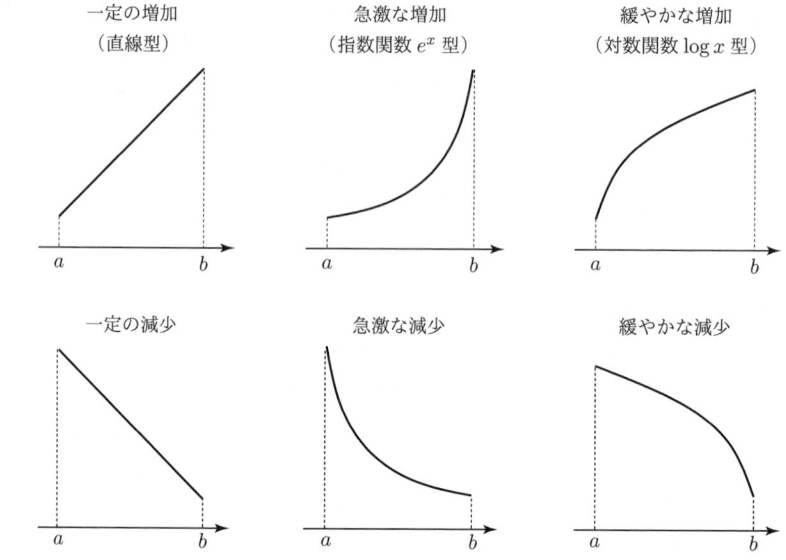

区間 I において，$f(x)$ が上記にあげた一定の増加 (↗) (または一定の減少 (↘)) の場合には，$f(x)$ のグラフは直線 l となっているので，I の各点での微分係数は，直線 l の傾きに等しい[22]．すなわち，導関数 $f'(x)$ は定数 (関数) となるので，2 次導関数 $f''(x)$ は区間 I で $f''(x) = 0$ となる．

では，$f(x)$ が上記にあげた急激な増加 (⤴) (または急激な減少 (⤷)) や緩やかな増加 (↗) (または緩やかな減少 (⤵)) の場合を説明するために，関数の**凹凸**《おうとつ》 (**凸性**) の概念を導入する (ここで導入する凹凸は，$f(x)$ が 2 回微分可能とするとき，後の定理 2.11 からわかるように，$f''(x) \neq 0$ の場合，すなわち，$f''(x) > 0$ または $f''(x) < 0$ の場合の $f(x)$ のグラフの状態を考えていることになる)．

- $f(x)$ が区間 I で**下に凸である**とは，$f(x)$ の導関数 $f'(x)$ が I で狭義単調増加であることをいう．
- $f(x)$ が区間 I で**上に凸である**とは，$f(x)$ の導関数 $f'(x)$ が I で狭義単調減少であることをいう．

22) 直線上の点における接線の傾き (微分係数) は，その直線の傾きである．

- **下に凸**であることを単に**凸**であるともいう．また，**上に凸**であることを**凹**であるともいう[23]．

$f'(x)$ が区間 I で狭義単調増加 (または狭義単調減少) であるとき，$-f(x)$ は区間 I で狭義単調減少 (または狭義単調増加) となるので，次の同値性が得られる．

- $f(x)$ は I で下に凸である $\Longleftrightarrow$ $-f(x)$ は I で上に凸である
- $f(x)$ は I で上に凸である $\Longleftrightarrow$ $-f(x)$ は I で下に凸である

ここで，区間 I で $f(x)$ が下に凸である (または上に凸である) 状態を説明する．$f'(x)$ が狭義単調増加 (または狭義単調減少) であるとき，$f(x)$ のグラフ上の各点における接線の傾きは増加 (または減少) するから，$f(x)$ のグラフが以下の左 (右) 図のような状態が $f(x)$ が下に凸 (または上に凸) である．

$f(x)$ は下に凸
各点での接線の傾きが**増加**する

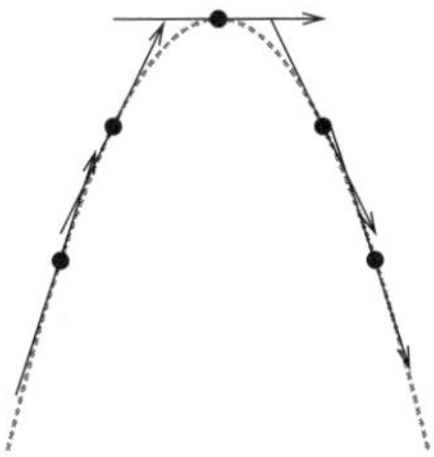

$f(x)$ は上に凸
各点での接線の傾きが**減少**する

また，以下の図のように関数 $f(x)$ のグラフ上の点 $(x, f(x))$ で，上に凸から下に凸，または下に凸から上に凸に変わる点を**変曲点**という．

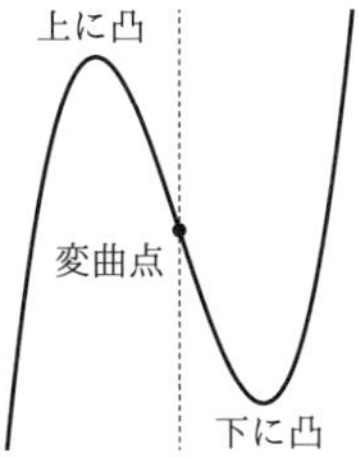

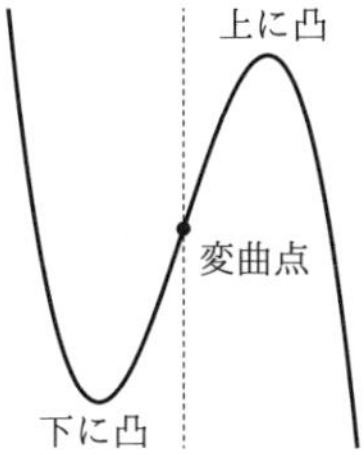

23) 本来ならば関数の凹凸は関数の微分可能性と無関係に定義され，その定義から微分可能な関数に関しては，上のように関数の凹凸が導関数の増減により判定できるという性質が得られるわけであるが，扱う具体的な関数としてほとんどが微分可能な関数 (もしくはより強い連続微分可能な関数) であるから，この導入の仕方で十分であろう．

$f(x)$ が区間 I において 2 回微分可能とすれば，$f(x)$ の 2 次導関数は $f'(x)$ の導関数であるから，定理 2.9 より，$f''(x)$ の符号で $f(x)$ の凹凸が判定できる．このことを次にあげておく．

定理 2.11 (関数の凹凸判定条件)**.** 関数 $f(x)$ は区間 I で 2 回微分可能とするとき，次が成り立つ．

- 2 次導関数 $f''(x)$ が I で常に $f''(x) > 0$ ならば，$f(x)$ は I で下に凸である．
- 2 次導関数 $f''(x)$ が I で常に $f''(x) < 0$ ならば，$f(x)$ は I で上に凸である．

○例 (2 次関数の凹凸)　2 次関数 $f(x) = ax^2 + bx + c$ (a, b, c は定数で $a \neq 0$) (下図) は，$f'(x) = 2ax + b$，$f''(x) = 2a$ である．$a > 0$ であれば $f''(x) = 2a > 0$ なので $f(x)$ は下に凸であり，$a < 0$ であれば $f''(x) = 2a < 0$ なので $f(x)$ は上に凸である． □

$a > 0$ (下に凸の放物線)　　$a < 0$ (上に凸の放物線)

$a > 0$ のとき $f(x)$ のグラフは下に凸の放物線，$a < 0$ のとき $f(x)$ のグラフは上に凸の放物線とよばれることはすでに知っているので，2 次関数のグラフ (放物線) を思い浮かべれば，与えられた関数が下に凸である (または上に凸) がどのような状態であるかを理解できるであろう．

注意 2.14. 定理 2.11 から，変曲点を次のように判定できることを述べておく．

c を I の内点とし，$f''(c) = 0$ とする．

- $x = c$ の前後で $f''(x)$ の符号が $f''(x) > 0$ から $f''(x) < 0$ に変化すれば，$f(x)$ のグラフ上の点 $(c, f(c))$ を境目の点として下に凸から上に凸に変わるので，点 $(c, f(c))$ は変曲点である．

同様に，

- $x=c$ の前後で $f''(x)$ の符号が $f''(x)<0$ から $f''(x)>0$ に変化すれば，$f(x)$ のグラフ上の点 $(c,f(c))$ を境目の点として上に凸から下に凸に変わるので，点 $(c,f(c))$ は変曲点である． □

さて，$f(x)$ の急激な増加 (⤴)，緩やかな増加 (↗)，急激な減少 (↘)，緩やかな減少 (⤵) のそれぞれの状態を関数の凹凸を用いて説明すれば，次のようになる．

(i) $f(x)$ の区間 I で急激な増加 (⤴) は，$f(x)$ が I で狭義単調増加かつ下に凸であることを意味する．

(ii) $f(x)$ の区間 I で緩やかな増加 (↗) は，$f(x)$ が I で狭義単調増加かつ上に凸であることを意味する．

(iii) $f(x)$ の区間 I で急激な減少 (↘) は，$f(x)$ が I で狭義単調減少かつ下に凸であることを意味する．

(iv) $f(x)$ の区間 I で緩やかな減少 (⤵) は，$f(x)$ が I で狭義単調減少かつ上に凸であることを意味する．

これら (i) ～ (iv) を定理 2.9 と定理 2.11 を用いて書き改めれば，次のようになる．

(i′) 区間 I で $f'(x)>0$ かつ $f''(x)>0$ ならば，$f(x)$ は I で ⤴ の状態である．

(ii′) 区間 I で $f'(x)>0$ かつ $f''(x)<0$ ならば，$f(x)$ は I で ↗ の状態である．

(iii′) 区間 I で $f'(x)<0$ かつ $f''(x)>0$ ならば，$f(x)$ は I で ↘ の状態である．

(iv′) 区間 I で $f'(x)<0$ かつ $f''(x)<0$ ならば，$f(x)$ は I で ⤵ の状態である．

与えられた関数の増減・凹凸を調べるときに 2 次導関数の符号の行を追加した増減表を作成するのが一般的である．その際に (i′) ～ (iv′) を用いることになるので表にしてまとめておく．

$f'(x)$	$+$	$+$	$-$	$-$
$f''(x)$	$+$	$-$	$+$	$-$
$f(x)$	↗ (i′)	↗ (ii′)	↘ (iii′)	↘ (iv′)

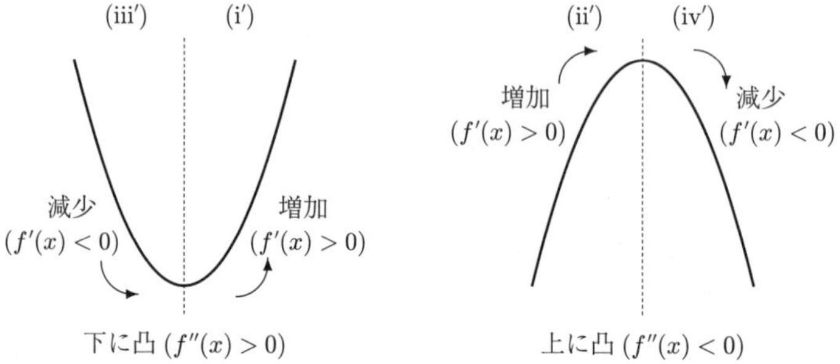

上の表を丸暗記するのではなく，例えば，2 次関数のグラフ (下に凸の放物線または上に凸の放物線) を考えれば，与えられた関数 $f(x)$ の状態が ↗，↗，↘，↘ のうちどれになるかはわかるであろう．

では，与えられた関数の増減・凹凸を調べ，グラフの概形を描く例を紹介する．次の例で扱う関数は例題 2.12 で扱った関数に類似の関数である．

例題 2.13. 次の (1), (2) の関数 $f(x)$ の増減・凹凸を調べ，グラフの概形を描く．

(1) $f(x) = x^3 - 3x \ (-\infty < x < \infty)$.

【解】 扱う関数は例題 2.12 で扱った関数であるから，導関数 $f'(x)$ を求める計算を省略してもよいが，念のため，計算過程を書いておく．

(i) (導関数 $f'(x)$ を求め，極値をとる候補点を導出)

導関数 $f'(x)$ を求めると，

$$f'(x) = (x^3 - 3x)' = (x^3)' - 3(x)' = 3x^2 - 3.$$

$f'(x) = 0$ を求めると，

$$3x^2 - 3 = 3(x^2 - 1) = 3(x + 1)(x - 1) = 0$$

より，$x = -1,\ 1$ (これらが極値をとる候補の点である).

(ii) (2 次導関数 $f''(x)$ を求め，変曲点の候補点を導出)

2 次導関数 $f''(x)$ を求めると，

$$f''(x) = (3x^2 - 3)' = 3(x^2)' - (3)' = 6x.$$

$f''(x) = 0$ を求めると，$6x = 0$ より，$x = 0$ (これが変曲点の候補点の x 座標の値である).

(iii) ($f(x)$ の全体の挙動を調べる)

定義域は $-\infty < x < \infty$ であるから，$\displaystyle\lim_{x\to\infty} f(x)$ および $\displaystyle\lim_{x\to-\infty} f(x)$ を調べる必要がある．

$$\lim_{x\to\infty} f(x) = \lim_{x\to\infty}(x^3 - 3x) = \lim_{x\to\infty} x^3\left(1 - \frac{3}{x^2}\right) = \infty \cdot 1 = \infty,$$

$$\lim_{x\to-\infty} f(x) = \lim_{x\to-\infty}(x^3 - 3x) = \lim_{x\to-\infty} x^3\left(1 - \frac{3}{x^2}\right) = -\infty \cdot 1 = -\infty.$$

以上より，$f'(x)$，$f''(x)$ の符号を調べ，増減表を作成する．

x	$-\infty$	$\cdots$	-1	$\cdots$	0	$\cdots$	1	$\cdots$	∞
$f'(x)$	／	$+$	0	$-$	-3	$-$	0	$+$	／
$f''(x)$	／	$-$	-6	$-$	0	$+$	6	$+$	／
$f(x)$	$-\infty$	↗	2	↘	0	↘	-2	↗	∞

したがって，$x = -1$ のとき極大値 $f(-1) = 2$ であり，$x = 1$ のとき極小値 $f(1) = -2$ である．点 $(0, 0)$ は変曲点である (増減表をみると $x = 0$ の前後で，$f''(x)$ の符号が $-$ から $+$ に変化しているので，注意 2.14 より点 $(0, 0)$ が変曲点であることがわかる).

極値 $f(-1) = 2$，$f(1) = -2$，変曲点 $(0, 0)$ に加え，$f(x)$ のグラフが通る点をいくつか求める．例えば，$f(\sqrt{3}) = 0$，$f(-\sqrt{3}) = 0$. (右図)

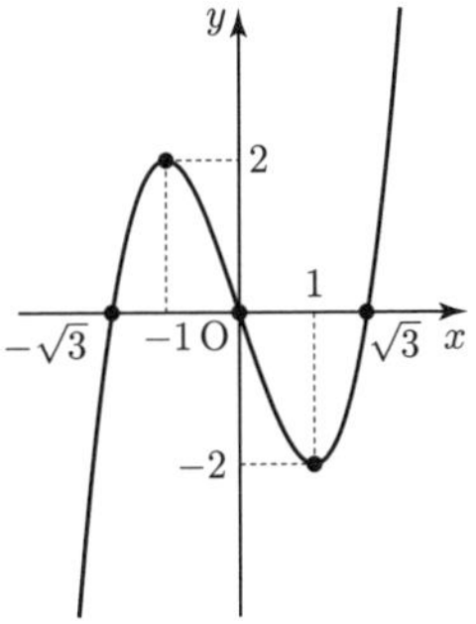

(2) $f(x) = e^{-x^2}$ $(-\infty < x < \infty)$.

【解】 (i) (導関数 $f'(x)$ を求め，極値をとる候補点を導出)

導関数 $f'(x)$ を求めると，合成関数の微分法 (定理 2.3) より

$$f'(x) = (e^{-x^2})' = e^{-x^2} \times (-x^2)' = e^{-x^2} \times (-2x) = -2xe^{-x^2}.$$

$f'(x) = 0$ を求める．すなわち，$-2xe^{-x^2} = 0$ を解く．$e^{-x^2} > 0$ [24] より，$-2xe^{-x^2} = 0 \Longleftrightarrow -2x = 0$ であるから，$x = 0$ (これが極値をとる候補の点である)．

(ii) (2 次導関数 $f''(x)$ を求め，変曲点の候補点を導出)

2 次導関数を求めると，積の微分法 (定理 2.2) より

$$\begin{aligned} f''(x) &= (-2xe^{-x^2})' = (-2x)'e^{-x^2} + (-2x)(e^{-x^2})' \\ &= -2e^{-x^2} - 2x(e^{-x^2} \times (-x^2)') = -2e^{-x^2} - 2x(e^{-x^2} \times (-2x)) \\ &= -2e^{-x^2} + 4x^2e^{-x^2} = e^{-x^2}(-2+4x^2). \end{aligned}$$

$f''(x) = 0$ を求める．すなわち，$e^{-x^2}(-2+4x^2) = 0$ を解く．$e^{-x^2} > 0$ より，$e^{-x^2}(-2+4x^2) = 0 \Longleftrightarrow -2+4x^2 = 0$ であるから，$x = -\frac{1}{\sqrt{2}}$, $\frac{1}{\sqrt{2}}$ (これらが，変曲点の候補点の x 座標の値である)．

(iii) ($f(x)$ の全体の挙動を調べる)

定義域は $-\infty < x < \infty$ であるから，$\lim_{x\to\infty} f(x)$ および $\lim_{x\to-\infty} f(x)$ を調べる必要がある．

$$\lim_{x\to\infty} f(x) = \lim_{x\to\infty} e^{-x^2} = \lim_{x\to\infty} \frac{1}{e^{x^2}} = \frac{1}{\infty} = 0,$$

$$\lim_{x\to-\infty} f(x) = \lim_{x\to-\infty} e^{-x^2} = \lim_{x\to-\infty} \frac{1}{e^{x^2}} = \frac{1}{\infty} = 0.$$

以上より，$f'(x)$, $f''(x)$ の符号を調べ，増減表を作成する．

x	$-\infty$	$\cdots$	$-\frac{1}{\sqrt{2}}$	$\cdots$	0	$\cdots$	$\frac{1}{\sqrt{2}}$	$\cdots$	∞
$f'(x)$	／	$+$	$\sqrt{2}e^{-\frac{1}{2}}$	$+$	0	$-$	$-\sqrt{2}e^{-\frac{1}{2}}$	$-$	／
$f''(x)$	／	$+$	0	$-$	-2	$-$	0	$+$	／
$f(x)$	0	⤴	$e^{-\frac{1}{2}}$	↗	1	↘	$e^{-\frac{1}{2}}$	⤵	0

したがって，$x = 0$ のとき，極大値 $f(0) = e^0 = 1$ である．点 $(-\frac{1}{\sqrt{2}}, e^{-\frac{1}{2}})$, $(\frac{1}{\sqrt{2}}, e^{-\frac{1}{2}})$ は変曲点である ($x = -\frac{1}{\sqrt{2}}$ の前後で $f''(x)$ の符

24) 指数関数の性質．

号が＋から－に変化していて，$x = \frac{1}{\sqrt{2}}$ の前後で $f''(x)$ の符号が－から＋に変化しているので，注意 2.14 より点 $(-\frac{1}{\sqrt{2}}, e^{-\frac{1}{2}})$，$(\frac{1}{\sqrt{2}}, e^{-\frac{1}{2}})$ が変曲点であることがわかる).

$x \to \infty$ のとき，$f(x) \to 0$ であるから (正確には $f(x) \to 0+0$)，$x \to \infty$ のとき，$f(x)$ のグラフの曲線が x 軸に近づく．同様に $x \to -\infty$ のとき，$f(x)$ のグラフの曲線が x 軸に近づく[25]．(右図)

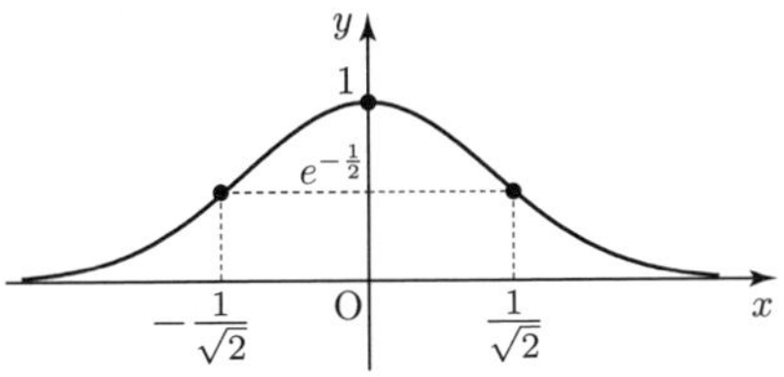

□

例題 2.13 のように，与えられた 2 回微分可能な関数 $f(x)$ において，導関数 $f'(x)$ の符号で増減を調べ，2 次導関数 $f''(x)$ の符号で凹凸を調べることにより，$f(x)$ のグラフの概形を描くことができた．ここで，$f''(x)$ を求めたついでに，$f''(x)$ が連続関数 (すわなち，$f(x)$ が 2 回微分可能性より良い性質の 2 回連続微分可能) である場合，$f''(x)$ を用いて極値であるかどうかを判定できる次の定理をあげておく．

定理 2.12 (極値の判定条件 3)[26]．$f(x)$ は区間 I で定義された 2 回連続微分可能な関数とする．c を I の内点とし，$f'(c) = 0$ とする (すなわち，c は極値をとる候補の点である)．このとき，次が成り立つ．

- $f''(c) > 0$ ならば，$f(c)$ は極小値である．
- $f''(c) < 0$ ならば，$f(c)$ は極大値である．

($f''(c) = 0$ のときは，$f(c)$ が極値であるかどうかはわからない)．

証明　$f''(c) > 0$ とする．$f''(x)$ は点 c で連続であるから，c を含む十分小さい開区間 (a_1, b_1) のすべての点 x で $f''(x) > 0$ となる．すると，$f''(x)$ は

25)　しかし，$f(x)$ のグラフの曲線は，$f(x) = e^{-x^2} > 0$ なので x 軸とは交わらないことに注意せよ．

26)　与えられた関数 $f(x)$ の増減表において，$f'(x)$ の符号の変化から極値であるかどうかを判定できる (定理 2.10) ので，わざわざ (定理 2.10 から得られた) 定理 2.12 を適用する必要がないと思うかもしれない．もちろんそうであるが，2 変数関数 (独立変数が 2 個の関数) の極値であるかどうかを判定する定理として定理 2.12 の類似のものがあるので，将来，2 変数関数の微分法を学ぶときの参考のために定理 2.12 を紹介した．

$f'(x)$ の導関数であるから，定理 2.9 より $f'(x)$ は開区間 (a_1, b_1) で狭義単調増加である．すると，$f'(c) = 0$ であるから，開区間 (a_1, c) の任意の点 x において $f'(x) < f'(c) = 0$，すなわち $f'(x) < 0$ であり，開区間 (c, b_1) の任意の点 x において $0 = f'(c) < f(x)$，すなわち $0 < f'(x)$ である．これは，$x = c$ を境目として，$f'(x)$ が $f'(x) < 0$ から $f'(x) > 0$ に変化していることを意味するので，定理 2.10 より，$f(c)$ は極小値である．

$f'(c) < 0$ の場合も同様に示せる． ■

例題 2.13 で扱った関数の極値を定理 2.12 を用いて求めてみる．

- (1) で扱った関数 $f(x) = x^3 - 3x$ において，極値をとる候補の点は，$x = -1,\ 1$ であった．$f''(x) = 6x$ であるから，$f''(-1) = -6 < 0$ より $f(-1) = 2$ は極大値，$f''(1) = 6 > 0$ であるから $f(1) = -2$ は極小値であることが定理 2.12 よりわかる．
- (2) で扱った関数 $f(x) = e^{-x^2}$ において，極値をとる候補の点は，$x = 0$ であった．$f''(x) = e^{-x^2}(-2+4x^2)$ であるから，$f''(0) = e^0(-2+0) = -2 < 0$ より，$f(0) = e^0 = 1$ は極大値であることが定理 2.12 よりわかる．

2.3.2　不定形の極限の計算

ここでは，不定形の極限について説明する．

a を実数とし，極限 $\displaystyle\lim_{x\to a} f(x) = 0,\ \lim_{x\to a} g(x) = 0$ であるとき，$\displaystyle\lim_{x\to a} \frac{f(x)}{g(x)}$ はどうなるのであろうか．形式的には $\dfrac{0}{0}$ であるが，これについていくつかの極限の例を考察する．

$a = 0$ とする．

- $f(x) = g(x) = x$ のとき，$\displaystyle\lim_{x\to 0} f(x) = \lim_{x\to 0} g(x) = 0$ であって，

$$\lim_{x\to 0} \frac{f(x)}{g(x)} = \lim_{x\to 0} \frac{x}{x} = \lim_{x\to 0} 1 = 1.$$

- $f(x) = 2x,\ g(x) = x$ のとき，$\displaystyle\lim_{x\to 0} f(x) = \lim_{x\to 0} g(x) = 0$ であって，

$$\lim_{x\to 0} \frac{f(x)}{g(x)} = \lim_{x\to 0} \frac{2x}{x} = \lim_{x\to 0} 2 = 2.$$

- $f(x) = x$, $g(x) = x^2$ のとき，$\lim_{x \to 0} f(x) = \lim_{x \to 0} g(x) = 0$ である．このとき，

$$\lim_{x \to 0} \frac{f(x)}{g(x)} = \lim_{x \to 0} \frac{x}{x^2} = \lim_{x \to 0} \frac{1}{x}$$

なので，発散する．

上の考察からわかるように，$\lim_{x \to a} f(x) = 0$, $\lim_{x \to a} g(x) = 0$ のとき，$\lim_{x \to a} \dfrac{f(x)}{g(x)}$ は，いろいろな値に収束したり，または発散したりする．このように，いろいろな場合が起こりうる極限を**不定形の極限**とよぶ．いまの場合，$\lim_{x \to a} f(x) = 0$, $\lim_{x \to a} g(x) = 0$ なので，$\lim_{x \to a} \dfrac{f(x)}{g(x)}$ を $\dfrac{0}{0}$ の不定形とよぶ．不定形の極限には，$\dfrac{0}{0}$ の不定形以外に

$$\frac{\infty}{\infty},\quad -\frac{\infty}{\infty},\quad 0 \times \infty,\quad \infty - \infty,\quad 1^{\infty},\quad \infty^0,\quad 0^0$$

などのような不定形がある．$\dfrac{\infty}{\infty}$ の不定形や $\infty - \infty$ の不定形は，$\lim_{x \to a} f(x) = \infty$, $\lim_{x \to a} g(x) = \infty$ のとき，極限 $\lim_{x \to a} \dfrac{f(x)}{g(x)}$, $\lim_{x \to a}(f(x) - g(x))$ を考えるときに現れる．また，∞^0 の不定形は，$\lim_{x \to a} f(x) = \infty$, $\lim_{x \to a} g(x) = 0$ のとき，極限 $\lim_{x \to a}\{f(x)\}^{g(x)}$ を考えるときに現れる．その他の不定形についても同様である．"$x \to a$" を "$x \to \infty$" や "$x \to -\infty$" に変更しても上記と同様である (例えば，$\lim_{x \to \infty} f(x) = 0$, $\lim_{x \to \infty} g(x) = 0$ のとき，$\lim_{x \to \infty} \dfrac{f(x)}{g(x)}$ は $\dfrac{0}{0}$ の不定形である)．

さて，極限 $\lim_{x \to a} \dfrac{f(x)}{g(x)}$ が $\dfrac{0}{0}$ の不定形の場合，$f(x)$, $g(x)$ の導関数 $f'(x)$, $g'(x)$ を用いて $\lim_{x \to a} \dfrac{f(x)}{g(x)}$ を求めることを考える．そこで，$f(a) = g(a) = 0$ とし，$f'(x)$, $g'(x)$ はともに $x = a$ で連続で，$g(x) \neq 0$ とする．$f(a) = g(a) = 0$ であるから，$\lim_{x \to a} \dfrac{f(x)}{g(x)}$ は $\dfrac{0}{0}$ の不定形となるわけであるが，$x \neq a$ として $\dfrac{f(x)}{g(x)}$ を $\dfrac{f(x)}{g(x)} = \dfrac{f(x) - f(a)}{g(x) - g(a)} = \dfrac{\frac{f(x)-f(a)}{x-a}}{\frac{g(x)-g(a)}{x-a}}$ のように変形すれば，微分係数の定義式

(2.1) より $f'(a)=\lim_{x\to a}\dfrac{f(x)-f(a)}{x-a}$, $g'(a)=\lim_{x\to a}\dfrac{g(x)-f(a)}{x-a}$ であるから,

$$\lim_{x\to a}\frac{f(x)}{g(x)}=\lim_{x\to a}\frac{f(x)-f(a)}{g(x)-g(a)}=\lim_{x\to a}\frac{\frac{f(x)-f(a)}{x-a}}{\frac{g(x)-g(a)}{x-a}}=\frac{f'(a)}{g'(a)}$$

となる．また，$f'(x)$, $g'(x)$ は $x=a$ で連続なので，$\lim_{x\to a}\dfrac{f'(x)}{g'(x)}=\dfrac{f'(a)}{g'(a)}$ であるから，$\lim_{x\to a}\dfrac{f(x)}{g(x)}$ を $f'(x)$, $g'(x)$ を用いて表せば，

$$\lim_{x\to a}\frac{f(x)}{g(x)}=\lim_{x\to a}\frac{f'(x)}{g'(x)}$$

となる．これは次にあげるロピタルの定理の特別な場合 (定理において $f(x)$, $g(x)$ は点 a での微分可能性を仮定しない) である．この定理の証明は省略する．

定理 2.13 (ロピタル (l'Hopital) の定理). 関数 $f(x)$, $g(x)$ は次の (i)~(iii) を満たすとする．

(i) 点 a を含むある開区間で連続，

(ii) 点 a 以外では微分可能で $g'(x)\neq 0$,

(iii) $f(a)=g(a)=0$.

このとき，$\lim_{x\to a}\dfrac{f'(x)}{g'(x)}$ が存在すれば，$\lim_{x\to a}\dfrac{f(x)}{g(x)}$ も存在して，

$$\lim_{x\to a}\frac{f(x)}{g(x)}=\lim_{x\to a}\frac{f'(x)}{g'(x)}$$

が成り立つ．

注意 2.15. 定理 2.13 は a を ∞ (または $-\infty$) や $a+0$ (または $a-0$) で置き換えた場合も正しいことが知られており，また，$x\to a$ のとき，$f(x)$, $g(x)\to\infty$ (または$-\infty$) となる場合も正しいことが知られている．これより，$f(x)$, $g(x)$ を微分可能な関数とするとき，$\lim_{x\to a}\dfrac{f(x)}{g(x)}$ が $\dfrac{0}{0}$, $\dfrac{\infty}{\infty}$, $-\dfrac{\infty}{\infty}$ の 3 種の不定形の場合だけが定理 2.13 が適用できるための条件であることに注意されたい． □

定理 2.13 の例を紹介する．

例題 2.14. 次の極限 (1)〜(6) を調べる．

(1) $\displaystyle\lim_{x\to 1}\frac{x^2-1}{x-1}$

【解】 $\displaystyle\lim_{x\to 1}\frac{x^2-1}{x-1}$ は $\dfrac{0}{0}$ の不定形である．そこで，分母，分子をそれぞれ微分して極限を調べると，

$$\frac{(x^2-1)'}{(x-1)'}=\frac{2x}{1}\to 2 \quad (x\to 1)$$

であるから，ロピタルの定理より，

$$\lim_{x\to 1}\frac{x^2-1}{x-1}=\lim_{x\to 1}\frac{(x^2-1)'}{(x-1)'}=\lim_{x\to 1}\frac{2x}{1}=2$$

と求めることができた．もちろん，この場合の極限は等式変形をすることにより，

$$\lim_{x\to 1}\frac{x^2-1}{x-1}=\lim_{x\to 1}\frac{(x-1)(x+1)}{x-1}=\lim_{x\to 1}(x+1)=2$$

としても求められる．

(2) $\displaystyle\lim_{x\to 0}\frac{e^x-1}{\sin x}$

【解】 $\displaystyle\lim_{x\to 0}\frac{e^x-1}{\sin x}$ は $\dfrac{0}{0}$ の不定形である．そこで，分母，分子をそれぞれ微分して極限を調べると，

$$\frac{(e^x-1)'}{(\sin x)'}=\frac{e^x}{\cos x}\to\frac{e^0}{\cos 0}=\frac{1}{1}=1 \quad (x\to 0)$$

であるから，ロピタルの定理より，

$$\lim_{x\to 0}\frac{e^x-1}{\sin x}=\lim_{x\to 0}\frac{(e^x-1)'}{(\sin x)'}=\lim_{x\to 0}\frac{e^x}{\cos x}=\frac{e^0}{\cos 0}=1.$$

(3) $\displaystyle\lim_{x\to 0+0}x\log x$

【解】 $\displaystyle\lim_{x\to 0+0}x\log x$ は $0\times(-\infty)$ の不定形である． $\displaystyle\lim_{x\to 0+0}x\log x=\lim_{x\to 0+0}\frac{\log x}{\frac{1}{x}}$ と変形すれば， $\displaystyle\lim_{x\to 0+0}\frac{\log x}{\frac{1}{x}}$ は $\dfrac{0}{0}$ の不定形となるので，分母，分子をそれぞれ微分して極限を調べる． $(\log x)'=\dfrac{1}{x}$， $\left(\dfrac{1}{x}\right)'=(x^{-1})'=-x^{-2}=-\dfrac{1}{x^2}$ であることに注意して，

$$\frac{(\log x)'}{\left(\frac{1}{x}\right)'} = \frac{\frac{1}{x}}{-\frac{1}{x^2}} = -x \to 0 \quad (x \to 0+0)$$

である．したがって，ロピタルの定理より，

$$\lim_{x \to 0+0} x \log x = \lim_{x \to 0+0} \frac{\log x}{\frac{1}{x}} = \lim_{x \to 1} \frac{(\log x)'}{\left(\frac{1}{x}\right)'} = \lim_{x \to 1} \frac{\frac{1}{x}}{-\frac{1}{x^2}}$$

$$= \lim_{x \to 0+0} (-x) = 0.$$

(4) $\displaystyle \lim_{x \to \infty} \frac{x}{e^x}$

【解】 $\displaystyle \lim_{x \to \infty} \frac{x}{e^x}$ は $\dfrac{\infty}{\infty}$ の不定形である．そこで，分母，分子をそれぞれ微分して極限を調べると，

$$\frac{(x)'}{(e^x)'} = \frac{1}{e^x} \to \frac{1}{\infty} = 0 \quad (x \to \infty)$$

であるから，ロピタルの定理より，

$$\lim_{x \to \infty} \frac{x}{e^x} = \lim_{x \to \infty} \frac{(x)'}{(e^x)'} = \lim_{x \to \infty} \frac{1}{e^x} = 0.$$

(5) $\displaystyle \lim_{x \to \infty} \frac{\log x}{x}$

【解】 $\displaystyle \lim_{x \to \infty} \frac{\log x}{x}$ は $\dfrac{\infty}{\infty}$ の不定形である．そこで，分母，分子をそれぞれ微分して極限を調べると，

$$\frac{(\log x)'}{(x)'} = \frac{\frac{1}{x}}{1} = \frac{1}{x} \to \frac{1}{\infty} = 0 \quad (x \to \infty)$$

であるから，ロピタルの定理より，

$$\lim_{x \to \infty} \frac{\log x}{x} = \lim_{x \to \infty} \frac{(\log x)'}{(x)'} = \lim_{x \to \infty} \frac{\frac{1}{x}}{1} = \lim_{x \to \infty} \frac{1}{x} = 0.$$

(6) $\displaystyle \lim_{x \to \infty} \frac{x^2}{e^x}$

【解】 $\displaystyle \lim_{x \to \infty} \frac{x^2}{e^x}$ は $\dfrac{\infty}{\infty}$ の不定形である．そこで，分母，分子をそれぞれ微分して極限を調べると，

$$\frac{(x^2)'}{(e^x)'} = \frac{2x}{e^x} \to \frac{\infty}{\infty} \quad (x \to \infty)$$

であるから，$\displaystyle\lim_{x\to\infty}\frac{2x}{e^x}$ は $\dfrac{\infty}{\infty}$ の不定形である．さらに，分母，分子をそれぞれ微分して極限を調べると，

$$\frac{(2x)'}{(e^x)'}=\frac{2}{e^x}\to\frac{1}{\infty}=0 \quad (x\to\infty)$$

であるから，ロピタルの定理より，

$$\lim_{x\to\infty}\frac{2x}{e^x}=\lim_{x\to\infty}\frac{(2x)'}{(e^x)'}=\lim_{x\to\infty}\frac{2}{e^x}=0$$

となるので，再びロピタルの定理より，

$$\lim_{x\to\infty}\frac{x^2}{e^x}=\lim_{x\to\infty}\frac{(x^2)'}{(e^x)'}=\lim_{x\to\infty}\frac{2x}{e^x}=0$$

と求めることができた[27)]．(上の計算を便宜上のため，

$$\lim_{x\to\infty}\frac{x^2}{e^x}=\lim_{x\to\infty}\frac{(x^2)'}{(e^x)'}=\lim_{x\to\infty}\frac{2x}{e^x}=\lim_{x\to\infty}\frac{(2x)'}{(e^x)'}=\lim_{x\to\infty}\frac{2}{e^x}=0$$

と書かれることが多い．) □

注意 2.16. 例題 2.14 からわかるように，ロピタルの定理 (定理 2.13) は極限を調べる際に非常に便利な定理であるが，注意 2.15 で述べたように，ロピタルの定理が適用できるための条件は，$\displaystyle\lim_{x\to a}\frac{f(x)}{g(x)}$ が $\dfrac{0}{0}$, $\dfrac{\infty}{\infty}$, $-\dfrac{\infty}{\infty}$ **の 3 種の不定形の場合に限る**ことをもう一度注意しておく．

例えば，極限 $\displaystyle\lim_{x\to 2}\frac{x^2-1}{x-1}=\frac{2^2-1}{2-1}=3$ であるから，$\dfrac{0}{0}$, $\dfrac{\infty}{\infty}$, $-\dfrac{\infty}{\infty}$ などの不定形ではないので，ロピタルの定理は適用できない (分母，分子を別々に微分して極限を調べても $\dfrac{(x^2-1)'}{(x-1)'}=2x\to 4\ (x\to 2)$ となるので，$\displaystyle\lim_{x\to 2}\frac{x^2-1}{x-1}$ とはまったく別の極限を調べていることになる). □

休憩　関数の増加のスピード

$\displaystyle\lim_{x\to\infty}\frac{f(x)}{g(x)}=0$ について少し述べておく．例えば，関数 $f(x)=x$, $g(x)=x^2$ とするとき，$x\to\infty$ のとき，$f(x)$, $g(x)$ はともに $\to\infty$ であるが，$\displaystyle\lim_{x\to\infty}\frac{f(x)}{g(x)}=$

27) ロピタルの定理 (定理 2.13) を 2 回繰り返して適用してることに注意せよ．

$\displaystyle\lim_{x\to\infty}\frac{x}{x^2}=\lim_{x\to\infty}\frac{1}{x}=0$ は $f(x)=x$ に比べて $g(x)=x^2$ のほうが**極端**に増加するスピードが速いことを表す[28)].

この "**極端に**" という意味の感覚をつかむために，例えば，$f(x)=x$，$g(x)=2x$ の場合を考えると，$x\to\infty$ のとき，$x<2x$ であるから $f(x)=x$ に比べて $g(x)=2x$ のほうが増加するスピードが速いが，$\displaystyle\lim_{x\to\infty}\frac{f(x)}{g(x)}=\lim_{x\to\infty}\frac{x}{2x}=\lim_{x\to\infty}\frac{1}{2}=\frac{1}{2}$ であるから，$f(x)=x$ と $g(x)=2x$ は増加するスピードが同程度であると考えられる．

このように $\displaystyle\lim_{x\to\infty}\frac{f(x)}{g(x)}=0$ は，$f(x)$ に比べて $g(x)$ のほうが**極端**に増加するスピードが速いということを意味する．ここで，$\displaystyle\lim_{x\to\infty}\frac{f(x)}{g(x)}=0$ ということを $f(x)\prec g(x)$ (正確には，$f(x)\prec g(x)$ $(x\to\infty)$) で表せば，上記のことから $x\prec x^2$ である．

さて，例題 2.14 (4), (5), (6) で $\displaystyle\lim_{x\to\infty}\frac{x}{e^x}=0$，$\displaystyle\lim_{x\to\infty}\frac{\log x}{x}=0$，$\displaystyle\lim_{x\to\infty}\frac{x^2}{e^x}=0$ であることがわかったので，$x\prec e^x$，$\log x\prec x$，$x^2\prec e^x$ であるから，$\log x\prec x\prec x^2\prec e^x$ である．また，n を $n\geq 3$ となる自然数とすれば，$\displaystyle\lim_{x\to\infty}\frac{x^2}{x^n}=\lim_{x\to\infty}\frac{1}{x^{n-2}}=0$ であって，$\displaystyle\lim_{x\to\infty}\frac{x^n}{e^x}=0$ [29)]であることがわかるので，

$$\log x\prec x\prec x^2\prec x^n\prec e^x.$$

このように $x\to\infty$ のとき，増加するスピードに関して，

$$(\text{対数関数})\prec(\text{多項式})\prec(\text{指数関数})$$

のような興味深い関係が成立する．　■

2.3.3　関数の近似

ここでは，与えられた関数を多項式で近似することを説明する．n を 0 以上の整数とし，a を定数とするとき，$x-a$ の**多項式** $Q(x)$ とは，

$$Q(x)=a_0+a_1(x-a)+a_2(x-a)^2+\cdots+a_n(x-a)^n \tag{2.12}$$

$$(a_0,a_1,\ldots,a_n\ \text{は定数，}\ n\ \text{は}\ 0\ \text{以上の整数})$$

で表される関数のことである．多項式 $Q(x)$ のよいところは，例えば，実数 α における $Q(x)$ の値 $Q(\alpha)$ が (2.12) の右辺

---

28) いい換えれば，$f(x)=x$ の増加するスピードは $g(x)=x^2$ の増加するスピードに比べれば**極端**に遅いということである．

29) n 次導関数 $(x^n)^{(n)}=n!$，$(e^x)^{(n)}=e^x$ であることに注意して，例題 2.14 (6) の解法のようにロピタルの定理 (定理 2.13) を繰り返し適用すれば求められる．

$$a_0 + a_1(\alpha - a) + a_2(\alpha - a)^2 + \cdots + a_n(\alpha - a)^n$$

によって，具体的に数値が求められる点にある．例えば，$\sin(0.1)$，$e^{0.1}$ はどのような数値を表すかがよくわからないが，多項式 $Q(x) = 1 + 2x + 3x^2$ $(a = 0$ として) ならば $Q(0.1) = 1 + 2(0.1) + 3(0.1)^2 = 1.23$ のように具体的に求められる．

$Q(x)$ は何回でも繰り返し微分ができるので，k を $0 \leq k \leq n$ を満たす整数とするとき，k 次導関数 $Q^{(k)}(x)$ の $x = a$ における値 $Q^{(k)}(a)$ を求める．

まず，k 次導関数 $Q^{(k)}(x)$ を求める．$Q^{(0)}(x)$ は $Q(x)$ であるからよい[30]．$k \geq 1$ に対して，$Q^{(k)}$ $(1 \leq k \leq n)$ は，もちろん，$Q(x)$ を k 回繰り返して微分を行って得られる関数であるから，

$$\begin{aligned}
Q^{(1)}(x) &= Q'(x) = (a_0)' + a_1(x-a)' + \cdots + a_l((x-a)^l)' + \cdots \\
&\qquad \cdots + a_n((x-a)^n)', \\
Q^{(2)}(x) &= (Q^{(1)}(x))' = (a_0)'' + a_1(x-a)'' + \cdots + a_l((x-a)^l)'' + \cdots \\
&\qquad \cdots + a_n((x-a)^n)'', \\
&\ \vdots \\
Q^{(k)}(x) &= (Q^{(k-1)}(x))' = (a_0)^{(k)} + a_1(x-a)^{(k)} + \cdots + a_l((x-a)^l)^{(k)} + \cdots \\
&\qquad \cdots + a_n((x-a)^n)^{(k)}
\end{aligned}$$

のように $Q_n^{(k)}(x)$ を求める計算において，$((x-a)^l)^{(k)}$ $(1 \leq l \leq n)$ を求める計算が必要になるが (a_0 は定数であるから明らかに $(a_0)^{(k)} = 0$)，幸いにも $(x-a)' = 1$ であるから，

$$((x-a)^l)^{(k)} = \begin{cases} 0 & (l < k) \\ k! & (l = k) \\ l(l-1)\cdots(l-k+1)(x-a)^{l-k} & (l > k) \end{cases}$$

となる．したがって，($k = 0$ の場合も含めて) $0 \leq k \leq n$ のとき，

$$Q^{(k)}(x) = k!a_k + ((x-a) \text{ の } 1 \text{ 次以上の項の和}). \tag{2.13}$$

この (2.13) より，$Q^{(k)}(a)$ の値は，$Q^{(k)}(x)$ の $(x-a)$ の 1 次以上の項に $x = a$

30)　記号の利便上，$Q^{(0)}(x) = Q(x)$ であったことに注意せよ．

を代入すれば，すべて $(a-a)=0$ となり消えるので，

$$Q^{(k)}(a) = k!a_k \quad (0 \leq k \leq n),$$

すなわち，

$$a_k = \frac{Q^{(k)}(a)}{k!} \quad (0 \leq k \leq n) \tag{2.14}$$

となる．(2.14) は，多項式 $Q(x)$ の係数 $a_0, a_1, \ldots, a_n$ と高次導関数 $Q^{(k)}(x)$ の $x=a$ における値 $Q^{(k)}(a)$ との関係を表し，(2.12) は次のように表すことができる．

$$\begin{aligned} Q(x) &= Q(a) + \frac{Q^{(1)}(a)}{1!}(x-a) + \frac{Q^{(2)}(a)}{2!}(x-a)^2 + \cdots \\ &\quad + \frac{Q^{(n)}(a)}{n!}(x-a)^n \\ &= \sum_{k=0}^{n} \frac{Q^{(k)}(a)}{k!}(x-a)^k. \end{aligned} \tag{2.15}$$

a を内点として含む区間 I で定義された n 回微分可能な関数 $f(x)$ が与えられたとき，上で多項式 $Q(x)$ において得られた表記 (2.15) にならって，$f(x)$ の a **における** $\boldsymbol{n}$ **次の近似多項式** $P_n(x)$ を次のように定める．

定義 2.5 ($f(x)$ の点 a における n 次の近似多項式 $P_n(x)$).

$$\begin{aligned} P_n(x) &= f(a) + \frac{f^{(1)}(a)}{1!}(x-a) + \frac{f^{(2)}(a)}{2!}(x-a)^2 + \cdots + \frac{f^{(n)}(a)}{n!}(x-a)^n \\ &= \sum_{k=0}^{n} \frac{f^{(k)}(a)}{k!}(x-a)^k. \end{aligned} \tag{2.16}$$

(2.16) において，$f^{(n)}(a)=0$ の場合もあるから，$P_n(x)$ は n 次以下の多項式である．

注意 2.17. $f(x)$ を微分可能な関数とするとき，(2.16) において，$n=1$ の場合，すなわち，

$$P_1(x) = f(a) + f^{(1)}(a)(x-a)$$

は，$f(x)$ のグラフ上の点 $(a, f(a))$ における “接線の方程式” であることに注意されたい． □

(2.16) において，$a=0$ の場合，すなわち，

$$P_n(x) = f(0) + \frac{f^{(1)}(0)}{1!}x + \frac{f^{(2)}(0)}{2!}x^2 + \cdots + \frac{f^{(n)}(0)}{n!}x^n$$
$$= \sum_{k=0}^{n} \frac{f^{(k)}(0)}{k!}x^k \tag{2.17}$$

は **n 次のマクローリン近似多項式**とよばれる ((2.16) の $P_n(x)$ は a における**テイラー近似多項式**とよばれる).

a を内点として含む区間 I で定義された $n+1$ 回微分可能な関数 $f(x)$ とその n 次の近似多項式 $P_n(x)$ とのあいだには次のような関係がある.

定理 2.14 (**テイラー** (Taylor) **の定理**)**.** a を内点として含む区間 I で定義された $n+1$ 回微分可能な関数を $f(x)$ とし，$P_n(x)$ をその n 次の近似多項式とする (つまり，$P_n(x)$ は (2.16) で定めた多項式). このとき，I の点 x に対して，

$$R_{n+1}(x) = f(x) - P_n(x)$$

とおくと，a, x, n によって決まるある実数 θ $(0<\theta<1)$ によって，

$$R_{n+1}(x) = \frac{f^{(n+1)}(a+\theta(x-a))}{(n+1)!}(x-a)^{n+1} \tag{2.18}$$

と表すことができる.

証明　$x=a$ とすると，$f(a)=P_n(a)$ より $R_{n+1}(a)=0$ であるから，任意の $0<\theta<1$ に対して (2.18) が成立するので，$x>a$ とし，x を固定する. そこで，閉区間 $[a,x]$ で定義される t の関数 $F(t)$ を

$$F(t) = \sum_{k=0}^{n} \frac{f^{(k)}(t)}{k!}(x-t)^k + \frac{R_{n+1}(x)}{(x-a)^{n+1}}(x-t)^{n+1}$$
$$\left(= f(t) + \frac{f^{(1)}(t)}{1!}(x-t) + \cdots + \frac{f^{(n)}(t)}{n!}(x-t)^n + \frac{R_{n+1}(x)}{(x-a)^{n+1}}(x-t)^{n+1} \right)$$

と定めると，

$$F(a) = \sum_{k=0}^{n} \frac{f^{(k)}(a)}{k!}(x-a)^k + R_{n+1}(x) = P_n(x) + R_{n+1}(x) = f(x),$$
$$F(x) = f(x) + 0 = f(x),$$

すなわち，$F(a)=F(x)=f(x)$ である. よって，ロルの定理 (定理 2.7) より，

$\dfrac{dF}{dt}(c) = 0$ $(a < c < x)$ を満たす c が存在する．$F(t)$ の導関数 $\dfrac{d}{dt}F(t)$ を求めると，

$$
\begin{aligned}
\frac{d}{dt}F(t) &= \frac{d}{dt}f(t) + \sum_{k=1}^{n}\frac{d}{dt}\left\{\frac{f^{(k)}(t)}{k!}(x-t)^k\right\} \\
&\qquad + \frac{R_{n+1}(x)}{(x-a)^{n+1}}\cdot\frac{d}{dt}\left\{(x-t)^{n+1}\right\} \\
&= f^{(1)}(t) + \sum_{k=1}^{n}\left(\frac{f^{(k+1)}(t)}{k!}(x-t)^k + \frac{f^{(k)}(t)}{k!}\cdot k(x-t)^{k-1}\cdot(-1)\right) \\
&\qquad + \frac{R_{n+1}(x)}{(x-a)^{n+1}}\cdot(n+1)(x-t)^n\cdot(-1) \\
&= f^{(1)}(t) + \sum_{k=1}^{n}\left(\frac{f^{(k+1)}(t)}{k!}(x-t)^k - \frac{f^{(k)}(t)}{(k-1)!}(x-t)^{k-1}\right) \\
&\qquad - \frac{R_{n+1}(x)}{(x-a)^{n+1}}\cdot(n+1)(x-t)^n \\
&= \frac{f^{(n+1)}(t)}{n!}(x-t)^n - \frac{R_{n+1}(x)}{(x-a)^{n+1}}\cdot(n+1)(x-t)^n \\
&= \left(\frac{f^{(n+1)}(t)}{n!} - \frac{(n+1)R_{n+1}(x)}{(x-a)^{n+1}}\right)(x-t)^n
\end{aligned}
$$

であるから，

$$
\frac{dF}{dt}(c) = \left(\frac{f^{(n+1)}(c)}{n!} - \frac{(n+1)R_{n+1}(x)}{(x-a)^{n+1}}\right)(x-c)^n = 0
$$

である．$(x-c)^n \neq 0$ より，$\dfrac{f^{(n+1)}(c)}{n!} - \dfrac{(n+1)R_{n+1}(x)}{(x-a)^{n+1}} = 0$，すなわち，$R_{n+1}(x) = \dfrac{f^{(n+1)}(c)}{(n+1)!}(x-a)^{n+1}$ を得る．$a < c < x$ であったから，$c = a + \theta(x-a)$ とすれば，$0 < \theta < 1$ であるから (2.18) が成り立つ．

$x < a$ の場合も同様である． ■

(2.18) の $R_{n+1}(x)$ を $n+1$ 次の (ラグランジュ (Lagrange) の) **剰余項**《じょうよこう》とよぶ．

注意 2.18. 定理 2.14 において，$n = 0$ の場合，すなわち，$P_0(x) =$

$f(a)$, $R_1(x) = f^{(1)}(a+\theta(x-a))(x-a)$ のとき,

$$f(x) - P_0(x) = R_1(x) \Longleftrightarrow f(x) - f(a) = f^{(1)}(a+\theta(x-a))(x-a)$$

のように，平均値の定理 (定理 2.8) であることに注意されたい．念のため，定理 2.8 に表記をあわせたければ，$b = x$, $c = a + \theta(x-a)$ とおけばよい．$0 < \theta < 1$ であるから，c は a と b の間の数である．□

関数 $f(x)$ が $n+1$ 回微分可能であるとき，テイラーの定理 (定理 2.14) より $f(x) = P_n(x) + R_{n+1}(x)$ であって,

$$\lim_{x\to a} R_{n+1}(x) = \lim_{x\to a}(f(x) - P_n(x)) = f(a) - f(a) = 0$$

であるから，x が a に十分に近いとき，よくわからない値 $R_{n+1}(x)$ を無視して，$f(x)$ の値を $P_n(x)$ の値で近似する手法がしばしば用いられる．すなわち,

$$x \fallingdotseq a \text{ であるとき,}\quad f(x) \fallingdotseq P_n(x).$$

ただし, $\fallingdotseq$ は両辺が十分に近いことを意味するが, $f(x)$ の値と $P_n(x)$ の値がどれぐらい近いかは, $R_{n+1}(x) = \dfrac{f^{(n+1)}(a+\theta(x-a))}{(n+1)!}(x-a)^{n+1}$ の評価による.

例題 2.15. $f(x) = \sin x$ の点 0 における 3 次のテイラー近似多項式 (3 次のマクローリン近似多項式) $P_3(x)$ を求め，$\sin(0.1)$ の近似値 $P_3(0.1)$ を求める．

【解】 まず $P_3(x) = f(0) + \dfrac{f'(0)}{1!}x + \dfrac{f''(0)}{2!}x^2 + \dfrac{f^{(3)}(0)}{3!}x^3$ を求めるために，$f(0)$, $f'(0)$, $f''(0)$, $f^{(3)}(0)$ の値をそれぞれ求める．

$$\begin{aligned}
&f(0) = \sin 0 = 0,\\
&f'(x) = (\sin x)' = \cos x \text{ より,}\qquad f'(0) = \cos 0 = 1,\\
&f''(x) = (\cos x)' = -\sin x \text{ より,}\qquad f''(0) = -\sin 0 = 0,\\
&f^{(3)}(x) = (-\sin x)' = -\cos x \text{ より,}\qquad f^{(3)}(0) = -\cos 0 = -1.
\end{aligned}$$

したがって,

$$\begin{aligned}
P_3(x) &= f(0) + \frac{f'(0)}{1!}x + \frac{f''(0)}{2!}x^2 + \frac{f^{(3)}(0)}{3!}x^3\\
&= 0 + \frac{1}{1}\cdot x + \frac{0}{2}\cdot x^2 + \frac{(-1)}{6}\cdot x^3 = x - \frac{1}{6}x^3.
\end{aligned}$$

以上より，

$$\sin(0.1) \fallingdotseq P_3(0.1) = 0.1 - \frac{1}{6}(0.1)^3 = \frac{600-1}{6000} = \frac{599}{600}\ (= 0.098333\cdots).$$

□

休憩　剰余項の評価

例題 2.15 で求めた $P_3(0.1) = \dfrac{599}{600}$ が $\sin(0.1)$ にどれぐらい近い値であるかを調べる．$f(x) = \sin x$, $a = 0$, $n = 3$ としてテイラーの定理 (定理 2.14) を適用すると，($f^{(4)}(x) = (\sin x)^{(4)} = \sin x$ であることに注意して) $0 < \theta < 1$ を満たすある θ が存在して，

$$\sin x = P_3(x) + R_3(x)\ \left(= x - \frac{1}{6}x^3 + R_4(x)\right), \quad R_4(x) = \frac{\sin(\theta x)}{4!}x^4.$$

よって，$|\sin(\theta x)| \leq 1$ であるから，

$$\begin{aligned}|\sin(0.1) - P_3(0.1)| = |R_4(0.1)| &= \frac{|\sin(0.1\theta)|}{4!}(0.1)^4 \leq \frac{1}{4!}(0.1)^4 \\ &= \frac{1}{24} \times 10^{-4} < 10^{-5}.\end{aligned}$$

これより，$\sin(0.1)$ の値と $P_3(0.1)$ の値の誤差は高々 10^{-5} であることがわかる．

じつは，$f^{(4)}(0) = \sin 0 = 0$ であるから，4 次のマクローリン近似多項式 $P_4(x)$ は $P_3(x)$ と等しくなるので，$a = 0$, $n = 4$ として，テイラーの定理 (定理 2.14) を適用した際に現れる 5 次の剰余項 $R_5(0.1) = \dfrac{\cos(0.1\theta')}{5!}x^5$ $(0 < \theta' < 1)$ を上と同様に評価すれば，

$$|R_5(0.1)| = \frac{|\cos(0.1\theta')|}{5!}(0.1)^5 \leq \frac{1}{5!}(0.1)^5 < 10^{-7}$$

となるので，$\sin(0.1)$ の値と $P_3(0.1)$ の値の誤差は高々 10^{-7} であることがわかる．□

主な関数の点 0 における近似多項式 (マクローリン近似多項式) を次の例題であげておく．

例題 2.16 (主な関数のマクローリン近似多項式)**.**

(1) e^x のマクローリン近似多項式：

$$P_n(x) = \sum_{k=0}^{n} \frac{1}{k!}x^k = 1 + x + \frac{1}{2!}x^2 + \cdots + \frac{1}{n!}x^n.$$

【解】 関数 $f(x)$ の n 次のマクローリンの近似多項式 $P_n(x)$ は $a=0$ における n 次の近似多項式なので,

$$P_n(x) = f(0) + \frac{f^{(1)}(0)}{1!}x + \frac{f^{(2)}(0)}{2!}x^2 + \cdots + \frac{f^{(n)}(0)}{n!}x^n$$

であるから，高次導関数の原点における値 $f^{(k)}(0)$ $(0 \leq k \leq n)$ を求めればよい．(以下，(2)〜(4) 同様)

$f(x) = e^x$ とすれば，$f^{(k)}(x) = e^x$ $(0 \leq k \leq n)$ であるから，$f^{(k)}(0) = e^0 = 1$ $(0 \leq k \leq n)$ である．したがって，$f(x) = e^x$ の n 次のマクローリン近似多項式 $P_n(x)$ は以下のようになる．

$$\begin{aligned} P_n(x) &= f(0) + \frac{f^{(1)}(0)}{1!}x + \frac{f^{(2)}(0)}{2!}x^2 + \cdots + \frac{f^{(n)}(0)}{n!}x^n \\ &= 1 + \frac{1}{1!}x + \frac{1}{2!}x^2 + \cdots + \frac{1}{n!}x^n. \end{aligned}$$

(2) $\sin x$ のマクローリン近似多項式：

$$P_{2m+1}(x) = \sum_{k=0}^{m} \frac{(-1)^{k+1}}{(2k+1)!}x^{2k+1} = x - \frac{1}{3!}x^3 + \frac{1}{5!}x^5 + \cdots + \frac{(-1)^{m+1}}{(2m+1)!}x^{2m+1}.$$

【解】 $f(x) = f^{(0)}(x) = \sin x$ とおくと，$f^{(1)}(x) = (\sin x)' = \cos x$，$f^{(2)}(x) = (\cos x)' = -\sin x$，$f^{(3)}(x) = (-\sin x)' = -\cos x$，$f^{(4)}(x) = (-\cos x)' = \sin x$ であるから，$l \geq 0$ を満たす整数 l に対して，

$$f^{(4l)}(x) = \sin x \text{ より，} f^{(4l)}(0) = \sin 0 = 0,$$

$$f^{(4l+1)}(x) = \cos x \text{ より，} \underline{f^{(4l+1)}(0) = \cos 0 = 1},$$

$$f^{(4l+2)}(x) = -\sin x \text{ より，} f^{(4l+2)}(0) = -\sin 0 = 0,$$

$$f^{(4l+3)}(x) = -\cos x \text{ より，} \underline{f^{(4l+3)}(0) = -\cos 0 = -1}.$$

このとき，近似多項式の係数として意味があるのは，上の下線部分の $f^{(4l+1)}(0) = 1$，$f^{(4l+3)}(0) = 1$ である (その他の係数は 0 であるから，近似多項式の項として現れない)．l が $l \geq 0$ を動くとき，

$$\begin{array}{lcllllll} 4l+1 & : & 1, & 5, & 9, & 13, \ldots & : & f^{(4l+1)}(0) = 1 \\ 4l+3 & : & 3, & 7, & 11, & 15, \ldots & : & f^{(4l+3)}(0) = -1 \end{array}$$

のように，奇数 $4l+1$，$4l+3$ は，それぞれの値に応じて $f^{(4l+1)}(0) = 1$，

$f^{(4l+3)} = -1$ であるから，上の 2 つの下線部分をあわせて，$f^{(2k+1)}(0) = (-1)^{k+1}\ (k \geq 0)$ と表すことができる．

したがって，n 次の近似多項式 $P_n(x)$ において，$n = 2m+1$[31] とすれば，

$$P_{2m+1}(x) = \frac{f^{(1)}(0)}{1!}x + \frac{f^{(3)}(0)}{3!}x^2 + \frac{f^{(5)}(0)}{5!}x^5 + \cdots + \frac{f^{(2m+1)}(0)}{(2m+1)!}x^{2m+1}$$

$$= x - \frac{1}{3!}x^3 + \frac{1}{5!}x^5 + \cdots + \frac{(-1)^{m+1}}{(2m+1)!}x^{2m+1}.$$

(3) $\cos x$ のマクローリン近似多項式：

$$P_{2m}(x) = \sum_{k=0}^{m} \frac{(-1)^k}{(2k)!}x^{2k} = 1 - \frac{1}{2!}x^2 + \frac{1}{4!}x^4 + \cdots + \frac{(-1)^m}{(2m)!}x^{2m}.$$

【解】 $f(x) = f^{(0)}(x) = \cos x$ とすれば，$f^{(1)}(x) = (\cos x)' = -\sin x$，$f^{(2)}(x) = (-\sin x)' = -\cos x$，$f^{(3)}(x) = (-\cos x)' = \sin x$，$f^{(4)}(x) = (\sin x)' = \cos x$ であるから，$l \geq 0$ を満たす整数 l に対して，

$$f^{(4l)}(x) = \cos x \text{ より，} \underline{f^{(4l)}(0) = \cos 0 = 1},$$

$$f^{(4l+1)}(x) = -\sin x \text{ より，} f^{(4l+1)}(0) = -\sin 0 = 0,$$

$$f^{(4l+2)}(x) = -\cos x \text{ より，} \underline{f^{(4l+2)}(0) = -\cos 0 = -1},$$

$$f^{(4l+3)}(x) = \sin x \text{ より，} f^{(4l+3)}(0) = \sin 0 = 0.$$

(2) の場合と同様に上の 2 つ下線部分をあわせて，$f^{(2k)}(0) = (-1)^k\ (k \geq 0)$ と表すことができる．したがって，n 次の近似多項式 P_n において，$n = 2m$[32] とすれば，

$$P_{2m}(x) = f(0) + \frac{f^{(2)}(0)}{2!}x^2 + \frac{f^{(4)}(0)}{4!}x^4 + \cdots + \frac{f^{(2m)}(0)}{(2m)!}x^{2m}$$

$$= 1 - \frac{1}{2!}x^2 + \frac{1}{4!}x^4 + \cdots + \frac{(-1)^m}{(2m)!}x^{2m}.$$

(4) $\log(1+x)$ のマクローリン近似多項式：

$$P_n(x) = \sum_{k=1}^{n} \frac{(-1)^{k-1}}{k}x^k = x - \frac{1}{2}x^2 + \frac{1}{3}x^3 + \cdots + \frac{(-1)^{n-1}}{n}x^n$$

---

31) 近似多項式の次数が偶数の項の係数は 0 であることに注意せよ．

32) 近似多項式の次数が奇数の項の係数は 0 であることに注意せよ．

【解】 $f(x) = f^{(0)}(x) = \log(1+x)$ とおくと，

$$
\begin{aligned}
f^{(1)}(x) &= (\log(1+x))' = \frac{1}{1+x} \times (1+x)' \\
&= \frac{1}{1+x} = (1+x)^{-1}, \\
f^{(2)}(x) &= ((1+x)^{-1})' = (-1)(1+x)^{-2} \times (1+x)' \\
&= (-1)(1+x)^{-2}, \\
f^{(3)}(x) &= ((-1)(1+x)^{-2})' = (-2)(-1)(1+x)^{-3} \times (1+x)' \\
&= (-1)^2 2!(1+x)^{-3}, \\
f^{(4)}(x) &= ((-1)^2 2!(1+x)^{-3})' = (-3)(-1)^2 2!(1+x)^{-4} \times (1+x)' \\
&= (-1)^3 3!(1+x)^{-4}, \\
&\vdots
\end{aligned}
$$

$k \geq 2$ のとき，

$$
\begin{aligned}
f^{(k)}(x) &= ((-1)^{k-2}(k-2)!(1+x)^{-(k-1)})' \\
&= -(k-1)(-1)^{k-2}(k-2)!(1+x)^{-k} \times (1+x)' \\
&= (-1)^{k-1}(k-1)!(1+x)^{-k}.
\end{aligned}
$$

よって，

$$
f^{(0)}(0) = \log 1 = 0, \quad f^{(1)}(0) = 1, \quad f^{(k)}(0) = (-1)^{k-1}(k-1)! \ (k \geq 2)
$$

であるから，$\dfrac{f^k(0)}{k!} = \dfrac{(-1)^{k-1}}{k}$ $(k \geq 2)$ であることに注意して，n 次の近似多項式 $P_n(x)$ は以下のようになる．

$$
\begin{aligned}
P_n(x) &= \frac{f^{(1)}(0)}{1!}x + \frac{f^{(2)}(0)}{2!}x^2 + \frac{f^{(3)}(0)}{3!}x^3 + \cdots + \frac{f^{(n)}(0)}{n!}x^n \\
&= x - \frac{1}{2}x^2 + \frac{1}{3}x^3 + \cdots + \frac{(-1)^{n-1}}{n}x^n.
\end{aligned}
$$

□

休憩 テイラー級数

関数 $f(x)$ が a を含む区間 I において $n+1$ 回微分可能より強く何回でも微分可能 (無限回連続微分可能) とすると，定理 2.14 より，任意の自然数 m に対して，

$$f(x) = P_{m-1}(x) + R_m(x)$$

が成立する．$R_m(x)$ は a, x, m に依存するが，a を固定したとき，I のすべての点 x に対して，$\lim_{m\to\infty} R_m(x) = 0$ であれば，$f(x)$ は I において，

$$f(x) = f(a) + \frac{f^{(1)}(a)}{1!}(x-a) + \frac{f^{(2)}(a)}{2!}(x-a)^2 + \cdots + \frac{f^{(m)}(a)}{m!}(x-a)^m + \cdots$$
$$\left(= \lim_{m\to\infty} \sum_{k=0}^{m} \frac{f^{(k)}(a)}{k!}(x-a)^k \right)$$

のように，$f(x)$ が無限個の和 (**無限級数**という) で表される．この級数を $f(x)$ の**点 $\boldsymbol{a}$ におけるテイラー級数**とよぶ ($a=0$ のときのテイラー級数を**マクローリン級数**とよぶ)．$f(x)$ とそのテイラー近似多項式との関係 “$\fallingdotseq$” と異なり，“$=$” であることに注意されたい (もちろん，$f(x)$ が多項式であればテイラー級数は実質有限和となるので，テイラー近似多項式と等しい)．$f(x)$ をテイラー級数で表すことを $f(x)$ の**テイラー展開**とよぶ．

このように，与えられた関数 $f(x)$ を基本的な x の関数の和 (例えば，テイラー展開は x の単項式の無限個の和) で表記できることは，(1 変数関数を解析するうえで) 大変興味深いことではあるが，残念ながら級数論の話には立ち入らないことにする．例題 2.16 で扱った関数の点 0 におけるテイラー級数 (マクローリン級数) を証明なしに結論のみ紹介しておく (級数展開ができる x の範囲に留意されたい)．

(主な関数のマクローリン級数)

- $-\infty < x < \infty$ において，

$$e^x = 1 + x + \frac{1}{2!}x^2 + \frac{1}{3!}x^3 + \cdots \quad \left(= \lim_{m\to\infty} \sum_{k=0}^{m} \frac{1}{k!}x^k \right).$$

- $-\infty < x < \infty$ において，

$$\sin x = x - \frac{1}{3!}x^3 + \frac{1}{5!}x^5 - \frac{1}{7!}x^7 + \cdots \quad \left(= \lim_{m\to\infty} \sum_{k=0}^{m} \frac{(-1)^k}{(2k+1)!}x^{2k+1} \right).$$

- $-\infty < x < \infty$ において，

$$\cos x = 1 - \frac{1}{2!}x^2 + \frac{1}{4!}x^4 - \frac{1}{6!}x^6 + \cdots \quad \left(= \lim_{m\to\infty} \sum_{k=0}^{m} \frac{(-1)^k}{(2k)!}x^{2k} \right).$$

- $-1 < x \leq 1$ において，

$$\log(1+x) = x - \frac{1}{2}x^2 + \frac{1}{3}x^3 - \frac{1}{4}x^4 + \cdots \quad \left(= \lim_{m\to\infty} \sum_{k=1}^{m} \frac{(-1)^{k-1}}{k}x^k \right). \quad \square$$

2.3.4　テイラー級数による近似について

関数 $f(x)$ が非線形関数であったり，また初等関数で表されていなくても，$f(x)$ をテイラー級数展開することによって，$f(x)$ の値は多項式のように表され，その結果，x の近くでは簡単な手続きで近似できることを示してきた．しかし，テイラー級数のすごいところは，例えば，指数関数 e^x をテイラー級数展開するとわかるように，$e^x = \sum_{n=0}^{\infty} \frac{1}{n!}x^n$ で表されるということだけでなく，それが適用できる x の定義域が $-\infty < x < \infty$ であるということである．つまり，どんな x に対しても，e^x は，$n \to \infty$ であれば，多項式のような形で表されるということである．

例えば，関数 $f(x) = e^{-x^2}$ を考えよう．これまで取り扱ってきたように，もちろん x が 0 の近くであれば，$f(x)$ は x の 1 次や 2 次の多項式で近似できる．しかし，$x = 1$ のときには，あるいは $x = 2$ のときにはどうなるであろうか．$e^{-x} \fallingdotseq 1 + x$，あるいは $e^{-x} \fallingdotseq 1 + x + \frac{1}{2!}x^2$ と近似してよいだろうか．(ここで，記号 $\fallingdotseq$ は近似を表す．)

e^{-1^2} で計算してみると，$e^{-1} = 0.367879\cdots$ であり，

$$1 + (-1) = 0, \qquad 1 + (-1) + \frac{1}{2!}(-1)^2 = \frac{1}{2}$$

と，e^{-1^2} とはかなり違った値になっている．$e^{-2^2} = 0.01831563\cdots$ であり，

$$1 + (-2^2) = -3, \qquad 1 + (-2^2) + \frac{1}{2!}(-2^2)^2 = 5$$

となり，n を大きくしていってもとんでもない値になっていくようにも思われる．$n \to \infty$ で成り立っていることを考えると，テイラー展開による近似を行うには，n と x の間にある関係をふまえる必要があると考えられる．その様子をみてみよう．

図 2.6 に $f(x) = e^{-x^2}$ のグラフを示す．また，同じ図に，$f(x)$ をテイラー展開して n 次の多項式を使って近似した関数 $g_n(x) = \sum_{n=0}^{n} \frac{1}{n!}x^n$ のいくつかのグラフを示す．n が小さいときには x の値によってはかなり変動が激しいが，n の値をだんだん大きくしていくにつれて $g_n(x)$ は $f(x)$ に徐々に近づいていく様子がわかる．しかし，n の値を 5 にしてもせいぜい $|x| < 1$ の範囲くらいしか近似できていない．$x = 1, 2$ の近くで良い近似が行えるにはどの程度の n

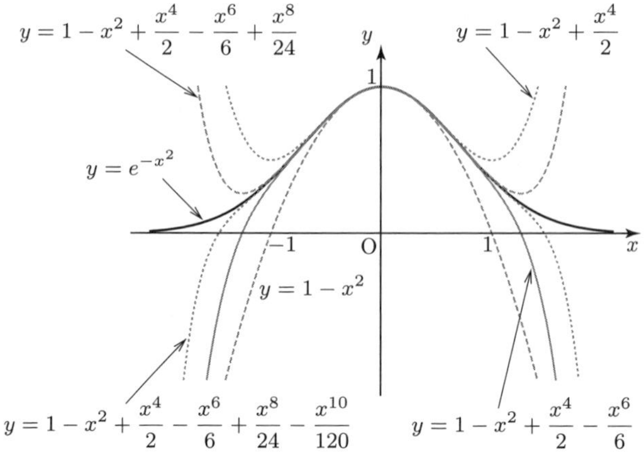

図 2.6　$f(x) = e^{-x^2}$ のテイラー近似

表 2.1　e^{-x^2} のテイラー近似表

n	$f(1)$	$g_n(1)$	$f(1) - g_n(1)$	$(f(1) - g_n(1))/f(1)$
1	0.367879	0	0.367879	1
2	0.367879	0.5	−0.132121	−0.359141
3	0.367879	0.333333	0.0345461	0.0939061
4	0.367879	0.375	−0.00712056	−0.0193557
5	0.367879	0.36667	0.00121277	0.00329666
10	0.367879	0.367879	-2.31143×10^{-8}	-6.28311×10^{-8}
20	0.367879	0.367879	0	0
n	$f(2)$	$g_n(2)$	$f(2) - g_n(2)$	$(f(2) - g_n(2))/f(2)$
1	0.0183156	0.0183156	−0.981684	−53.5982
2	0.0183156	−3	3.01832	164.794
3	0.0183156	5	−4.98168	−271.991
4	0.0183156	−5.66667	5.68498	310.39
5	0.0183156	−3.53333	3.55165	193.913
10	0.0183156	0.0967196	−0.0784039	−4.28071
20	0.0183156	0.0183157	-7.27625×10^{-8}	-3.9727×10^{-6}

が必要とされるかを表したものが表 2.1 である．$x = 1$ では，$n = 5$ 程度でそこそこの近似ができているが，$x = 2$ では，$n = 10$ でも十分な精度にはほど遠い．しかしながら，大きな n が必要になるとはいえ，n を大きくとりさえすれば $g_n(x)$ は $f(x)$ に $-\infty < x < \infty$ で近似できる，というところがテイラー級数のすごいところである．

第 2 章の章末問題

問 1　関数 $f(x)$ は閉区間 $[a,b]$ で連続，開区間 (a,b) で微分可能とする．このとき，$f(x)$ が $[a,b]$ で単調増加であるための必要十分条件は，(a,b) のすべての点で $f'(x) \geq 0$ であることを証明せよ．

問 2　不等式 $|\sin x| \leq |x| \ (-\infty < x < \infty)$ を証明せよ．

問 3　関数 $f(x) = x^x \ (x > 0)$ の極値を調べよ．

問 4　$f(x)$，$g(x)$ はともに区間 I で定義された n 回微分可能な関数とする．このとき，$f(x)g(x)$ の n 次導関数 $(f(x)g(x))^{(n)}$ が次の式で表せることを数学的帰納法で証明せよ．

$$(f(x)g(x))^{(n)} = \sum_{k=0}^{n} \binom{n}{k} f^{(n-k)}(x) g^{(k)}(x)$$

問 5　関数 $f(x) = \begin{cases} x^2 \sin\left(\dfrac{1}{x}\right) & (x \neq 0) \\ 0 & (x = 0) \end{cases}$ とする．$f(x)$ は実数全体で微分可能であることを証明し，導関数 $f'(x)$ を求めよ．さらに，$f'(x)$ は点 0 で連続でないことを証明せよ．

はっ，AI 猫に負けてる！

3
積　　分

定積分は，曲線で囲まれる図形の面積の導出に端を発する．図形を細かく分割し，それぞれの部分を長方形で近似するリーマン和は，定積分の基礎となる概念である．一方，微分の逆演算を用いて定義される不定積分は，定積分とは一見関係がないように思える．しかしながら，定積分と不定積分は微分積分学の基本定理をとおして強く結びついていることが示される．

この章では，定積分の定義からはじめて，その概念を理解し，計算に習熟する．また，平面図形の面積・立体の体積・曲線の長さといったさまざまな量を求める．

3.1　連続関数の定積分

この節では，まず閉区間における関数の定積分の定義を述べる．特に連続関数に対しては定積分のさまざまな性質を示すことができ，さらに簡単な関数に対してはその定積分を求めることが可能となる．

3.1.1　定積分の定義

$f(x)$ を閉区間 $[a,b]$ 上で定義された有界な関数 (連続関数でなくてもよい) とし，n を自然数とする．ここでは，次のような閉区間 $[a,b]$ における関数 $f(x)$ の定積分を定義する．

図 3.1　閉区間 $[a,b]$

準備 1　区間 $[a,b]$ に対して，次を満たす分点 $x_0, x_1, x_2, \ldots, x_n$ を任意に定めて，n 個の**小区間** $[x_{k-1}, x_k]$ $(k=1,2,\ldots,n)$ に分ける．

$$a = x_0 < x_1 < x_2 < \cdots < x_{n-1} < x_n = b$$

また，このように定めた区間の分け方を**分割**といい，記号 Δ で表す．

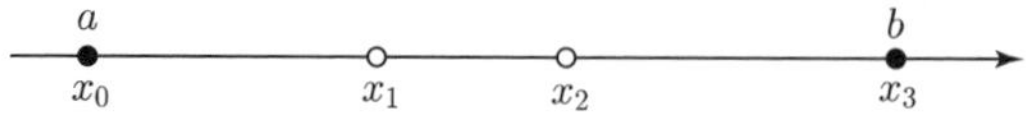

図 3.2　準備 1 ($n=3$ のとき)

準備 2　準備 1 でできた各**小区間** $[x_{k-1}, x_k]$ **の幅**を Δx_k で表す．

$$\Delta x_k = x_k - x_{k-1} \quad (k=1,2,\ldots,n)$$

また，すべての小区間の幅 $\Delta x_1, \Delta x_2, \ldots, \Delta x_n$ のうちで最も大きいものを $|\Delta|$ で表し，**区間の幅**という．

$$|\Delta| = \max\{\Delta x_1, \Delta x_2, \ldots, \Delta x_n\}$$

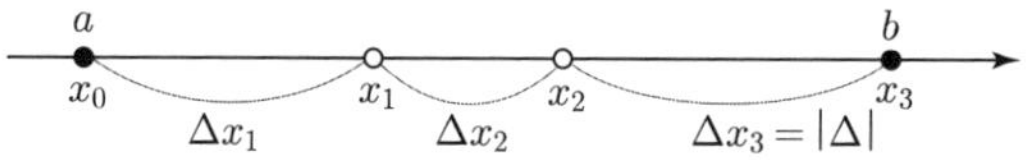

図 3.3　準備 2 ($n=3$ のとき)

準備 3　準備 1 でできた各小区間 $[x_{k-1}, x_k]$ から**代表点** ξ_k を 1 つずつ任意に選ぶ．

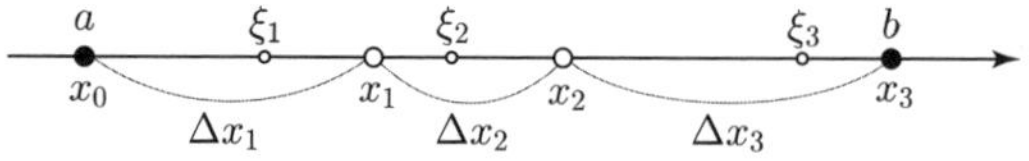

図 3.4　準備 3 ($n=3$ のとき)

準備 1〜準備 3 からわかるように，x_k や ξ_k は実数を表すだけではなく，その点の名称としても用いる．

準備したこれらの記号を用いて，リーマン和を定義する．

定義 3.1 (リーマン (Riemann) 和).　準備 1〜3 の記号を用いて，関数 $f(x)$ の分割 Δ と代表点 $\{\xi_k\}$ に対する**リーマン和** $S(f, \Delta, \{\xi_k\})$ を次の式で定義する．

$$S(f, \Delta, \{\xi_k\}) = \sum_{k=1}^{n} f(\xi_k)\Delta x_k$$

定義の式からわかるように，リーマン和は関数 $f(x)$，分割 Δ，代表点 $\{\xi_k\}$ によって定まるため，記号 $S(f, \Delta, \{\xi_k\})$ を用いる．いい換えると，分割 Δ の分け方や代表点 $\{\xi_k\}$ の選び方を変えれば，関数 $f(x)$ のリーマン和の値は変わる．

$f(x) > 0$ の場合，$f(\xi_k)\Delta x_k$ は，縦の長さが $f(\xi_k)$，横の長さが Δx_k の長方形の面積と考えることができる．つまり，$n = 3$ の場合のリーマン和 $\sum_{k=1}^{3} f(\xi_k)\Delta x_k$ は，次の図に表した 3 つの長方形 (網掛け部分) の面積の総和である．

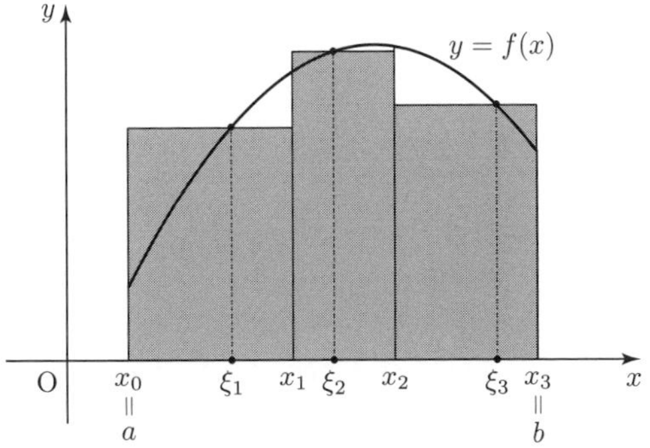

図 3.5　$n = 3$ のときのリーマン和が表すもの

リーマン和を用いて，関数 $f(x)$ の区間 $[a, b]$ における定積分 (リーマン積分) を次で定義する．

定義 3.2 (定積分).　分割 Δ を限りなく細かくすることによって，分割の幅 $|\Delta|$ を十分小さくしたとき，分割 Δ の分け方や代表点 $\{\xi_k\}$ の選び方によらずに次の極限が一定の値に定まるとする．

$$\lim_{|\Delta| \to 0} S(f, \Delta, \{\xi_k\})$$

このとき，関数 $f(x)$ は区間 $[a,b]$ で**積分可能**であるという．そして，この極限値を関数 $f(x)$ の区間 $[a,b]$ における**定積分**（または**リーマン積分**）といい，次の記号で表す．

$$\int_a^b f(x)\,dx$$

定積分 $\displaystyle\int_a^b f(x)\,dx$ を求めることを，$f(x)$ を区間 $[a,b]$ で**積分する**という．また，$[a,b]$ を**積分区間**，a をその**下端**，b を**上端**，x を**積分変数**，$f(x)$ を**被積分関数**という．なお，積分変数 x を別の文字に代えても定積分は等しい．例えば，次が成り立つ．

$$\int_a^b f(x)\,dx = \int_a^b f(t)\,dt$$

実際，変数が x であっても t であっても，リーマン和や定積分を定義する際の手順は同じである．

注意 3.1. 記号 $\displaystyle\int$ は「インテグラル」と読む．その記号の由来は，和を表す語の頭文字 S といわれている．このことを考えれば，定積分の記法 $\displaystyle\int_a^b f(x)\,dx$ とリーマン和 $\displaystyle\sum_{k=1}^{n} f(\xi_k)\Delta x_k$ がうまく対応づけられていることがわかるであろう． □

$n=3$ の場合のリーマン和が表すものを先ほど図 3.5 で示したが，さらに分割を細かくすると，リーマン和は，例えば以下の図のようになる．

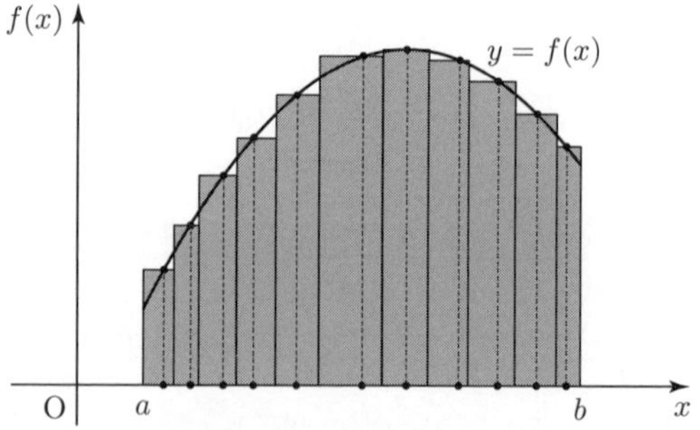

図 3.6　さらに分割を細かくしたリーマン和が表すもの

この図からもわかるように，分割を細かくしていくと網掛け部分の図形は，次第に次の図形へと近づいていく．

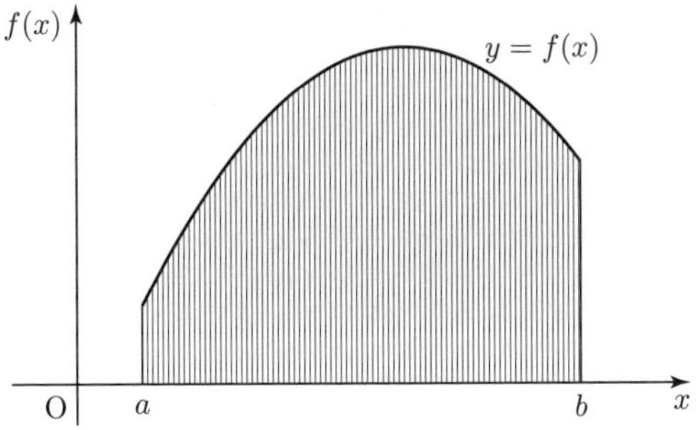

図 3.7 定積分 (リーマン積分) が表すもの

つまり，定積分 $\displaystyle\int_a^b f(x)\,dx$ によって，曲線で囲まれた図形の面積を表すことができる．

実際に，分割の幅を十分小さくする ($|\Delta| \to 0$) ためには，分割 Δ 自体を変えていかなければならない．いい換えると，すべての小区間の幅 $\{\Delta x_k\}$ が小さくなるように分点 $\{x_k\}$ を変えていく必要がある．それにともない，代表点 $\{\xi_k\}$ も変えることとなるため，その都度リーマン和は変化していく．

注意 3.2. 分割の幅を十分小さくしていく ($|\Delta| \to 0$) と，分割する小区間の個数は限りなく増えていく ($n \to \infty$)．逆に，分割する小区間の個数を限りなく増やしても，分割の幅は小さくなるとは限らない．例えば，$n \geq 2$ に対して，区間 $[0, 1]$ の分点 $\{x_k\}$ を，

$$x_k = \begin{cases} 1 - \dfrac{1}{k+1} & (k = 0,\ 1,\ 2,\ \ldots, n-1), \\ 1 & (k = n) \end{cases}$$

で定める．このとき，幅が最も大きい小区間は一番左の区間 $\left[0, \frac{1}{2}\right]$ であるから，n の大きさによらず $|\Delta| = \Delta x_1 = \dfrac{1}{2}$ となり，0 には近づかない． □

一般に，積分区間の下端 a と上端 b の関係は $a<b$ であるが，そうでない場合については次で定積分を定義する．

定義 3.3 (定積分).　(1) $a=b$ のときは

$$\int_a^b f(x)\,dx = \int_a^a f(x)\,dx = 0,$$

(2) $a>b$ のときは

$$\int_a^b f(x)\,dx = -\int_b^a f(x)\,dx, \tag{3.1}$$

で定積分 $\int_a^b f(x)\,dx$ を定義する．

(3.1) の右辺を用いれば，積分区間の上端が下端より大きいため，定義 3.2 を用いて定積分の定義が可能となる．

3.1.2　定積分の性質

ここでは，連続関数の定積分についての性質を述べる．はじめに，重要な次の定理から紹介する．

定理 3.1 (連続関数の積分可能性).　関数 $f(x)$ が区間 $[a,b]$ で連続とする．このとき，関数 $f(x)$ は区間 $[a,b]$ で積分可能である．

つまり，連続関数については，誰がどのように区間 $[a,b]$ を分割し，どのように代表点を選んでも，$|\Delta|\to 0$ としたときのリーマン和の極限は一定値となるため，定積分の定義が可能となる．この定理の証明には，関数の一様連続性を用いる必要があり，本書では省略する．

続いて，連続関数の定積分に関する性質を 4 つ紹介する．定積分の定義よりリーマン和について計算することで，これらの性質は導かれる．

定理 3.2 (定積分の線形性).　関数 $f(x)$, $g(x)$ は区間 $[a,b]$ で連続とし，α, β は定数とする．このとき，次が成り立つ．

$$\int_a^b \{\alpha f(x) + \beta g(x)\}\,dx = \alpha\int_a^b f(x)\,dx + \beta\int_a^b g(x)\,dx \tag{3.2}$$

証明　区間 $[a,b]$ の任意の分割 Δ と任意の代表点 $\{\xi_k\}$ に対する関数 $\alpha f(x)+\beta g(x)$ のリーマン和を考えると，

$$\begin{aligned} S(\alpha f+\beta g,\Delta,\{\xi_k\}) &= \sum_{k=1}^{n}(\alpha f+\beta g)(\xi_k)\Delta x_k \\ &= \sum_{k=1}^{n}\{\alpha f(\xi_k)+\beta g(\xi_k)\}\Delta x_k \\ &= \alpha\sum_{k=1}^{n}f(\xi_k)\Delta x_k+\beta\sum_{k=1}^{n}g(\xi_k)\Delta x_k \\ &= \alpha S(f,\Delta,\{\xi_k\})+\beta S(g,\Delta,\{\xi_k\}) \end{aligned} \tag{3.3}$$

が成り立つ．ここで，関数 $f(x)$ と $g(x)$ は区間 $[a,b]$ で連続であるから，積分可能である．つまり，

$$\lim_{|\Delta|\to 0}S(f,\Delta,\{\xi_k\})=\int_a^b f(x)\,dx,$$

$$\lim_{|\Delta|\to 0}S(g,\Delta,\{\xi_k\})=\int_a^b g(x)\,dx$$

が成り立つ．よって，(3.3) の両辺において $|\Delta|\to 0$ とすると，

$$\begin{aligned} \lim_{|\Delta|\to 0}S(\alpha f+\beta g,\Delta,\{\xi_k\}) &= \lim_{|\Delta|\to 0}\{\alpha S(f,\Delta,\{\xi_k\})+\beta S(g,\Delta,\{\xi_k\})\} \\ &= \alpha\lim_{|\Delta|\to 0}S(f,\Delta,\{\xi_k\})+\beta\lim_{|\Delta|\to 0}S(g,\Delta,\{\xi_k\}) \\ &= \alpha\int_a^b f(x)\,dx+\beta\int_a^b g(x)\,dx \end{aligned}$$

となり，$\alpha f(x)+\beta g(x)$ は区間 $[a,b]$ で積分可能で，(3.2) が導かれる．■

したがって，導関数のときと同様に，定積分についても線形性が成り立つ．

定理 3.3 (定積分の加法性)．関数 $f(x)$ は区間 $[a,b]$ で連続とする．点 $x=c$ が $a<c<b$ を満たすとき，次が成り立つ．

$$\int_a^b f(x)\,dx=\int_a^c f(x)\,dx+\int_c^b f(x)\,dx \tag{3.4}$$

証明　関数 $f(x)$ は区間 $[a,b]$ で連続であるから，区間 $[a,c]$, $[c,b]$ でも連続であり，3 つの区間すべてで積分可能である．ここで，区間 $[a,b]$ の分割 Δ

を，点 c が分点の一つであるとする．つまり，次のように分点を決める．

$$a = x_0 < x_1 < \cdots < x_{m-1} < x_m = c$$
$$< x_{m+1} < \cdots < x_{n-1} < x_n = b \quad (0 < m < n)$$

この分割における分点 x_0，$x_1, \ldots$，x_n のうち，x_0，x_1，$\ldots$，x_m でできる分割を Δ_1 とし，x_m，x_{m+1}，$\ldots$，x_n でできる分割を Δ_2 とすると，Δ_1 は区間 $[a,c]$ の分割，Δ_2 は区間 $[c,b]$ の分割である．また，Δ における代表点 ξ_1，$\xi_2, \ldots$，ξ_n のうち，ξ_1，$\xi_2, \ldots$，ξ_m は Δ_1 における代表点であり，ξ_{m+1}，$\xi_{m+2}, \ldots$，ξ_n は Δ_2 における代表点である．以上のことから，リーマン和 $S(f, \Delta, \{\xi_k\})$ を考えると，

$$\begin{aligned} S(f, \Delta, \{\xi_k\}) &= \sum_{k=1}^{n} f(\xi_k)\Delta x_k \\ &= \sum_{k=1}^{m} f(\xi_k)\Delta x_k + \sum_{k=m+1}^{n} f(\xi_k)\Delta x_k \\ &= S(f, \Delta_1, \{\xi_k\}_{k=1,\ldots,m}) + S(f, \Delta_2, \{\xi_k\}_{k=m+1,\ldots,n}) \end{aligned} \tag{3.5}$$

が成り立つ．ここで，

$$0 \leq |\Delta_1| = \max_{k=1,\ldots,m} \Delta x_k \leq \max_{k=1,\ldots,n} \Delta x_k = |\Delta|,$$

$$0 \leq |\Delta_2| = \max_{k=m+1,\ldots,n} \Delta x_k \leq \max_{k=1,\ldots,n} \Delta x_k = |\Delta|$$

より，$|\Delta| \to 0$ とすると，はさみうちの原理から，$|\Delta_1| \to 0$ かつ $|\Delta_2| \to 0$ となることに注意すれば，

$$\lim_{|\Delta|\to 0} S(f, \Delta, \{\xi_k\}) = \int_a^b f(x)\,dx,$$

$$\lim_{|\Delta|\to 0} S(f, \Delta_1, \{\xi_k\}_{k=1,\ldots,m}) = \int_a^c f(x)\,dx,$$

$$\lim_{|\Delta|\to 0} S(f, \Delta_2, \{\xi_k\}_{k=m+1,\ldots,n}) = \int_c^b f(x)\,dx$$

となる．したがって，(3.5) の両辺を $|\Delta| \to 0$ とすることで，(3.4) が得られる． ■

注意 3.3. 定理 3.3 に登場するすべての区間において関数 $f(x)$ が連続ならば，大小関係が $a < c < b$ でなくても (3.4) が成り立つ．例えば，$a < b < c$ とし

よう．定理 3.3 から，

$$\int_a^c f(x)\,dx = \int_a^b f(x)\,dx + \int_b^c f(x)\,dx$$

が成り立つ．この等式の右辺第 2 項に，

$$\int_b^c f(x)\,dx = -\int_c^b f(x)\,dx$$

を代入すると，

$$\int_a^c f(x)\,dx = \int_a^b f(x)\,dx - \int_c^b f(x)\,dx$$

となる．この式を整理すれば，$a < b < c$ に対しても (3.4) が得られる．□

定理 3.4 (定積分の単調性)．関数 $f(x)$, $g(x)$ は区間 $[a,b]$ で連続とし，$f(x) \geq g(x)$ とする．このとき，次が成り立つ．

$$\int_a^b f(x)\,dx \geq \int_a^b g(x)\,dx \tag{3.6}$$

特に $f(x) \geq 0$ ならば，次が成り立つ．

$$\int_a^b f(x)\,dx \geq 0 \tag{3.7}$$

さらに，ある 1 点 $x = c$ $(a \leq c \leq b)$ で $f(c) > 0$ ならば，次が成り立つ．

$$\int_a^b f(x)\,dx > 0 \tag{3.8}$$

証明　関数 $f(x)$, $g(x)$ は区間 $[a,b]$ で連続であるから，区間 $[a,b]$ で積分可能である．区間 $[a,b]$ の任意の分割 Δ と代表点 $\{\xi_k\}$ に対して，

$$\begin{aligned} S(f,\Delta,\{\xi_k\}) &= \sum_{k=1}^{n} f(\xi_k)\Delta x_k \\ &\geq \sum_{k=1}^{n} g(\xi_k)\Delta x_k = S(g,\Delta,\{\xi_k\}) \end{aligned}$$

が成り立つ．よって

$$S(f,\Delta,\{\xi_k\}) \geq S(g,\Delta,\{\xi_k\})$$

が成り立つ．この両辺において $|\Delta| \to 0$ とすると，(3.6) が得られる．

また，(3.6) において $g(x)=0$ とすると，定積分の定義より，

$$\int_a^b g(x)\,dx = \int_a^b 0\,dx = \lim_{|\Delta|\to 0}\sum_{k=1}^{n} 0\cdot\Delta x_k = 0$$

であるから，ただちに (3.7) が得られる．

最後に，閉区間における定数関数の定積分は，

(定数関数の値) × (積分範囲の上端 − 積分範囲の下端)

で求められること (3.1.3 項の例題 3.1 (3) を参照) を利用して，(3.8) を示す．

(1) <u>$f(c)>0$ $(a<c<b)$ のとき</u>　このとき，関数 $f(x)$ の連続性より，ある正の数 δ が存在して $[a,b]$ に含まれる区間 $[c-\delta, c+\delta]$ 上で $f(x)>\dfrac{f(c)}{2}$ が成り立つ．そこで区間 $[c-\delta, c+\delta]$ 上の定数関数 $g(x)$ を次のように定義する．

$$g(x)=\frac{f(c)}{2} \quad (c-\delta \le x \le c+\delta)$$

区間 $[c-\delta, c+\delta]$ 上では $f(x)\ge g(x)$，それ以外の点では $f(x)\ge 0$ であることに注意すると，(3.4), (3.6), (3.7) を用いて，

$$\begin{aligned}\int_a^b f(x)\,dx &= \int_a^{c-\delta} f(x)\,dx + \int_{c-\delta}^{c+\delta} f(x)\,dx + \int_{c+\delta}^{b} f(x)\,dx\\ &\ge 0 + \int_{c-\delta}^{c+\delta} g(x)\,dx + 0\\ &= \int_{c-\delta}^{c+\delta} \frac{f(c)}{2}\,dx = \frac{f(c)}{2}\cdot 2\delta = f(c)\cdot\delta > 0\end{aligned}$$

が得られる．

(2) <u>$f(a)>0$ のとき</u>　関数 $f(x)$ の連続性より，ある正の数 δ が存在して $[a,b]$ に含まれる閉区間 $[a, a+\delta]$ 上で $f(x)>\dfrac{f(a)}{2}$ が成り立つ．そこで区間 $[a, a+\delta]$ 上の定数関数 $g(x)$ を次のように定義する．

$$g(x)=\frac{f(c)}{2} \quad (a \le x \le a+\delta)$$

区間 $[a, a+\delta]$ 上では $f(x)\ge g(x)$，それ以外の点では $f(x)\ge 0$ であることに注意すると，(3.4), (3.6), (3.7) を用いて，

$$\begin{aligned}\int_a^b f(x)\,dx &= \int_a^{a+\delta} f(x)\,dx + \int_{a+\delta}^b f(x)\,dx \\ &\geq \int_a^{a+\delta} g(x)\,dx + 0 \\ &= \int_a^{a+\delta} \frac{f(c)}{2}\,dx = \frac{f(c)}{2}\cdot\delta > 0\end{aligned}$$

が得られる．

(3) $f(b) > 0$ のとき　関数 $f(x)$ の連続性より，ある正の数 δ が存在して $[a, b]$ に含まれる閉区間 $[b-\delta, b]$ 上で $f(x) > \dfrac{f(b)}{2}$ が成り立つ．そこで区間 $[b-\delta, b]$ 上の定数関数 $g(x)$ を次のように定義する．

$$g(x) = \frac{f(c)}{2} \quad (b - \delta \leq x \leq b)$$

区間 $[b-\delta, b]$ 上では $f(x) \geq g(x)$，それ以外の点では $f(x) \geq 0$ であることに注意すると，(3.4), (3.6), (3.7) を用いて，

$$\begin{aligned}\int_a^b f(x)\,dx &= \int_a^{b-\delta} f(x)\,dx + \int_{b-\delta}^b f(x)\,dx \\ &\geq 0 + \int_{b-\delta}^b g(x)\,dx \\ &= \int_{b-\delta}^b \frac{f(c)}{2}\,dx = \frac{f(c)}{2}\cdot\delta > 0\end{aligned}$$

が得られる．■

注意 3.4. (3.8) は，その証明の冒頭部分からもわかるように，被積分関数 $f(x)$ が連続であるときに成り立つものであり，$f(x)$ が不連続であるときには一般には成り立たない．(3.3.3 項の例題を参照せよ．)　□

定理 3.5 (定積分と絶対値)**.** 関数 $f(x)$ は区間 $[a, b]$ で連続とする．このとき，次が成り立つ．

$$\left|\int_a^b f(x)\,dx\right| \leq \int_a^b |f(x)|\,dx \tag{3.9}$$

証明　関数 $f(x)$ は区間 $[a, b]$ で連続であるから，$-f(x)$, $|f(x)|$ も連続である．よって，$f(x)$, $-f(x)$, $|f(x)|$ は区間 $[a, b]$ で積分可能である．また，

$$f(x) \leq |f(x)|, \quad -f(x) \leq |f(x)|$$

であるから，定積分の単調性と線形性より，

$$\int_a^b f(x)\,dx \leq \int_a^b |f(x)|\,dx,$$

$$-\int_a^b f(x)\,dx = \int_a^b (-f(x))\,dx \leq \int_a^b |f(x)|\,dx$$

が成り立つ．この 2 つの不等式を組み合わせると，(3.9) が得られる． ■

定理 3.5 において，特に $f(x) \geq 0$ ならば，(3.9) で等号が成立する．なぜならば，$f(x) \geq 0$ とすると $|f(x)| = f(x)$ であるから，(3.9) の右辺は $\displaystyle\int_a^b f(x)\,dx$ に等しい．一方，(3.9) の左辺の積分は (3.7) より非負であるから，絶対値をとっても $\displaystyle\int_a^b f(x)\,dx$ に等しい．

3.1.3 連続関数の区分求積法

関数 $f(x)$ が区間 $[a, b]$ で連続ならば，$f(x)$ は区間 $[a, b]$ で積分可能であった．つまり，連続関数 $f(x)$ の定積分においては，そのリーマン和を求める際にどのように区間 $[a, b]$ を分割をしてもよいし，どのように各小区間 $[x_{k-1}, x_k]$ から代表点 ξ_k を選んでもよい．そこで，計算しやすいように，分割 Δ や代表点 $\{\xi_k\}$ を次の (i), (ii) の方法で選ぼう．

(i) 区間 $[a, b]$ の分割の仕方 Δ を n 等分とする．
(ii) 代表点 ξ_k を各区間 $[x_{k-1}, x_k]$ の右端点，つまり $\xi_k = x_k$ とする．

上記の (i) より，x_k, Δx_k, $|\Delta|$ は次のようになる．

$$x_k = a + \frac{k(b-a)}{n}, \quad \Delta x_k = |\Delta| = \frac{b-a}{n} \quad (k = 1, 2, \ldots, n)$$

さらに (ii) より，ξ_k は次のようになる．

$$\xi_k = x_k = a + \frac{k(b-a)}{n} \quad (k = 1, 2, \ldots, n)$$

以上を用いて，リーマン和を求めると次のとおりである．

$$S(f, \Delta, \{\xi_k\}) = \frac{b-a}{n}\sum_{k=1}^{n} f\left(a + \frac{k(b-a)}{n}\right)$$

このあと，定積分の定義に従い $|\Delta| \to 0$ とするが，今回は区間の分割を n 等分と決めている．このため，区間を等分した個数 n を十分大きくすれば，分割の幅 $|\Delta|$ は限りなく小さくなる．

$$\lim_{n\to\infty} |\Delta| = \lim_{n\to\infty} \frac{b-a}{n} = 0,$$

つまり，分割が n 等分の場合には，$n \to \infty$ と $|\Delta| \to 0$ は同じ操作であることに注意する．

以上をまとめて，定理として述べておく．

定理 3.6 (区分求積法). 関数 $f(x)$ は区間 $[a, b]$ で連続とする．このとき，次が成り立つ．

$$\int_a^b f(x)\,dx = \lim_{n\to\infty}\left(\frac{b-a}{n}\sum_{k=1}^{n} f\left(a + \frac{k(b-a)}{n}\right)\right)$$

特に，区間 $[a, b]$ が $[0, 1]$ の場合 ($a = 0,\ b = 1$) は，次が成り立つ．

$$\int_0^1 f(x)\,dx = \lim_{n\to\infty}\left(\frac{1}{n}\sum_{k=1}^{n} f\left(\frac{k}{n}\right)\right)$$

例題 3.1. 区分求積法を用いて，次の (1)〜(3) の連続関数の定積分を求める．

(1) $\displaystyle\int_0^1 x\,dx$

【解】
$$\int_0^1 x\,dx = \lim_{n\to\infty}\left(\frac{1}{n}\sum_{k=1}^{n} f\left(\frac{k}{n}\right)\right) = \lim_{n\to\infty}\left(\frac{1}{n}\sum_{k=1}^{n}\frac{k}{n}\right)$$
$$= \lim_{n\to\infty}\left(\frac{1}{n^2}\sum_{k=1}^{n} k\right) = \lim_{n\to\infty}\left\{\frac{1}{n^2}\cdot\frac{n(n+1)}{2}\right\}$$
$$= \lim_{n\to\infty}\frac{n+1}{2n} = \frac{1}{2}$$

(2) $\displaystyle\int_0^1 x^2\,dx$

【解】
$$\int_0^1 x^2\,dx = \lim_{n\to\infty}\left(\frac{1}{n}\sum_{k=1}^{n} f\left(\frac{k}{n}\right)\right) = \lim_{n\to\infty}\left(\frac{1}{n}\sum_{k=1}^{n}\frac{k^2}{n^2}\right)$$

$$= \lim_{n\to\infty}\left(\frac{1}{n^3}\sum_{k=1}^{n}k^2\right) = \lim_{n\to\infty}\left\{\frac{1}{n^3}\cdot\frac{n(n+1)(2n+1)}{6}\right\}$$

$$= \lim_{n\to\infty}\frac{2n^2+3n+1}{6n^2} = \frac{1}{3}$$

(3) $\displaystyle\int_a^b M\,dx$　(ただし M は定数)

【解】 $$\int_a^b M\,dx = \lim_{n\to\infty}\left(\frac{b-a}{n}\sum_{k=1}^{n}f\left(a+\frac{k(b-a)}{n}\right)\right)$$

$$= \lim_{n\to\infty}\left(\frac{b-a}{n}\sum_{k=1}^{n}M\right) = \lim_{n\to\infty}\left(\frac{b-a}{n}\cdot Mn\right)$$

$$= \lim_{n\to\infty}\{(b-a)M\} = (b-a)M$$ □

3.2　定積分の計算

連続関数の定積分は，定義のとおりにリーマン和を用いて求めることはあまりなく，この節で紹介する方法 (定理 3.8) で求めることがほとんどである．ここでは，その方法について述べる．また，複雑な積分を比較的容易に計算するべく，置換積分法や部分積分法といった手法も導入する．

3.2.1　原始関数と不定積分

まずはじめに，微分の逆演算である原始関数と不定積分を導入する．以下に述べるように，本書では原始関数と不定積分を区別して扱う．

定義 3.4 (原始関数)．区間 I で定義された関数 $f(x)$ に対して，

$$F'(x) = f(x)$$

を満たす関数 $F(x)$ を，$f(x)$ の**原始関数**という．

○原始関数の例　$(x^2)' = 2x$ であったから，x^2 は $2x$ の原始関数である．また，x^2 に定数項を加えた x^2+1, x^2+2, $x^2-\dfrac{1}{2}$ なども $2x$ の原始関数であり，この他にも原始関数は無数に存在する． □

注意 3.5. 逆に，$F'(x) = f(x)$ を満たす関数 $f(x)$ は，$F(x)$ の導関数であった．$2x$ は，x^2 の導関数である．□

原始関数の定義における区間 I は，開区間 (a, b) だけでなく閉区間 $[a, b]$ とすることもできる．その場合，端点 $x = a, b$ における $F'(x)$ の定義には片側極限値のみを用いればよい．(微分係数の定義における注意を参照されたい.)

次の定理から，ある関数の原始関数はどのような形をしているかがわかる．

定理 3.7. 区間 I で定義された関数 $f(x)$ に対して，その原始関数の一つを $F(x)$ とおくと，すべての原始関数は $F(x) + C$ (C は任意の実数) の形で表すことができる．つまり，$F(x) + C$ 以外の形の原始関数は存在しない．

証明　(i) はじめに $F(x) + C$ (C は任意の実数) が $f(x)$ の原始関数であることを確かめる．$F(x)$ が $f(x)$ の原始関数であることより $F'(x) = f(x)$ に注意すると，微分の線形性より

$$(F(x) + C)' = F'(x) + 0 = f(x)$$

である．したがって，$F(x) + C$ (C は任意の実数) は $f(x)$ の原始関数である．

(ii) 次に $F(x) + C$ (C は任意の実数) 以外の形の原始関数は存在しないことを示す．$f(x)$ の他の原始関数を $G(x)$ とおくと

$$G'(x) = f(x) = F'(x)$$

であるから，

$$(G(x) - F(x))' = G'(x) - F'(x) = 0$$

である．したがって，定理 2.9 (1) より，実数 C に対して

$$G(x) - F(x) = C$$

が成り立つ．このことから，原始関数は $G(x) = F(x) + C$ の形に限られることがわかる．■

以上から，原始関数は $F(x) + C$ の形で表されることがわかった．このことを用いて，不定積分を定義する．

定義 3.5 (不定積分). 区間 I で定義された関数 $f(x)$ に対して，すべての原始関数をまとめた $F(x)+C$ を $f(x)$ の**不定積分**といい，記号 $\displaystyle\int f(x)\,dx$ で表す．

$$\int f(x)\,dx = F(x)+C$$

定積分のときと同様に，不定積分 $\displaystyle\int f(x)\,dx$ を求めることを，$f(x)$ を**積分する**といい，x を**積分変数**，$f(x)$ を**被積分関数**，不定積分における任意の定数 C を**積分定数**という．以降，明らかな場合はいちいち C を積分定数とは断らないことにする．

○不定積分の例　$(x^2)'=2x$ であったから，$2x$ の不定積分は x^2+C である．

$$\int 2x\,dx = x^2+C$$

□

代表的な不定積分を次にまとめておく．C は積分定数とする．右辺の関数を微分することで，左辺の被積分関数が得られることを確かめられる．

基本的な不定積分

(1) $\displaystyle\int 1\,dx = x+C, \quad \int 0\,dx = C$

(2) $\displaystyle\int x^a\,dx = \frac{1}{a+1}x^{a+1}+C$　(a は実数, $a\neq -1$)

(3) $\displaystyle\int \frac{1}{x}\,dx = \log|x|+C$　((2) の $a=-1$ の場合)

(4) $\displaystyle\int e^x\,dx = e^x+C$

(5) $\displaystyle\int \cos x\,dx = \sin x+C$

(6) $\displaystyle\int \sin x\,dx = -\cos x+C$

(7) $\displaystyle\int \frac{1}{x^2+a^2}\,dx = \frac{1}{a}\tan^{-1}\frac{x}{a}+C$　(a は実数, $a\neq 0$)

なお，(2) に $a=1,\ 2,\ \dfrac{1}{2},\ -2,\ -\dfrac{1}{2}$ を代入すると，次がそれぞれ得られる．

$$\int x\,dx = \frac{1}{2}x^2 + C,$$

$$\int x^2\,dx = \frac{1}{3}x^3 + C,$$

$$\int \sqrt{x}\,dx = \int x^{\frac{1}{2}}\,dx = \frac{2}{3}x^{\frac{3}{2}} + C,$$

$$\int \frac{1}{x^2}\,dx = \int x^{-2}\,dx = -\frac{1}{x} + C,$$

$$\int \frac{1}{\sqrt{x}}\,dx = \int x^{-\frac{1}{2}}\,dx = 2\sqrt{x} + C.$$

注意 3.6. 被積分関数の分子が 1 の不定積分 $\int \frac{1}{x}\,dx$, $\int \frac{1}{x^2}\,dx$, $\int \frac{1}{\sqrt{x}}\,dx$ などを，それぞれ $\int \frac{dx}{x}$, $\int \frac{dx}{x^2}$, $\int \frac{dx}{\sqrt{x}}$ などとも書く． □

誤答例　$\int \frac{1}{2x}\,dx = \log|2x| + C$

$\int \frac{1}{x}\,dx = \log|x| + C$ を形だけまねてはいけない．正しくは，$\int \frac{1}{2x}\,dx = \frac{1}{2}\int \frac{1}{x}\,dx = \frac{1}{2}\log|x| + C$.

誤答例　$\int e\,dx = e + C$

$\int e^x\,dx = e^x + C$ を暗記的に使ったことによる間違い．e はおよそ 2.7 の定数であるから，正しくは，$\int e\,dx = e\int 1\,dx = ex + C$.

誤答例　$\int 2^x\,dx = 2^x + C$

同様に $\int e^x\,dx = e^x + C$ を形だけまねたことによる間違い．$(2^x)' = 2^x\log 2$ であるから，正しくは $\int 2^x\,dx = \frac{2^x}{\log 2} + C$.

誤答例　$\int \cos x\,dx = -\sin x + C$

導関数 $(\cos x)' = -\sin x$ による符号の間違い．$(\sin x)' = \cos x$ であるから，正しくは，$\int \cos x\,dx = \sin x + C$.

誤答例　$\int \sin x \, dx = \cos x + C$

導関数 $(\sin x)' = \cos x$ による符号の間違い．$(\cos x)' = -\sin x$ であるから，正しくは，$\int \sin x \, dx = -\cos x + C$.

注意 3.7. 関数 $f(x)$ に対して，その不定積分は必ずしも存在するとは限らない． □

3.2.2 連続関数の定積分の計算

連続関数の定積分の定義は「リーマン和の極限」であったが，次の定理のように「被積分関数の原始関数の差」でも求めることができる．

定理 3.8 (微分積分法の基本公式). 関数 $f(x)$ は区間 $[a, b]$ で連続とし，関数 $F(x)$ は $f(x)$ の原始関数とする．このとき，次が成り立つ．

$$\int_a^b f(x) \, dx = F(b) - F(a)$$

また，右辺に現れる $F(b) - F(a)$ を記号 $[F(x)]_a^b$ で表すこととする．

証明は 3.2.3 項で与える．この定理により，連続関数 $f(x)$ の定積分は，$f(x)$ の原始関数さえわかれば，容易な計算で求めることができる．

例題 3.2. 次の (1)～(3) の連続関数の定積分を求める．

(1) $\int_0^1 x \, dx$

【解】 $\displaystyle \int_0^1 x \, dx = \left[\frac{1}{2}x^2\right]_0^1 = \frac{1}{2} \cdot 1^2 - \frac{1}{2} \cdot 0^2 = \frac{1}{2}$

(2) $\int_0^1 x^2 \, dx$

【解】 $\displaystyle \int_0^1 x^2 \, dx = \left[\frac{1}{3}x^3\right]_0^1 = \frac{1}{3} \cdot 1^3 - \frac{1}{3} \cdot 0^3 = \frac{1}{3}$

(3) $\int_a^b M \, dx$　(ただし M は定数)

【解】 $\displaystyle \int_a^b M \, dx = M \int_a^b 1 \, dx = M \cdot [x]_a^b = (b-a)M$ □

3.2.3 連続関数の積分が原始関数の差で求められる理由

（1） 積分平均値の定理

まず，次の積分平均値の定理を示す．証明には，閉区間における連続関数に対する最大値・最小値の定理と中間値の定理を用いる．

定理 3.9 (積分平均値の定理). 関数 $f(x)$ は区間 $[a,b]$ で連続とする．このとき，

$$\frac{1}{b-a}\int_a^b f(x)\,dx = f(\xi) \tag{3.10}$$

を満たす点 $\xi \in (a,b)$ が存在する．

(3.10) の両辺を $(b-a)$ 倍すると次のように変形できる．

$$\int_a^b f(x)\,dx = (b-a)f(\xi)$$

つまり，積分平均値の定理をいい換えると，以下の 2 つの図における斜線部の面積が等しくなるような点 $x=\xi$ が区間 (a,b) に少なくとも 1 つは存在することをいっている．

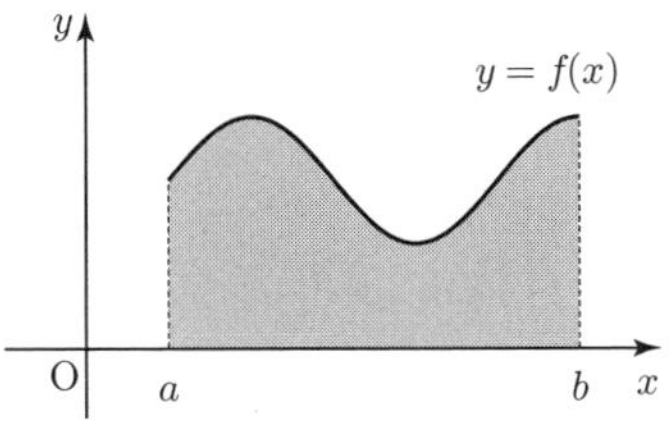

図 3.8 $\int_a^b f(x)\,dx$ が表す図形

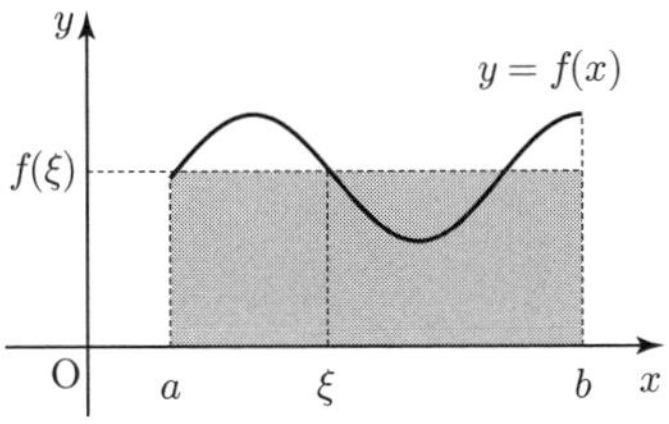

図 3.9 $(b-a)f(\xi)$ が表す長方形

また，(3.10) の左辺 $\dfrac{1}{b-a}\displaystyle\int_a^b f(x)\,dx$ は関数 $f(x)$ の $[a,b]$ における**積分平均値** (または単に**平均値**) とよばれ，x が a から b まで連続的に変化するときの関数 $f(x)$ の値の，いわば平均である．

定理 3.9 の証明 (i) $f(x) = M$ (定数関数) の場合は，点 ξ として (a,b) 内のどの点を選んでも，

$$\frac{1}{b-a}\int_a^b f(x)\,dx = \frac{1}{b-a}\cdot(b-a)M = M = f(\xi)$$

が成り立つ．

(ii) 連続関数 $f(x)$ が定数関数でない場合を考える．最大値・最小値の定理から $f(x)$ は $[a,b]$ で最大値と最小値をとることがわかる．最小値を $f(x_1)=m$, 最大値を $f(x_2)=M$ (ただし x_1, x_2 は 区間 $[a,b]$ 内の異なる 2 点) とおくと，区間 $[a,b]$ 内で $m \leq f(x) \leq M$ が常に成り立つ．これら m, $f(x)$, M の $[a,b]$ における定積分をそれぞれ求めて $1/(b-a)$ 倍すると，

$$\frac{1}{b-a}\int_a^b m\,dx < \frac{1}{b-a}\int_a^b f(x)\,dx < \frac{1}{b-a}\int_a^b M\,dx$$

となる．ここで，関数 $f(x)-m$ と $M-f(x)$ はともに非負であり，恒等的に 0 ではないことから，不等号から等号が外れていることに注意をする．また，

$$\frac{1}{b-a}\int_a^b m\,dx = \frac{1}{b-a}\cdot(b-a)m = m = f(x_1),$$

$$\frac{1}{b-a}\int_a^b M\,dx = \frac{1}{b-a}\cdot(b-a)M = M = f(x_2)$$

を用いると，次が成り立つ．

$$m < \frac{1}{b-a}\int_a^b f(x)\,dx < M$$

ゆえに，$f(x)$ に対して中間値の定理を用いると，

$$\frac{1}{b-a}\int_a^b f(x)\,dx = f(\xi)$$

を満たす点 ξ が x_1 と x_2 を両端とする開区間，特に (a,b) 内に存在することがわかる． ■

(2) 微分積分学の基本定理

次に，積分平均値の定理を用いて，微分積分学の基本定理を示そう．

定理 3.10 (微分積分学の基本定理)． 関数 $f(x)$ は区間 $[a,b]$ で連続とする．このとき，$F(x)=\displaystyle\int_a^x f(t)\,dt$ とおくと，x の関数 $F(x)$ は区間 $[a,b]$ で微分可能であり，次が成り立つ．

$$F'(x) = f(x)$$

証明　$F(x)$ が微分可能であることとその導関数を，それらの定義から確かめる．

(i) $a < x < b$ のとき　　h を十分 0 に近い実数とすると，x と $x+h$ (どちらが大きいかは h の正負による) を両端点とする閉区間は区間 $[a, b]$ に含まれる．したがって，$f(x)$ は特に x と $x+h$ を両端点とする閉区間においても連続であり，積分可能であることに注意すると，

$$\frac{F(x+h)-F(x)}{h} = \frac{1}{h}\left(\int_a^{x+h} f(t)\,dt - \int_a^x f(t)\,dt\right)$$
$$= \frac{1}{h}\left(\int_a^{x+h} f(t)\,dt + \int_x^a f(t)\,dt\right)$$
$$= \frac{1}{h}\int_x^{x+h} f(t)\,dt$$

と変形できる．ここで，$f(x)$ は積分区間において連続であったから，積分に関する平均値の定理が適用できて，

$$\frac{1}{h}\int_x^{x+h} f(t)\,dt = f(\xi)$$

を満たす点 ξ が x と $x+h$ との間に存在する．つまり，

$$\frac{F(x+h)-F(x)}{h} = f(\xi)$$

を満たす点 ξ が x と $x+h$ との間に存在する．ここで，$h \to 0$ とすれば $\xi \to x$ となることと，$f(x)$ が連続関数であることに再び注意すれば，

$$\lim_{h\to 0}\frac{F(x+h)-F(x)}{h} = \lim_{h\to 0} f(\xi) = \lim_{\xi\to x} f(\xi) = f(x)$$

が導かれる．以上から，$F(x)$ は微分可能で，その導関数は $F'(x) = f(x)$ であることがわかる．

(ii) $x = a, b$ のとき　　$x = a$ の場合は $h > 0$，$x = b$ の場合は $h < 0$ に実数 h の範囲を制限し，片側極限値を用いて同様の議論を進めればよい．　■

この微分積分学の基本定理により，連続関数 $f(x)$ は原始関数 $\displaystyle\int_a^x f(t)\,dt$ をもつことがわかる．

例題 3.3. $f(x)$ を連続関数とするとき，$\dfrac{d}{dx}\left(\displaystyle\int_0^{x^2} f(t)\,dt\right)$ を求める．

【解】 $F(x) = \displaystyle\int_0^{x} f(t)\,dt$ とおくと, 微分積分学の基本定理より $F'(x) = f(x)$ であるから，

$$\begin{aligned}
\frac{d}{dx}\left(\int_0^{x^2} f(t)\,dt\right) &= \frac{d}{dx}\left(F(x^2)\right) \\
&= F'(x^2)\cdot(x^2)' \quad \text{(合成関数の微分法)} \\
&= 2xF'(x^2) \\
&= 2xf(x^2). \quad \text{(微分積分学の基本定理)}
\end{aligned}$$

□

例題 3.4. $k(x)$ を連続関数とする．さらに，連続関数 $f(x)$ が次の積分方程式を満たすとする．

$$f(x) = f(0) + \int_0^{x} k(f(t))\,dt$$

このとき，関数 $f(x)$ は C^1 級で，次の微分方程式を満たすことを示す．1)

$$f'(x) = k(f(x))$$

【解】 $k(x), f(x)$ はともに連続なので，その合成関数 $k(f(x))$ も連続である．微分積分学の基本定理により，積分方程式の右辺第 2 項の積分 $\displaystyle\int_0^{x} k(f(t))\,dt$ は微分可能で，

$$\frac{d}{dx}\left(\int_0^{x} k(f(t))\,dt\right) = k(f(x))$$

が成り立つ．また，積分方程式の右辺全体 $f(0) + \displaystyle\int_0^{x} k(f(t))\,dt$ も微分可能であるから，それと等しい左辺 $f(x)$ も微分可能である．ここで，積分方程式の両辺を微分すると，$f'(x) = k(f(t))$ となり，関数 $f(x)$ は微分方程式を満たすことがわかる．さらに，この微分方程式の右辺 $k(f(t))$ は連続関数であったから，それと等しい左辺 $f'(x)$ も連続である．したがって，$f(x)$ は C^1 級である． □

1) 未知関数とその導関数を含む方程式を**微分方程式**，未知関数とその定積分を含む方程式を**積分方程式**という．

(3) 微分積分法の基本公式

微分積分学の基本定理 (定理 3.10) を用いると，連続関数の定積分は原始関数の差で求められることが証明される．

定理 3.8 (再掲) (微分積分法の基本公式). 関数 $f(x)$ は区間 $[a,b]$ で連続とし，関数 $F(x)$ を $f(x)$ の原始関数とする．このとき，次が成り立つ．

$$\int_a^b f(x)\,dx = F(b) - F(a) \tag{3.11}$$

証明 微分積分学の基本定理より，$\displaystyle\int_a^x f(t)\,dt$ は $F(x)$ とともに $f(x)$ の原始関数であるから，定数 C を用いて

$$\int_a^x f(t)\,dt = F(x) + C \quad (a \leq x \leq b) \tag{3.12}$$

と表せる．ここで $x = a$ とすると，

$$0 = F(a) + C$$

であるから，$C = -F(a)$ が示される．これを，(3.12) に代入すると，

$$\int_a^x f(t)\,dt = F(x) - F(a)$$

が得られる．ここで $x = b$ とすると，

$$\int_a^b f(t)\,dt = F(b) - F(a)$$

となる．最後に，左辺の積分変数を t から x に変えればよい． ■

注意 3.8. 以上の議論により，連続関数の定積分は原始関数の差で求めることができることがわかった．このことは被積分関数が連続であるから示すことができる．連続関数のみを扱う教科書には (3.11) を定積分の定義として採用しているものもあるが，被積分関数が連続でない場合は (3.11) は一般に成り立たない． □

3.2.4 不定積分の置換積分法と部分積分法

連続関数の定積分の計算をするには，被積分関数の原始関数，つまり不定積分を求めればよいことがわかった．しかし，その不定積分はただちに求められる

とは限らない．ここでは，連続関数の不定積分を求める2つの方法を紹介する．

(1)　不定積分の置換積分法

合成関数の微分法から次が成り立つ．

定理 3.11 (置換積分法)**.** 関数 $f(x)$ を連続とし，$x = g(t)$ を微分可能とする．このとき，次が成り立つ．

$$\int f(x)\,dx = \int f(g(t))g'(t)\,dt$$

証明　$F(x)$ を $f(x)$ の原始関数，つまり $F'(x) = f(x)$ であるとする．合成関数の微分法より，

$$\frac{d}{dt}\{F(g(t))\} = F'(g(t))g'(t) = f(g(t))g'(t)$$

であるから，$F(g(t))$ は $f(g(t))g'(t)$ の原始関数，つまり

$$\int f(g(t))g'(t)\,dt = F(g(t)) + C = F(x) + C = \int f(x)\,dx$$

が成り立つ．■

例題 3.5. 不定積分 $\displaystyle\int (2x+1)^3\,dx$ を求める．

【解】　$t = 2x+1$ とおくと，$x = \dfrac{1}{2}t - \dfrac{1}{2}$ である．両辺を t で微分すると $\dfrac{dx}{dt} = \dfrac{1}{2}$ であるから，

$$\int (2x+1)^3\,dx = \int t^3 \cdot \underline{\frac{dx}{dt}\,dt} = \int t^3 \cdot \frac{1}{2}\,dt = \frac{1}{2}\int t^3\,dt$$
$$= \frac{1}{2}\cdot\frac{1}{4}t^4 + C = \frac{1}{8}(2x+1)^4 + C.$$ □

注意 3.9. 上式の下線部分は，$\dfrac{dx}{dt}$ を形式的に分数ととらえて (実際には分数ではないが)，次のような分数計算に置き換えてよい．

$t = 2x+1$ とおくと，$\dfrac{dt}{dx} = 2$ であるから，形式的に $\boxed{dx = \dfrac{1}{2}\,dt}$ を得る．よって，

$$\int (2x+1)^3\,\underline{dx} = \int t^3 \cdot \underline{\frac{1}{2}\,dt} = \frac{1}{2}\int t^3\,dt$$
$$= \frac{1}{2}\cdot\frac{1}{4}t^4 + C = \frac{1}{8}(2x+1)^4 + C. \qquad \square$$

注意 3.10. この例題で求めた不定積分を微分すると，合成関数の微分法より，

$$\left\{\frac{1}{8}(2x+1)^4 + C\right\}' = \frac{1}{8}\cdot 4(2x+1)^3(2x+1)' = (2x+1)^3$$

であり，確かに被積分関数にもどることが確認できる．　$\square$

例題 3.6. 不定積分 $\displaystyle\int \frac{1}{x+1}\,dx$ を求める．

【解】 $t = x+1$ とおくと，$\dfrac{dt}{dx} = 1$ であるから，形式的に $dx = dt$．したがって，

$$\int \frac{1}{x+1}\,dx = \int \frac{1}{t}\,dt = \log|t| + C = \log|x+1| + C. \qquad \square$$

例題 3.7. 不定積分 $\displaystyle\int \frac{1}{1-x}\,dx$ を求める．

【解】 $t = 1-x$ とおくと，$\dfrac{dt}{dx} = -1$ であるから，形式的に $dx = (-1)\,dt$．したがって，

$$\int \frac{1}{1-x}\,dx = \int \frac{1}{t}\cdot(-1)\,dt = -\int \frac{1}{t}\,dt$$
$$= -\log|t| + C = -\log|1-x| + C. \qquad \square$$

注意 3.11. 実際この例題においては，最初に $\displaystyle\int \frac{1}{1-x}\,dx = -\int \frac{1}{x-1}\,dx$ と変形し，$t = x-1$ として置換積分法を用いても不定積分を求められる．計算結果は $-\log|x-1| + C$ であるが，絶対値の性質より $|x-1| = |1-x|$ であるため，これは $-\log|1-x| + C$ と等しい．　$\square$

誤答例　$\displaystyle\int \frac{1}{1-x}\,dx = \log|1-x| + C$

$\displaystyle\int \frac{1}{x}\,dx = \log|x| + C$ を形だけまねて置換積分にまで思いが至っていないことによる間違い．

例題 3.8. 不定積分 $\displaystyle\int \frac{1}{2x+1}\,dx$ を求める.

【解】 $t = 2x+1$ とおくと，$\dfrac{dt}{dx} = 2$ であるから，形式的に $dx = \dfrac{1}{2}\,dt$. したがって，

$$\int \frac{1}{2x+1}\,dx = \int \frac{1}{t}\cdot\frac{1}{2}\,dt = \frac{1}{2}\int \frac{1}{t}\,dt$$
$$= \frac{1}{2}\log|t| + C = \frac{1}{2}\log|2x+1| + C. \qquad \square$$

誤答例　$\displaystyle\int \frac{1}{2x+1}\,dx = \log|2x+1| + C$

これも，$\displaystyle\int \frac{1}{x}\,dx = \log|x| + C$ を形だけまねて置換積分を忘れていることによる間違い.

例題 3.9. 不定積分 $\displaystyle\int \sin 2x\,dx$ を求める.

【解】 $t = 2x$ とおくと，$\dfrac{dt}{dx} = 2$ であるから，形式的に $dx = \dfrac{1}{2}\,dt$. したがって，

$$\int \sin 2x\,dx = \int \sin t\cdot\frac{1}{2}\,dt = \frac{1}{2}\int \sin t\,dt$$
$$= \frac{1}{2}(-\cos t) + C = -\frac{1}{2}\cos 2x + C. \qquad \square$$

誤答例　$\displaystyle\int \sin 2x\,dx = -\cos 2x + C$

やはり，置換積分を忘れて $\displaystyle\int \sin x\,dx = -\cos x + C$ を形だけまねたことによる間違い.

誤答例　$\displaystyle\int \sin 2x\,dx = \sin x^2 + C$

$\displaystyle\int 2x\,dx = x^2 + C$ を形だけまねたことによる間違い. 置換積分ができていない.

例題 3.10. 不定積分 $\displaystyle\int e^{2x}\,dx$ を求める.

【解】 $t = 2x$ とおくと，$\dfrac{dt}{dx} = 2$ であるから，形式的に $dx = \dfrac{1}{2}\,dt$. した

がって，

$$\int e^{2x}\,dx = \int e^t \cdot \frac{1}{2}\,dt = \frac{1}{2}\int e^t\,dt = \frac{1}{2}e^t + C = \frac{1}{2}e^{2x} + C. \qquad \square$$

誤答例　$\displaystyle\int e^{2x}\,dx = e^{2x} + C$

これも，$\displaystyle\int e^x\,dx = e^x + C$ を形だけまねたことによる間違い．

例題 3.11. 不定積分 $\displaystyle\int xe^{-x^2}\,dx$ を求める．

【解】 $t = -x^2$ とおくと，$\dfrac{dt}{dx} = -2x$ であるから，形式的に $x\,dx = -\dfrac{1}{2}\,dt$．したがって，

$$\begin{aligned}\int xe^{-x^2}\,dx &= \int e^{-x^2}x\,dx = \int e^t\left(-\frac{1}{2}\right)dt \\ &= -\frac{1}{2}\int e^t\,dt = -\frac{1}{2}e^t + C = -\frac{1}{2}e^{-x^2} + C. \qquad \square\end{aligned}$$

例題 3.12. 不定積分 $\displaystyle\int \frac{2x}{1+x^2}\,dx$ を求める．

【解】 $t = 1 + x^2$ とおくと，$\dfrac{dt}{dx} = 2x$ であるから，形式的に $2x\,dx = dt$．したがって，

$$\begin{aligned}\int \frac{2x}{1+x^2}\,dx &= \int \frac{1}{1+x^2}\cdot 2x\,dx = \int \frac{1}{t}\,dt = \log|t| + C \\ &= \underline{\log|1+x^2|} + C = \underline{\log(1+x^2)} + C. \qquad \square\end{aligned}$$

注意 3.12. 下線部分において，任意の実数 x に対して $1 + x^2$ は常に 1 以上，特に非負であるため，$|1 + x^2| = 1 + x^2$ である． □

例題 3.13. 不定積分 $\displaystyle\int \tan x\,dx$ を求める．

【解】 $t = \cos x$ とおくと，$\dfrac{dt}{dx} = -\sin x$ であるから，形式的に $\sin x\,dx = -dt$．したがって，

$$\begin{aligned}\int \tan x\,dx &= \int \frac{\sin x}{\cos x}\,dx = \int \frac{1}{\cos x}\sin x\,dx = -\int \frac{1}{t}\,dt \\ &= -\log|t| + C = -\log|\cos x| + C. \qquad \square\end{aligned}$$

これらの2つの例題のように被積分関数が分数で，分子が分母の導関数であるときには，次が成り立つ．

定理 3.12. 関数 $f(x)$ は微分可能とする．このとき，次が成り立つ．

$$\int \frac{f'(x)}{f(x)}\,dx = \log|f(x)| + C$$

証明 $t = f(x)$ とおくと，$\dfrac{dt}{dx} = f'(x)$ であるから，形式的に $f'(x)\,dx = dt$．したがって，

$$\int \frac{f'(x)}{f(x)}\,dx = \int \frac{1}{t}\,dt = \log|t| + C = \log|f(x)| + C. \qquad \blacksquare$$

別証明 合成関数の微分法より，

$$(\log|f(x)|)' = \frac{f'(x)}{f(x)}$$

であるから，$\log|f(x)|$ は $\dfrac{f'(x)}{f(x)}$ の原始関数である．このことからも，定理 3.12 が示される． ■

(2) 不定積分の部分積分法

積の微分法から次が成り立つ．

定理 3.13 (部分積分法)**.** 関数 $f(x)$, $g(x)$ はともに C^1 級とする．このとき，次が成り立つ．

$$\int f'(x)g(x)\,dx = f(x)g(x) - \int f(x)g'(x)\,dx$$

証明 積の微分法より，

$$(f(x)g(x))' = f'(x)g(x) + f(x)g'(x)$$

であった．いい換えると，$f(x)g(x)$ は $f'(x)g(x) + f(x)g'(x)$ の原始関数であるから，

$$\int (f'(x)g(x) + f(x)g'(x))\,dx = f(x)g(x) + C.$$

不定積分の線形性に注意して，両辺を整理すると，

$$\int f'(x)g(x)\,dx = f(x)g(x) - \int f(x)g'(x)\,dx$$

が導かれる. ■

例題 3.14. 不定積分 $\displaystyle\int x\cos x\,dx$ を求める.

【解】 $\cos x = (\sin x)'$ に注意して部分積分法を用いると,

$$\int(\cos x)x\,dx = \int(\sin x)'x\,dx = (\sin x)x - \int(\sin x)(x)'\,dx$$
$$= x\sin x - \int \sin x\,dx = x\sin x + \cos x + C. \qquad \square$$

誤答例 この計算は, 被積分関数の x と $\cos x$ の役割を入れ替えて,

$$\int x\cos x\,dx = \int\left(\frac{1}{2}x^2\right)'\cdot(\cos x)\,dx$$
$$= \frac{1}{2}x^2\cos x - \frac{1}{2}\int x^2\sin x\,dx$$

のように部分積分法を用いてしまうと, 最後の積分 $\displaystyle\int x^2\sin x\,dx$ がより計算しづらい形になってしまう.

例題 3.15. 不定積分 $\displaystyle\int \log x\,dx$ を求める.

【解】 $\log x = 1\cdot\log x = (x)'\log x$ に注意して部分積分法を用いると,

$$\int \log x\,dx = \int(x)'\log x\,dx = x\log x - \int x(\log x)'\,dx$$
$$= x\log x - \int x\cdot\frac{1}{x}\,dx = x\log x - \int 1\,dx = x\log x - x + C.$$

$\square$

誤答例 $\displaystyle\int \log x\,dx = \frac{1}{x} + C$

$\displaystyle\left(\frac{1}{x}\right)' = -\frac{1}{x^2}$ であり, これは被積分関数に一致しない. また, 微分法で学んだように $\displaystyle(\log|x|)' = \frac{1}{x}$ であったから, $\displaystyle\int\frac{1}{x}\,dx = \log|x| + C$ は正しい.

例題 3.16. 不定積分 $\displaystyle\int \tan^{-1} x\, dx$ を求める.

【解】 $\tan^{-1} x = 1 \cdot \tan^{-1} x = (x)' \tan^{-1} x$ に注意して部分積分法を用いると,

$$\begin{aligned}\int \tan^{-1} x\, dx &= \int (x)' \tan^{-1} x\, dx = x \tan^{-1} x - \int x (\tan^{-1} x)'\, dx \\ &= x \tan^{-1} x - \int x \cdot \frac{1}{1+x^2}\, dx = x \tan^{-1} x - \frac{1}{2} \int \frac{2x}{1+x^2}\, dx \\ &= x \tan^{-1} x - \frac{1}{2} \log(1+x^2) + C.\end{aligned}$$

□

例題 3.17. 不定積分 $\displaystyle\int e^x \sin x\, dx$ を求める.

【解】 $e^x = (e^x)'$ に注意して部分積分法を用いると,

$$\begin{aligned}\int e^x \sin x\, dx &= \int (e^x)' \sin x\, dx = e^x \sin x - \int e^x (\sin x)'\, dx \\ &= e^x \sin x - \int e^x \cos x\, dx. \qquad (3.13)\end{aligned}$$

右辺の第 2 項の $\displaystyle\int e^x \cos x\, dx$ に対して，もう一度部分積分法を用いると,

$$\begin{aligned}\int e^x \cos x\, dx &= \int (e^x)' \cos x\, dx = e^x \cos x - \int e^x (\cos x)'\, dx \\ &= e^x \cos x + \int e^x \sin x\, dx. \qquad (3.14)\end{aligned}$$

(3.14) を (3.13) へ代入すると,

$$\int e^x \sin x\, dx = e^x \sin x - \left(e^x \cos x + \int e^x \sin x\, dx \right).$$

両辺を整理して 2 で割ると,

$$\int e^x \sin x\, dx = \frac{1}{2}(e^x \sin x - e^x \cos x) + C$$

が得られる. □

誤答例 $\displaystyle\int e^x \sin x\, dx = e^x(-\cos x) + C$

$\displaystyle\int e^x\, dx = e^x + C$ と $\displaystyle\int \sin x\, dx = -\cos x + C$ を単に掛け合わせてしまっている間違い.

3.2.5　定積分の置換積分法と部分積分法

(1)　定積分の置換積分法

定積分にも，次のように置換積分法が適用できる．

定理 3.14 (置換積分法)**.** 関数 $f(x)$ は区間 $[a,b]$ で連続であり，関数 $x=g(t)$ は区間 $[\alpha,\beta]$ で C^1 級とする．さらに，$a=g(\alpha)$, $b=g(\beta)$ であり，$\{g(t)\,|\,\alpha\leq t\leq\beta\}\subset[a,b]$ であるとき，次が成り立つ．

$$\int_a^b f(x)\,dx=\int_\alpha^\beta f(g(t))g'(t)\,dt$$

証明　$F(x)$ を $f(x)$ の原始関数とする．このとき，不定積分の置換積分法より，$F(g(t))$ は $f(g(t))g'(t)$ の原始関数である．したがって，微分積分法の基本公式より，

$$\begin{aligned}\int_a^b f(x)\,dx&=F(b)-F(a)\\&=F(g(\beta))-F(g(\alpha))=\int_\alpha^\beta f(g(t))g'(t)\,dt\end{aligned}$$

が成り立つ．■

例題 3.18. 定積分 $\displaystyle\int_0^1(2x+1)^3\,dx$ を求める．

【解】　$t=2x+1$ とおくと，$\dfrac{dt}{dx}=2$ であるから，形式的に $dx=\dfrac{1}{2}\,dt$. また，$t=2x+1$ を用いると，$x=0$ のとき $t=2\cdot0+1=1$ であり，$x=1$ のとき $t=2\cdot1+1=3$ であるから，

$$\begin{aligned}\int_0^1(2x+1)^3\,dx&=\int_1^3 t^3\cdot\frac{1}{2}\,dt=\frac{1}{2}\int_1^3 t^3\,dt\\&=\frac{1}{2}\left[\frac{1}{4}t^4\right]_1^3=\frac{1}{2}\left\{\frac{81}{4}-\left(\frac{1}{4}\right)\right\}=10.\end{aligned}$$

□

誤答例　$\displaystyle\int_0^1(2x+1)^3\,dx=\int_0^1 t^3\cdot\frac{1}{2}\,dt=\frac{1}{2}\left[\frac{1}{4}t^4\right]_0^1=\frac{1}{8}$

置換積分法を用いたときに，新たな積分区間を計算し忘れたことによる間違い．置換積分法の関係式によって，被積分関数 $f(x)$ だけでなく，積分範囲の下端 a と上端 b も変化する．

例題 3.19. 連続関数 $f(x)$ に対して，次を示す．ただし，$a>0$ は定数とする．

(1) $f(x)$ は偶関数とする．このとき，$\displaystyle\int_{-a}^{a} f(x)\,dx = 2\int_0^a f(x)\,dx.$

(2) $f(x)$ は奇関数とする．このとき，$\displaystyle\int_{-a}^{a} f(x)\,dx = 0.$

【解】 定積分を次のように 2 つに分けて，区間 $[-a,0]$ における定積分に対して $x=-t$ とおいて置換積分法を用いると，

$$\begin{aligned}\int_{-a}^{a} f(x)\,dx &= \int_{-a}^{0} f(x)\,dx + \int_0^a f(x)\,dx \\ &= \int_a^0 f(-t)\cdot(-1)\,dt + \int_0^a f(x)\,dx \\ &= \int_0^a f(-t)\,dt + \int_0^a f(x)\,dx \\ &= \int_0^a f(-x)\,dx + \int_0^a f(x)\,dx\end{aligned}$$

が成り立つ．

(1) $f(x)$ は偶関数とすると，$f(-x)=f(x)$ より，

$$\begin{aligned}\int_{-a}^{a} f(x)\,dx &= \int_0^a f(-x)\,dx + \int_0^a f(x)\,dx \\ &= \int_0^a f(x)\,dx + \int_0^a f(x)\,dx = 2\int_0^a f(x)\,dx.\end{aligned}$$

(2) $f(x)$ は奇関数とすると，$f(-x)=-f(x)$ より，

$$\begin{aligned}\int_{-a}^{a} f(x)\,dx &= \int_0^a f(-x)\,dx + \int_0^a f(x)\,dx \\ &= -\int_0^a f(x)\,dx + \int_0^a f(x)\,dx = 0.\end{aligned}$$

□

○例　自然数 n に対して，x^{2n}, $\cos nx$ はすべて偶関数，x^{2n-1}, $\sin nx$ はすべて奇関数である．よって，この例題を用いると，例えば次が成り立つ．

$$\int_{-\pi}^{\pi} x^{2n}\,dx = 2\int_0^{\pi} x^{2n}\,dx, \qquad \int_{-\pi}^{\pi} x^{2n-1}\,dx = 0,$$

$$\int_{-\pi}^{\pi} \cos nx\,dx = 2\int_0^{\pi} \cos nx\,dx, \qquad \int_{-\pi}^{\pi} \sin nx\,dx = 0.$$

また，「奇関数と奇関数の積」や「偶関数と偶関数の積」は偶関数，「奇関数と偶関数の積」は奇関数であるから，次が成り立つ．ただし，m, n は自然数とする．

$$\int_{-\pi}^{\pi} \sin mx \sin nx \, dx = 2\int_{0}^{\pi} \sin mx \sin nx \, dx,$$

$$\int_{-\pi}^{\pi} \cos mx \cos nx \, dx = 2\int_{0}^{\pi} \cos mx \cos nx \, dx,$$

$$\int_{-\pi}^{\pi} \sin mx \cos nx \, dx = 0.$$

□

（2）　定積分の部分積分法

定積分にも，次のように部分積分法が適用できる．

定理 3.15 (部分積分法)**.** 関数 $f(x)$, $g(x)$ は区間 $[a, b]$ でともに C^1 級とする．このとき，次が成り立つ．

$$\int_a^b f'(x)g(x)\,dx = [f(x)g(x)]_a^b - \int_a^b f(x)g'(x)\,dx \tag{3.15}$$

証明　仮定より，$f(x)$, $g(x)$, $f'(x)$, $g'(x)$ は区間 $[a, b]$ で連続であるから，それらの積 $f'(x)g(x)$, $f(x)g'(x)$ も区間 $[a, b]$ で連続．よって，この 2 つの関数は区間 $[a, b]$ で積分可能である．

また，積の微分法

$$(f(x)g(x))' = f'(x)g(x) + f(x)g'(x)$$

より，$f'(x)g(x) + f(x)g'(x)$ は $f(x)g(x)$ の原始関数であるから，定積分の線形性と微分積分法の基本公式より，

$$\int_a^b f'(x)g(x)\,dx + \int_a^b f(x)g'(x)\,dx$$

$$= \int_a^b (f'(x)g(x) + f(x)g'(x))\,dx = [f(x)g(x)]_a^b.$$

これを整理すれば，(3.15) が導かれる．■

例題 3.20. 定積分 $\displaystyle\int_0^{\frac{\pi}{2}} x\cos x\,dx$ を求める．

【解】 $\cos x = (\sin x)'$ に注意して部分積分法を用いると，

$$\begin{aligned}\int_0^{\frac{\pi}{2}} x\cos x\,dx &= \int_0^{\frac{\pi}{2}} x(\sin x)'\,dx = [x\sin x]_0^{\frac{\pi}{2}} - \int_0^{\frac{\pi}{2}} (x)'\sin x\,dx \\ &= \frac{\pi}{2}\sin\frac{\pi}{2} - 0\cdot\sin 0 - \int_0^{\frac{\pi}{2}} \sin x\,dx = \frac{\pi}{2} + [\cos x]_0^{\frac{\pi}{2}} \\ &= \frac{\pi}{2} + \cos\frac{\pi}{2} - \cos 0 = \frac{\pi}{2} - 1.\end{aligned}$$ □

3.3 さまざまな関数の積分

この節では，有理関数・三角関数・2 次式の根号を含む関数の積分を紹介する．連続関数の定積分は，不定積分 (原始関数) さえわかれば容易に求められるため，ここでは不定積分のみに焦点をあてて説明する．また，不連続な関数の定積分についても述べる．

3.3.1 有理関数と三角関数の積分

$P(x)$, $Q(x)$ を x の多項式とするとき，$\dfrac{P(x)}{Q(x)}$ $(Q(x) \neq 0)$ の形の関数を**有理関数**という．ここでは，有理関数と三角関数の不定積分を求める．

(1) 有理関数の不定積分 (分母が 1 次式)

分母が 1 次式の場合は，置換積分法と基本的な不定積分 (3) により，次のようになる．

○例 (1) $\displaystyle\int \frac{1}{x}\,dx = \log|x| + C$ 　(基本的な不定積分 (3))．

(2) a が実数のとき，$\displaystyle\int \frac{1}{x+a}\,dx = \log|x+a| + C$ 　($t = x + a$ として置換積分法)．

(3) a が実数のとき，$\displaystyle\int \frac{1}{a-x}\,dx = -\log|a-x| + C$ 　($t = a - x$ として置換積分法)． □

注意 3.13. この例 (3) は，次のように計算してもよい．

$$\int \frac{1}{a-x}\,dx = -\int \frac{1}{x-a}\,dx$$
$$= -\log|x-a| + C \qquad (t = x-a \text{ として置換積分法}) \qquad \square$$

(2)　有理関数の不定積分 (分母が 2 次式)

分母が因数分解できない場合は，次の例のように不定積分を求める．

○例　(1) $\displaystyle\int \frac{1}{x^2}\,dx = -\frac{1}{x} + C$　(基本的な不定積分 (2))．

(2) $a \neq 0$ のとき，$\displaystyle\int \frac{1}{x^2+a^2}\,dx = \frac{1}{a}\tan^{-1}\frac{x}{a} + C$ (基本的な不定積分 (7))．

(3) $b - a^2 > 0$ のとき，

$$\int \frac{1}{x^2+2ax+b}\,dx = \int \frac{1}{(x+a)^2+(b-a^2)}\,dx$$
$$= \int \frac{1}{t^2+(b-a^2)}\,dt \qquad (t = x+a \text{ として置換積分法})$$
$$= \frac{1}{\sqrt{b-a^2}}\tan^{-1}\frac{t}{\sqrt{b-a^2}} + C = \frac{1}{\sqrt{b-a^2}}\tan^{-1}\frac{x+a}{\sqrt{b-a^2}} + C. \quad \square$$

分母が因数分解できる場合は，次の例のように部分分数分解を用いることで，分母が 1 次式の場合に帰着できる．

○例　(4) $a \neq b$ のとき，積分 $\displaystyle\int \frac{1}{(x+a)(x+b)}\,dx$ を求める．

$$\frac{1}{(x+a)(x+b)} = \frac{1}{b-a}\left(\frac{1}{x+a} - \frac{1}{x+b}\right)$$

と変形できる (これを**部分分数分解**という)．よって，

$$\int \frac{1}{(x+a)(x+b)}\,dx = \int \frac{1}{b-a}\left(\frac{1}{x+a} - \frac{1}{x+b}\right)dx$$
$$= \frac{1}{b-a}\left(\int \frac{1}{x+a}\,dx - \int \frac{1}{x+b}\,dx\right)$$
$$= \frac{1}{b-a}\left(\log|x+a| - \log|x+b|\right) + C$$
$$= \frac{1}{b-a}\log\left|\frac{x+a}{x+b}\right| + C. \qquad \square$$

分子が1次式の場合は，これまでの例と次を組み合わせればよい．

○例　(5) a, b が実数のとき，

$$\int \frac{2x+2a}{x^2+2ax+b}\,dx = \int \frac{(x^2+2ax+b)'}{x^2+2ax+b}\,dx$$
$$= \log|x^2+2ax+b| + C \qquad (\text{定理 } 3.12). \qquad \square$$

(3) 有理関数の不定積分 (分母が3次以上の式)

分母の次数が3次より高い場合は，部分分数分解することで，分母の次数が1次または2次の場合に帰着できる．

例題 3.21. 不定積分 $\displaystyle\int \frac{6x^2+3x+5}{x^3+x^2+3x+3}\,dx$ を計算する．

【解】 被積分関数の分母は，

$$x^3+x^2+3x+3 = (x+1)(x^2+3)$$

と因数分解できるため，

$$\frac{6x^2+3x+5}{x^3+x^2+3x+3} = \frac{a}{x+1} + \frac{bx+c}{x^2+3}$$

とおく．右辺を整理すると，

$$\frac{a}{x+1} + \frac{bx+c}{x^2+3} = \frac{a(x^2+3)}{(x+1)(x^2+3)} + \frac{(bx+c)(x+1)}{(x+1)(x^2+3)}$$
$$= \frac{(a+b)x^2+(b+c)x+(3a+c)}{x^3+x^2+3x+3}.$$

ここで分子の係数を比較すると，$a+b=6,\ b+c=3,\ 3a+c=5$．この連立方程式を解くと，$a=2,\ b=4,\ c=-1$．よって，

$$\frac{6x^2+3x+5}{x^3+x^2+3x+3} = \frac{2}{x+1} + \frac{4x-1}{x^2+3}$$

と部分分数分解できるから，

$$\int \frac{6x^2+3x+5}{x^3+x^2+3x+3}\,dx = \int \left(\frac{2}{x+1} + \frac{4x-1}{x^2+3}\right) dx$$
$$= 2\int \frac{1}{x+1}\,dx + 2\int \frac{2x}{x^2+3}\,dx - \int \frac{1}{x^2+(\sqrt{3})^2}\,dx$$
$$= 2\log|x+1| + 2\log|x^2+3| - \frac{1}{\sqrt{3}}\tan^{-1}\frac{x}{\sqrt{3}} + C$$

$$= 2\log\left\{|x+1|(x^2+3)\right\} - \frac{1}{\sqrt{3}}\tan^{-1}\frac{x}{\sqrt{3}} + C. \qquad \square$$

(4)　三角関数の不定積分

ここでは，三角関数に関係する公式を利用して，三角関数の不定積分を求める．

○例　(1) $\displaystyle\int \cos x\,dx = \sin x + C$ (基本的な不定積分 (5))

(2) $\displaystyle\int \sin x\,dx = -\cos x + C$ (基本的な不定積分 (6))

(3) $\displaystyle\int \cos 2x\,dx = \frac{1}{2}\sin 2x + C$　(例題 3.9 のように，$t = 2x$ として置換積分法)

(4) $\displaystyle\int \sin 2x\,dx = -\frac{1}{2}\cos 2x + C$　(例題 3.9 のように，$t = 2x$ として置換積分法)

(5) $\displaystyle\int \cos^2 x\,dx = \int \frac{\cos 2x + 1}{2}\,dx$　(半角の公式)

$$= \frac{1}{2}\int \cos 2x\,dx + \int \frac{1}{2}\,dx = \frac{1}{4}\sin 2x + \frac{1}{2}x + C$$

(6) $\displaystyle\int \sin^2 x\,dx = \int \frac{1-\cos 2x}{2}\,dx$　(半角の公式)

$$= \int \frac{1}{2}\,dx - \frac{1}{2}\int \cos 2x\,dx = \frac{1}{2}x - \frac{1}{4}\sin 2x + C$$

(7) $\displaystyle\int \cos^3 x\,dx = \int (1-\sin^2 x)\cos x\,dx$　(三平方の定理)

$t = \sin x$ とおくと，$\cos x\,dx = dt$ であるから，

$$\int (1-\sin^2 x)\cos x\,dx = \int (1-t^2)\,dt$$

$$= t - \frac{1}{3}t^3 + C = \sin x - \frac{1}{3}\sin^3 x + C.$$

(8) $\displaystyle\int \sin^3 x\,dx = \int (1-\cos^2 x)\sin x\,dx$　(三平方の定理)

$t = \cos x$ とおくと，$\sin x\,dx = (-1)\,dt$ であるから，

$$\int (1-\cos^2 x)\sin x\,dx = \int (1-t^2)(-1)\,dt$$
$$= \frac{1}{3}t^3 - t + C = \frac{1}{3}\cos^3 x - \cos x + C. \qquad \square$$

例題 3.22. m, n を自然数とするとき，$\displaystyle\int \cos mx \cos nx\,dx$ を求める．

【解】 (i) $m \neq n$ のとき　積和の公式を用いて，

$$\int \cos mx \cos nx\,dx = \frac{1}{2}\int \{\cos(m+n)x + \cos(m-n)x\}\,dx$$
$$= \frac{1}{2}\left\{\frac{\sin(m+n)x}{m+n} + \frac{\sin(m-n)x}{m-n}\right\} + C.$$

(ii) $m = n$ のとき　半角の公式を用いて，

$$\int \cos mx \cos mx\,dx = \int \cos^2 mx\,dx$$
$$= \int \frac{\cos 2mx + 1}{2}\,dx = \frac{\sin 2mx}{4m} + \frac{x}{2} + C. \qquad \square$$

例題 3.23. m, n を自然数とするとき，$\displaystyle\int \sin mx \sin nx\,dx$ を求める．

【解】 (i) $m \neq n$ のとき　積和の公式を用いて，

$$\int \sin mx \sin nx\,dx = -\frac{1}{2}\int \{\cos(m+n)x - \cos(m-n)x\}\,dx$$
$$= -\frac{1}{2}\left\{\frac{\sin(m+n)x}{m+n} - \frac{\sin(m-n)x}{m-n}\right\} + C.$$

(ii) $m = n$ のとき　半角の公式を用いて，

$$\int \sin mx \sin mx\,dx = \int \sin^2 mx\,dx$$
$$= \int \frac{1-\cos 2mx}{2}\,dx = \frac{x}{2} - \frac{\sin 2mx}{4m} + C. \qquad \square$$

例題 3.24. m, n を自然数とするとき，$\displaystyle\int \sin mx \cos nx\,dx$ を求める．

【解】 (i) $m \neq n$ のとき　積和の公式を用いて，

$$\int \sin mx \cos nx \, dx = \frac{1}{2}\int \{\sin(m+n)x + \sin(m-n)x\}\, dx$$
$$= -\frac{1}{2}\left\{\frac{\cos(m+n)x}{m+n} + \frac{\cos(m-n)x}{m-n}\right\} + C.$$

(ii) $m = n$ のとき　2 倍角の公式を用いて,

$$\int \sin mx \cos mx \, dx = \frac{1}{2}\int \sin 2mx \, dx = -\frac{\cos 2mx}{4m} + C. \qquad \square$$

注意 3.14. これらの 3 つの例題より，m, n を自然数とするとき，次が導かれる．

$$\int_{-\pi}^{\pi} \cos mx \cos nx \, dx = \begin{cases} 0 & (m \neq n) \\ \pi & (m = n), \end{cases}$$
$$\int_{-\pi}^{\pi} \sin mx \sin nx \, dx = \begin{cases} 0 & (m \neq n) \\ \pi & (m = n), \end{cases}$$
$$\int_{-\pi}^{\pi} \sin mx \cos nx \, dx = 0. \tag{3.16}$$

これらは，**三角関数の直交性**とよばれる性質で，主にフーリエ (Fourier) 級数の理論で用いられる．なお，(3.16) は，区間 $[-\pi, \pi]$ における奇関数の定積分であることを利用しても 0 であることがわかる．　$\square$

(5)　三角関数の有理関数の不定積分

三角関数の有理関数の不定積分は，次の置換積分法により，有理関数の不定積分に変形できる．

定理 3.16 (三角関数の有理関数の不定積分)**.** $t = \tan\dfrac{x}{2}$ とおくと，次が成り立つ．

$$\sin x = \frac{2t}{1+t^2}, \quad \cos x = \frac{1-t^2}{1+t^2}, \quad \tan x = \frac{2t}{1-t^2}, \quad \frac{dx}{dt} = \frac{2}{1+t^2}.$$

証明　半角の公式・三平方の定理・三角関数の相互関係を用いると，

$$\cos x = 2\cos^2\frac{x}{2} - 1 = \frac{2}{1+\tan^2\frac{x}{2}} - 1 = \frac{2}{1+t^2} - 1 = \frac{1-t^2}{1+t^2},$$

$$\tan x = \frac{2\tan\frac{x}{2}}{1-\tan^2\frac{x}{2}} = \frac{2t}{1-t^2},$$

$$\sin x = \cos x \cdot \tan x = \frac{1-t^2}{1+t^2}\cdot\frac{2t}{1-t^2} = \frac{2t}{1+t^2}$$

が導かれる．また，$t=\tan\dfrac{x}{2}$ の両辺を x で微分すると，

$$\frac{dt}{dx} = \frac{d}{dx}\left(\tan\frac{x}{2}\right) = \frac{1}{2\cos^2\frac{x}{2}} = \frac{1+\tan^2\frac{x}{2}}{2} = \frac{1+t^2}{2}$$

が得られる．よって，逆関数の微分法から，

$$\frac{dx}{dt} = \frac{1}{\frac{dt}{dx}} = \frac{2}{1+t^2}$$

が導かれる．■

例題 3.25. 不定積分 $\displaystyle\int \frac{1}{2+\cos x}\,dx$ を計算する．

【解】 $t=\tan\dfrac{x}{2}$ とおくと，$\cos x = \dfrac{1-t^2}{1+t^2}$，$dx = \dfrac{2}{1+t^2}\,dt$ であるから，

$$\int \frac{1}{2+\cos x}\,dx = \int \frac{1}{2+\frac{1-t^2}{1+t^2}}\cdot\frac{2}{1+t^2}\,dt = \int \frac{2}{2(1+t^2)+1-t^2}\,dt$$

$$= 2\int \frac{1}{t^2+3}\,dt = \frac{2}{\sqrt{3}}\tan^{-1}\frac{t}{\sqrt{3}} + C$$

$$= \frac{2}{\sqrt{3}}\tan^{-1}\left(\frac{\tan\frac{x}{2}}{\sqrt{3}}\right) + C.$$

□

誤答例　$\displaystyle\int \frac{1}{2+\cos x}\,dx = \log|2+\cos x| + C$

$\displaystyle\int \frac{1}{x}\,dx = \log|x| + C$ でできると思い違いしている．

注意 3.15. 積分 $\displaystyle\int \frac{\sin x}{2+\cos x}\,dx$ を考える．この場合は定理 3.12 より，

$$\int \frac{\sin x}{2+\cos x}\,dx = -\int \frac{(2+\cos x)'}{2+\cos x}\,dx$$

$$= -\log|2+\cos x| + C = -\log(2+\cos x) + C$$

と計算できる．このように，$t=\tan\dfrac{x}{2}$ を用いる必要のない場合もある．□

3.3.2　2 次式の根号を含む関数の積分

ここでは，2 次式の根号を含む関数の不定積分を求める．一般的ではないが，根号内に変数が含まれる形の関数を**無理関数**とよぶことがある

例題 3.26. $a > 0$ とする．不定積分 $\displaystyle\int \frac{1}{\sqrt{a^2 - x^2}}\,dx$ を計算する．

【解】 $x = a\sin t \left(-\dfrac{\pi}{2} \leq t \leq \dfrac{\pi}{2}\right)$ とおくと，$dx = a\cos t\,dt$ であるから，

$$\int \frac{1}{\sqrt{a^2 - x^2}}\,dx = \int \frac{a\cos t}{\sqrt{a^2(1 - \sin^2 t)}}\,dt = \int \frac{a\cos t}{\sqrt{a^2\cos^2 t}}\,dt$$

$$= \underline{\int \frac{a\cos t}{|a\cos t|}\,dt = \int 1\,dt} = t + C.$$

ここで，

$$t = \sin^{-1}\frac{x}{a}$$

であるから，

$$\int \frac{1}{\sqrt{a^2 - x^2}}\,dx = t + C = \sin^{-1}\frac{x}{a} + C.$$ □

注意 3.16. この例題において，$x = a\sin t \left(-\dfrac{\pi}{2} \leq t \leq \dfrac{\pi}{2}\right)$ のように定義域を指定して置換積分法を用いることにより，下線部において，$|a\cos t| = a\cos t$ が成り立ち，また逆関数 $t = \sin^{-1}\dfrac{x}{a}$ が定義できる． □

注意 3.17. $\left(\sin^{-1}\dfrac{x}{a}\right)' = \dfrac{1}{\sqrt{a^2 - x^2}}$ であった．このことからも，

$$\int \frac{1}{\sqrt{a^2 - x^2}}\,dx = \sin^{-1}\frac{x}{a} + C$$

が確かめられる． □

例題 3.27. $a > 0$ とする．不定積分 $\displaystyle\int \frac{x}{\sqrt{a^2 - x^2}}\,dx$ を計算する．

【解】 $t = a^2 - x^2$ とおくと，$x\,dx = -\dfrac{1}{2}\,dt$ であるから，

$$\int \frac{x}{\sqrt{a^2 - x^2}}\,dx = -\frac{1}{2}\int \frac{1}{\sqrt{t}}\,dt = -\sqrt{t} + C = -\sqrt{a^2 - x^2} + C.$$ □

例題 3.28. $a > 0$ とする．不定積分 $\displaystyle\int \sqrt{a^2 - x^2}\,dx$ を計算する．

【解】 $x = a\sin t \left(-\dfrac{\pi}{2} \leq t \leq \dfrac{\pi}{2}\right)$ とおくと，$dx = a\cos t\,dt$ であるから，

$$\begin{aligned}\int \sqrt{a^2 - x^2}\,dx &= \int \sqrt{a^2(1 - \sin^2 t)}\,a\cos t\,dt \\ &= \int \sqrt{a^2\cos^2 t}\,a\cos t\,dt \\ &= \int |a\cos t|\,a\cos t\,dt = a^2\int \cos^2 t\,dt \\ &= a^2\left(\frac{1}{4}\sin 2t + \frac{1}{2}t\right) + C.\end{aligned}$$

ここで，

$$\begin{aligned}\sin 2t &= 2\sin t\cos t = 2\sin t\sqrt{1 - \sin^2 t} \\ &= \frac{2x}{a}\sqrt{1 - \left(\frac{x}{a}\right)^2} = \frac{2x}{a^2}\sqrt{a^2 - x^2}\end{aligned}$$

であり，また

$$t = \sin^{-1}\frac{x}{a}$$

であるから，

$$\begin{aligned}\int \sqrt{a^2 - x^2}\,dx &= a^2\left(\frac{1}{4}\sin 2t + \frac{1}{2}t\right) + C \\ &= a^2\left(\frac{1}{4}\cdot\frac{2x}{a^2}\sqrt{a^2 - x^2} + \frac{1}{2}\sin^{-1}\frac{x}{a}\right) + C \\ &= \frac{1}{2}\left(x\sqrt{a^2 - x^2} + a^2\sin^{-1}\frac{x}{a}\right) + C.\end{aligned}$$

□

例題 3.29. $a > 0$ とする．不定積分 $\displaystyle\int \frac{1}{\sqrt{x^2 + a}}\,dx$ を計算する．

【解】 $t = x + \sqrt{x^2 + a}$ とおくと，

$$\frac{dt}{dx} = 1 + \frac{x}{\sqrt{x^2 + a}} = \frac{x + \sqrt{x^2 + a}}{\sqrt{x^2 + a}} = \frac{t}{\sqrt{x^2 + a}}$$

より，$\dfrac{1}{\sqrt{x^2 + a}}\,dx = \dfrac{1}{t}\,dt$ であるから，

$$\int \frac{1}{\sqrt{x^2+a}}\,dx = \int \frac{1}{t}\,dt = \log|t| + C = \log\left|x + \sqrt{x^2+a}\right| + C. \qquad \square$$

例題 3.30. $a \neq 0$ とする．不定積分 $\displaystyle\int \sqrt{x^2+a}\,dx$ を計算する．

【解】 部分積分法を用いて，

$$\begin{aligned}
\int \sqrt{x^2+a}\,dx &= x\sqrt{x^2+a} - \int x\left(\sqrt{x^2+a}\right)'dx \\
&= x\sqrt{x^2+a} - \int \frac{x^2}{\sqrt{x^2+a}}\,dx \\
&= x\sqrt{x^2+a} - \int \left(\sqrt{x^2+a} - \frac{a}{\sqrt{x^2+a}}\right)dx \\
&= x\sqrt{x^2+a} - \int \sqrt{x^2+a}\,dx + a\int \frac{1}{\sqrt{x^2+a}}\,dx.
\end{aligned}$$

右辺第 2 項を移項すると，

$$2\int \sqrt{x^2+a}\,dx = x\sqrt{x^2+a} + a\int \frac{1}{\sqrt{x^2+a}}\,dx.$$

よって，

$$\begin{aligned}
\int \sqrt{x^2+a}\,dx &= \frac{1}{2}\left(x\sqrt{x^2+a} + a\int \frac{1}{\sqrt{x^2+a}}\,dx\right) \\
&= \frac{1}{2}\left(x\sqrt{x^2+a} + a\log\left|x + \sqrt{x^2+a}\right|\right) + C. \qquad \square
\end{aligned}$$

3.3.3　連続でない関数の定積分とその性質

ここでは，閉区間における連続でない関数の定積分の例を，3 つ紹介する．連続でない関数の定積分は，原始関数の差で求めることができないため，リーマン和を用いた定義に立ち戻る．

例題 3.31. 次の関数 $f(x)$ の定積分 $\displaystyle\int_0^1 f(x)\,dx$ を求める．

$$f(x) = \begin{cases} 1 & (x = 0) \\ 0 & (0 < x \leq 1) \end{cases}$$

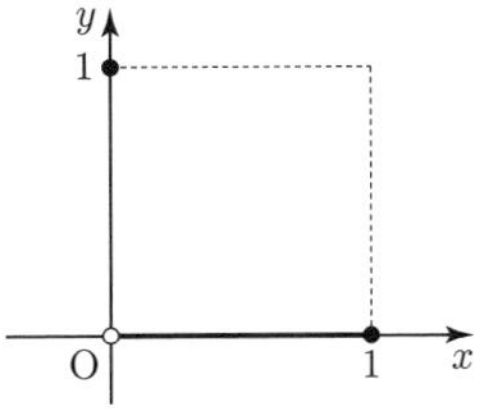

【解】 区間 $[0,1]$ の分割 Δ を $0 = x_0 < x_1 < \cdots < x_{n-1} < x_n = 1$ とし，各小区間 $[x_{k-1}, x_k]$ の代表点を ξ_k とする．このとき，$0 < x_1 \leq \xi_k$ $(k = 2, 3, \ldots, n)$ より，ξ_2, ξ_3, …, ξ_n はすべて 0 より大きいから，$f(\xi_2)$, $f(\xi_3)$, …, $f(\xi_n)$ はすべて 0 である．よってリーマン和は，

$$S(f, \Delta, \{\xi_k\}) = \sum_{k=1}^{n} f(\xi_k)\Delta x_k = f(\xi_1)\Delta x_1.$$

ここで，$0 \leq f(\xi_1) \leq 1$ と $\Delta x_1 \leq \max_k \Delta x_k = |\Delta|$ に注意し，両辺の絶対値をとると，

$$0 \leq |S(f, \Delta, \{\xi_k\})| = f(\xi_1)\Delta x_1 \leq 1 \cdot |\Delta| = |\Delta|.$$

$|\Delta| \to 0$ とすると，はさみうちの原理により

$$\lim_{|\Delta| \to 0} S(f, \Delta, \{\xi_k\}) = 0.$$

したがって，

$$\int_0^1 f(x)\,dx = 0.$$

□

注意 3.18. この例題からわかるように，1 点における関数の値の変化は，定積分の積分可能性やその値には影響しない． □

例題 3.32. 次の関数 $f(x)$ の定積分 $\displaystyle\int_{-1}^{1} f(x)\,dx$ を求める．

$$f(x) = \begin{cases} 1 & (x \geq 0) \\ 0 & (x < 0) \end{cases}$$

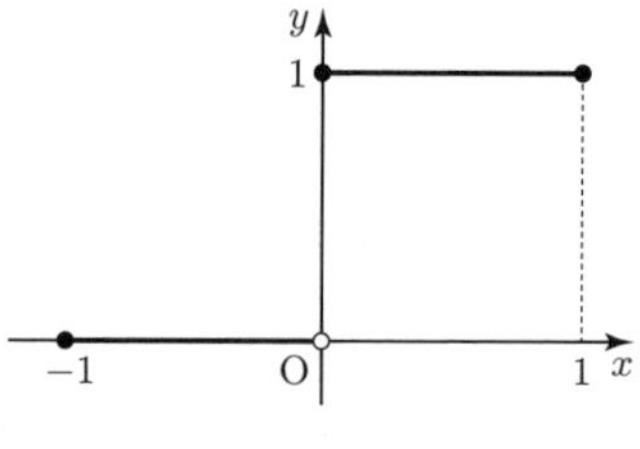

【解】 区間 $[-1,1]$ の分割 Δ を $-1 = x_0 < x_1 < \cdots < x_{n-1} < x_n = 1$ とし，各小区間 $[x_{k-1}, x_k]$ の代表点を ξ_k とする．また，このとき，$x_{m-1} < 0 \leq x_m$ を満たす番号 m が存在することに注意する．

ξ_1, ξ_2, …, ξ_{m-1} はすべて 0 より小さいから，$f(\xi_1)$, $f(\xi_2)$, …, $f(\xi_{m-1})$ はすべて 0 である．また，ξ_{m+1}, ξ_{m+2}, …, ξ_n はすべて 0 以上であるから，$f(\xi_{m+1})$, $f(\xi_{m+2})$, …, $f(\xi_n)$ はすべて 1 である．よってリーマン和は，

$$
\begin{aligned}
S(f, \Delta, \{\xi_k\}) &= \sum_{k=1}^{n} f(\xi_k)\Delta x_k \\
&= \sum_{k=1}^{m-1} f(\xi_k)\Delta x_k + f(\xi_m)\Delta x_m + \sum_{k=m+1}^{n} f(\xi_k)\Delta x_k \\
&= \sum_{k=1}^{m-1} 0 \cdot \Delta x_k + f(\xi_m)\Delta x_m + \sum_{k=m+1}^{n} 1 \cdot (x_k - x_{k-1}) \\
&= f(\xi_m)\Delta x_m + (1 - x_m).
\end{aligned}
$$

ここで，$0 \leq f(\xi_m) \leq 1$ と $\Delta x_m \leq \max_k \Delta x_k = |\Delta|$，さらに $0 \leq x_m \leq x_m - x_{m-1} \leq |\Delta|$ に注意し，両辺から 1 をそれぞれ引いて絶対値をとると，

$$
\begin{aligned}
0 \leq |S(f, \Delta, \{\xi_k\}) - 1| &= |f(\xi_m)\Delta x_m - x_m| \\
&\leq f(\xi_m)\Delta x_m + x_m \leq 1 \cdot |\Delta| + |\Delta|.
\end{aligned}
$$

$|\Delta| \to 0$ とすると，はさみうちの原理により

$$
\lim_{|\Delta| \to 0} (S(f, \Delta, \{\xi_k\}) - 1) = 0.
$$

したがって，

$$
\int_{-1}^{1} f(x)\, dx = 1. \qquad \square
$$

注意 3.19. $x = 0$ での扱いは異なるが，関数 $f(x) = \begin{cases} 1 & (x > 0) \\ 0 & (x < 0) \end{cases}$ はヘヴィサイド (Heaviside) 関数またはヘヴィサイドの階段関数とよばれる． □

例題 3.33. 次の関数 $f(x)$ の定積分 $\displaystyle\int_0^1 f(x)\, dx$ を求める．

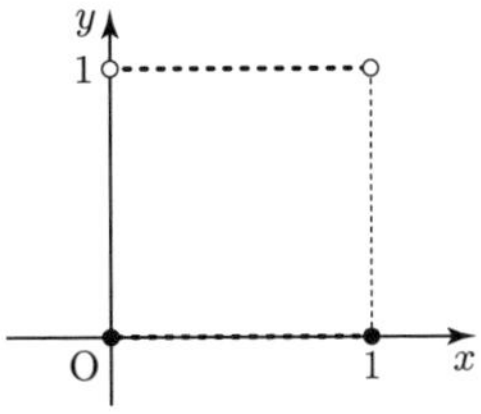

$$
f(x) = \begin{cases} 1 & (x \in \mathbb{Q}) \\ 0 & (x \notin \mathbb{Q}) \end{cases}
$$

【解】 区間 $[0, 1]$ の分割 Δ を $0 = x_0 < x_1 < \cdots < x_{n-1} < x_n = 1$ とし，各小区間 $[x_{k-1}, x_k]$ の代表点を ξ_k とする．実数の性質から，各小区間 $[x_{k-1}, x_k]$ には有理数と無理数が両方含まれていることに注意する．

(i) 代表点 $\xi_1, \xi_2, \ldots, \xi_n$ として，すべて有理数を選んだ場合　リーマン和は，

$$S(f, \Delta, \{\xi_k\}) = \sum_{k=1}^{n} f(\xi_k)\Delta x_k = \sum_{k=1}^{n} 1 \cdot \Delta x_k = \sum_{k=1}^{n} \Delta x_k = 1.$$

(ii) 代表点 $\xi_1, \xi_2, \ldots, \xi_n$ として，すべて無理数を選んだ場合　リーマン和は，

$$S(f, \Delta, \{\xi_k\}) = \sum_{k=1}^{n} f(\xi_k)\Delta x_k = \sum_{k=1}^{n} 0 \cdot \Delta x_k = 0.$$

(i), (ii) より，代表点の選び方によってリーマン和 (の極限) が異なる値となるため，$f(x)$ は区間 $[0,1]$ で積分可能ではない.[2)] □

ここまで，3 つの連続でない関数の定積分を求めたが，一般には，次の定理がよく知られている.

定理 3.17 (不連続な関数の積分可能性). 関数 $f(x)$ は区間 $[a,b]$ で有界で，区間 $[a,b]$ における不連続な点は有限個であるとする．このとき，$f(x)$ は区間 $[a,b]$ で積分可能である.

証明は省略する.

3.4 広義積分

ここまでは閉区間 $[a,b]$ における定積分を扱ってきたが，この節では，そうでない区間における積分について考える.

3.4.1 広義積分の定義

(1) 無限区間における広義積分

閉区間における定積分の考え方を拡張し，無限区間 $[a,\infty)$, $(-\infty,b]$, $(-\infty,\infty)$ における広義積分を次で定義する.

2) このすべての点において不連続な関数は**ディリクレ** (Dirichlet) **関数**とよばれる．この関数は，区間 $[0,1]$ において (リーマン) 積分可能ではないがルベーグ (Lebesgue) 積分可能 (本書では扱わない) である関数の一例である.

定義 3.6 (無限区間における広義積分 1). 関数 $f(x)$ は $[a,\infty)$ で連続とする.

(1) 極限 $\displaystyle\lim_{b\to\infty}\int_a^b f(x)\,dx$ が存在するとき, **広義積分** $\displaystyle\int_a^\infty f(x)\,dx$ **は収束するといい**,

$$\int_a^\infty f(x)\,dx = \lim_{b\to\infty}\int_a^b f(x)\,dx$$

と定める.

(2) そうでない場合, **広義積分** $\displaystyle\int_a^\infty f(x)\,dx$ **は発散するという**.

関数 $f(x)$ は $[a,\infty)$ で連続であるから, 特にそこに含まれる閉区間 $[a,b]$ でも連続である. よって, 関数 $f(x)$ は $[a,b]$ で積分可能であるから, $\displaystyle\int_a^b f(x)\,dx$ は収束し, b を選ぶごとにその積分値の存在が保証されている. $[a,\infty)$ における広義積分では, その b に関する極限を求めればよい.

定義 3.7 (無限区間における広義積分 2). 関数 $f(x)$ は $(-\infty,b]$ で連続とする.

(1) 極限 $\displaystyle\lim_{a\to-\infty}\int_a^b f(x)\,dx$ が存在するとき, **広義積分** $\displaystyle\int_{-\infty}^b f(x)\,dx$ **は収束するといい**,

$$\int_{-\infty}^b f(x)\,dx = \lim_{a\to-\infty}\int_a^b f(x)\,dx$$

と定める.

(2) そうでない場合, **広義積分** $\displaystyle\int_{-\infty}^b f(x)\,dx$ **は発散するという**.

関数 $f(x)$ は $(-\infty,b]$ で連続であるから, 特にそこに含まれる閉区間 $[a,b]$ でも連続である. よって, 関数 $f(x)$ は $[a,b]$ で積分可能であるから, $\displaystyle\int_a^b f(x)\,dx$ は収束し, a を選ぶごとにその積分値の存在が保証されている. $(-\infty,b]$ における広義積分では, その a に関する極限を求めればよい.

例題 3.34. 広義積分 $\displaystyle\int_1^\infty \frac{1}{x^2}\,dx$ を求める.

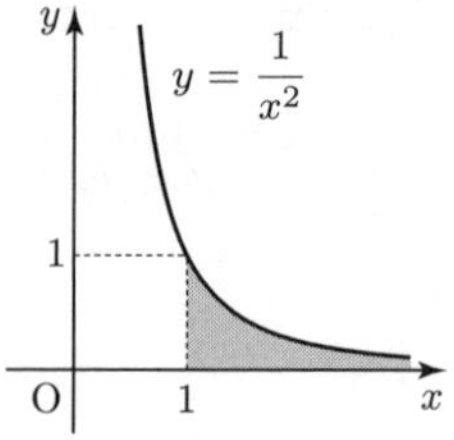

【解】

$$\int_1^\infty \frac{1}{x^2}\,dx = \lim_{b\to\infty}\int_1^b \frac{1}{x^2}\,dx$$
$$= \lim_{b\to\infty}\left[-\frac{1}{x}\right]_1^b$$
$$= \lim_{b\to\infty}\left(-\frac{1}{b}+1\right) = 1$$

□

例題 3.35. 広義積分 $\displaystyle\int_1^\infty \frac{1}{x}\,dx$ を求める.

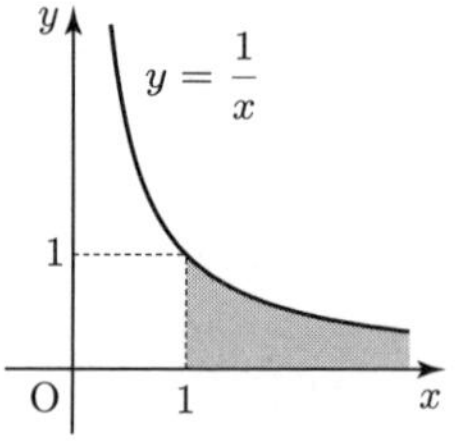

【解】

$$\int_1^\infty \frac{1}{x}\,dx = \lim_{b\to\infty}\int_1^b \frac{1}{x}\,dx$$
$$= \lim_{b\to\infty}\left[\log|x|\right]_1^b$$
$$= \lim_{b\to\infty}(\log b - \log 1) = +\infty$$

よって，広義積分 $\displaystyle\int_1^\infty \frac{1}{x}\,dx$ は発散する. □

注意 3.20. 定義からもわかるように，広義積分の計算には極限操作を用いる. しかしながら，この極限操作に慣れてきたら，上の 2 つの例題は次のように記述してもよい.

$$\int_1^\infty \frac{1}{x^2}\,dx = \left[-\frac{1}{x}\right]_1^\infty = 1,$$
$$\int_1^\infty \frac{1}{x}\,dx = \left[\log|x|\right]_1^\infty = +\infty$$

ただし本書では，理解を重視してすべての極限操作をあえて記述することとする. □

例題 3.36. 広義積分 $\displaystyle\int_1^\infty x^p\,dx$ を求める.

【解】 x^p の不定積分は，

$$\int x^p\,dx = \begin{cases} \dfrac{x^{p+1}}{p+1} + C & (p \neq -1), \\ \log|x| + C & (p = -1) \end{cases}$$

である．このことに注意して，(i) $p < -1$, (ii) $p > -1$, (iii) $p = -1$ の 3 通りに場合分けをする．

(i) $p < -1$ のとき： $p + 1 < 0$ に注意すると，

$$\int_1^\infty x^p\,dx = \lim_{b\to\infty}\int_1^b x^p\,dx = \lim_{b\to\infty}\left[\frac{x^{p+1}}{p+1}\right]_1^b$$
$$= \lim_{b\to\infty}\left(\frac{b^{p+1}}{p+1} - \frac{1}{p+1}\right) = -\frac{1}{p+1}.$$

(ii) $p > -1$ のとき： $p + 1 > 0$ に注意すると，(i) と同様の手順により，

$$\int_1^\infty x^p\,dx = \lim_{b\to\infty}\left(\frac{b^{p+1}}{p+1} - \frac{1}{p+1}\right) = +\infty. \text{ (発散)}$$

(iii) $p = -1$ のとき： 前の例題と同様にして，

$$\int_1^\infty x^{-1}\,dx = \lim_{b\to\infty}\int_1^b x^{-1}\,dx = \lim_{b\to\infty}\left[\log|x|\right]_1^b$$
$$= \lim_{b\to\infty}(\log b - \log 1) = +\infty. \text{ (発散)}$$

したがって，(i), (ii), (iii) より，

$$\int_1^\infty x^p\,dx = \begin{cases} -\dfrac{1}{p+1} & (p < -1), \\ +\infty \text{ (発散)} & (p \geq -1). \end{cases}$$

□

例題 3.37. $s > 0$ に対し，C^1 級関数 $f(t)$ は次の 2 つの条件を満たすとする．

(i) 広義積分 $\displaystyle\int_0^\infty e^{-st}f(t)\,dt$ は収束する．

(ii) $\displaystyle\lim_{t\to\infty} e^{-st}f(t) = 0$

このとき，t の関数 $e^{-st}f'(t)$ の $[0, \infty)$ における広義積分は収束し，次が成り立つことを示す．

$$\int_0^\infty e^{-st}f'(t)\,dt = s\int_0^\infty e^{-st}f(t)\,dt - f(0)$$

【解】 広義積分の定義に注意しながら，部分積分法を用いると，

$$\begin{aligned}\int_0^\infty e^{-st}f'(t)\,dt &= \lim_{b\to\infty}\int_0^b e^{-st}f'(t)\,dt \\ &= \lim_{b\to\infty}\left([e^{-st}f(t)]_0^b - \int_0^b (e^{-st})'f(t)\,dt\right) \\ &= \lim_{b\to\infty}\left(e^{-sb}f(b) - f(0) - \int_0^b (e^{-st})'f(t)\,dt\right) \\ &= s\int_0^\infty e^{-st}f(t)\,dt - f(0). \quad \text{(仮定 (ii))}\end{aligned}$$

仮定 (i) より，この右辺の広義積分は収束するため，左辺の広義積分も収束することがわかる． □

注意 3.21. この例題に現れた広義積分 $\int_0^\infty e^{-st}f(t)\,dt$ は，関数 $f(t)$ のラプラス (Laplace) **変換**とよばれ，$L[f(s)]$ で表される．例題をこの記法で書き換えると，

$$L[f'(s)] = sL[f(s)] - f(0)$$

となる．この関係式により，関数 $f(t)$ に対する微分操作を代数的操作 (四則演算) に置き換えることができるため，さまざまな自然現象を表す微分方程式を解く道具として知られている． □

定義 3.8 (無限区間における広義積分 3). 関数 $f(x)$ は $\mathbb{R}$ 上の連続関数とする．

(1) ある点 $x=c$ に対して，2 つの広義積分 $\int_{-\infty}^c f(x)\,dx$ と $\int_c^\infty f(x)\,dx$ がともに収束するとき，**広義積分** $\int_{-\infty}^\infty f(x)\,dx$ **は収束する**といい，

$$\int_{-\infty}^\infty f(x)\,dx = \int_{-\infty}^c f(x)\,dx + \int_c^\infty f(x)\,dx$$

と定める．

(2) そうでない場合，**広義積分** $\int_{-\infty}^\infty f(x)\,dx$ **は発散する**という．

注意 3.22. この広義積分の収束を仮定すると，その値は選んだ点 $x=c$ によらないことが知られている． □

(2) 閉でない有界区間における広義積分

次に，閉区間における定積分の考えを拡張し，半開区間 $[a,b)$, $(a,b]$ や穴の開いた区間 $[a,c)\cup(c,b]$ あるいは開区間 (a,b) における広義積分を定義する．

定義 3.9 (半開区間における広義積分 1)． 関数 $f(x)$ は $[a,b)$ で連続であるが，右端点 b で連続でないとする．

(1) 極限 $\displaystyle\lim_{\varepsilon\to 0+0}\int_a^{b-\varepsilon} f(x)\,dx$ が存在するとき，**広義積分** $\displaystyle\int_a^b f(x)\,dx$ **は収束する**といい，

$$\int_a^b f(x)\,dx = \lim_{\varepsilon\to 0+0}\int_a^{b-\varepsilon} f(x)\,dx$$

と定める．

(2) そうでない場合，**広義積分** $\displaystyle\int_a^b f(x)\,dx$ **は発散する**という．

関数 $f(x)$ は $[a,b)$ で連続であるから，特にそこに含まれる閉区間 $[a,b-\varepsilon]$ $(\varepsilon>0)$ でも連続である．よって，関数 $f(x)$ は $[a,b-\varepsilon]$ で積分可能であるから，$\displaystyle\int_a^{b-\varepsilon} f(x)\,dx$ は収束し，ε を選ぶごとにその積分値の存在が保証されている．$[a,b)$ における広義積分では，先ほどの閉区間の上端 $b-\varepsilon$ を小さいほうから b へと次第に近づけていく．つまり，$\varepsilon\to 0+0$ としたときの極限を求めればよい．

定義 3.10 (半開区間における広義積分 2)． 関数 $f(x)$ は $(a,b]$ で連続であるが，左端点 a で連続でないとする．

(1) 極限 $\displaystyle\lim_{\varepsilon\to 0+0}\int_{a+\varepsilon}^{b} f(x)\,dx$ が存在するとき，**広義積分** $\displaystyle\int_a^b f(x)\,dx$ **は収束する**といい，

$$\int_a^b f(x)\,dx = \lim_{\varepsilon\to 0+0}\int_{a+\varepsilon}^{b} f(x)\,dx$$

と定める．

(2) そうでない場合，**広義積分** $\displaystyle\int_a^b f(x)\,dx$ **は発散する**という．

関数 $f(x)$ は $(a,b]$ で連続であるから，特にそこに含まれる閉区間 $[a+\varepsilon,b]$ $(\varepsilon>0)$ でも連続である．よって，関数 $f(x)$ は $[a+\varepsilon,b]$ で積分可能である

から，$\displaystyle\int_{a+\varepsilon}^{b} f(x)\,dx$ は収束し，ε を選ぶごとにその積分値の存在が保証されている．$(a, b]$ における広義積分では，先ほどの閉区間の下端 $a+\varepsilon$ を大きいほうから a へと次第に近づけていく．つまり，$\varepsilon \to 0+0$ としたときの極限を求めればよい．

例題 3.38. 広義積分 $\displaystyle\int_0^1 \frac{1}{\sqrt{x}}\,dx$ を求める．

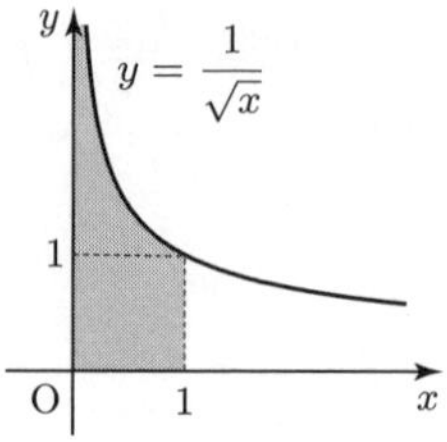

【解】
$$\int_0^1 \frac{1}{\sqrt{x}}\,dx = \lim_{\varepsilon\to 0+0} \int_\varepsilon^1 \frac{1}{\sqrt{x}}\,dx$$
$$= \lim_{\varepsilon\to 0+0} \left[2\sqrt{x}\right]_\varepsilon^1$$
$$= \lim_{\varepsilon\to 0+0} \left(2 - 2\sqrt{\varepsilon}\right) = 2 \quad \square$$

例題 3.39. 広義積分 $\displaystyle\int_0^1 \frac{1}{x}\,dx$ を求める．

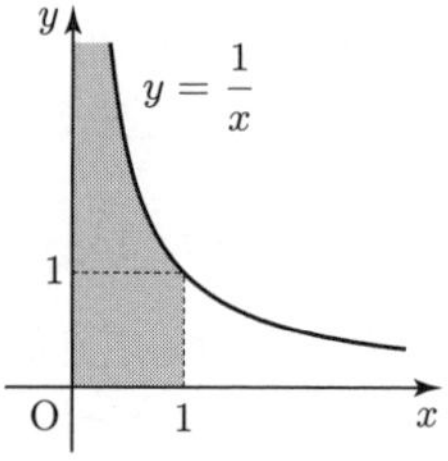

【解】
$$\int_0^1 \frac{1}{x}\,dx = \lim_{\varepsilon\to 0+0} \int_\varepsilon^1 \frac{1}{x}\,dx$$
$$= \lim_{\varepsilon\to 0+0} \left[\log|x|\right]_\varepsilon^1$$
$$= \lim_{\varepsilon\to 0+0} (\log 1 - \log\varepsilon) = +\infty$$

よって，広義積分 $\displaystyle\int_0^1 \frac{1}{x}\,dx$ は発散する． □

例題 3.40. 広義積分 $\displaystyle\int_0^1 x^p\,dx$ を求める．

【解】 (i) $p > -1$, (ii) $p < -1$, (iii) $p = -1$ の 3 通りに場合分けをする．

(i) $\underline{p > -1 \text{ のとき：}}$ $p + 1 > 0$ に注意すると，

$$\int_0^1 x^p\,dx = \lim_{\varepsilon\to 0+0} \int_\varepsilon^1 x^p\,dx = \lim_{\varepsilon\to 0+0} \left[\frac{x^{p+1}}{p+1}\right]_\varepsilon^1$$
$$= \lim_{\varepsilon\to 0+0} \left(\frac{1}{p+1} - \frac{\varepsilon^{p+1}}{p+1}\right) = \frac{1}{p+1}.$$

(ii) $\underline{p < -1 \text{ のとき：}}$ $p + 1 < 0$ に注意すると，(i) と同様の手順により，

$$\int_0^1 x^p\,dx = \lim_{\varepsilon\to 0+0}\left(\frac{1}{p+1} - \frac{\varepsilon^{p+1}}{p+1}\right) = +\infty.\ (\text{発散})$$

(iii) <u>$p=-1$ のとき：</u> 前の例題と同様にして，

$$\int_0^1 x^{-1}\,dx = \lim_{\varepsilon\to 0+0}\int_\varepsilon^1 x^{-1}\,dx = \lim_{\varepsilon\to 0+0}\left[\log|x|\right]_\varepsilon^1$$
$$= \lim_{\varepsilon\to 0+0}(\log 1 - \log\varepsilon) = +\infty.\ (\text{発散})$$

したがって，(i), (ii), (iii) より，

$$\int_0^1 x^p\,dx = \begin{cases} \dfrac{1}{p+1} & (p > -1), \\ +\infty\ (\text{発散}) & (p \leq -1). \end{cases}$$
□

例題 3.41. 任意の実数 p に対して，広義積分 $\displaystyle\int_0^\infty x^p\,dx$ は発散することを示す．

【解】 この広義積分を，

$$\int_0^\infty x^p\,dx = \int_0^1 x^p\,dx + \int_1^\infty x^p\,dx$$

と 2 つに分けると，前の例題で示したとおり，次の (i), (ii) がわかっている．

(i) $p \leq -1$ のとき，$\displaystyle\int_0^1 x^p\,dx$ は発散する (例題 3.40),

(ii) $p \geq -1$ のとき，$\displaystyle\int_1^\infty x^p\,dx$ は発散する (例題 3.36).

ゆえに，任意の実数 p に対し，少なくとも一方 (特に $p=-1$ の場合は両方) の広義積分が発散するため，広義積分 $\displaystyle\int_0^\infty x^p\,dx$ は発散する． □

定義 3.11 (穴の開いた区間における広義積分). 関数 $f(x)$ は閉区間 $[a,b]$ 内の点 $x=c$ $(a<c<b)$ で連続でないが，それ以外の点で連続とする．

(1) 2 つの広義積分 $\displaystyle\int_a^c f(x)\,dx$ と $\displaystyle\int_c^b f(x)\,dx$ がともに収束するとき，**広義積分** $\displaystyle\int_a^b f(x)\,dx$ **は収束する**といい，

$$\int_a^b f(x)\,dx = \int_a^c f(x)\,dx + \int_c^b f(x)\,dx$$

と定める．

(2) そうでない場合，**広義積分** $\displaystyle\int_a^b f(x)\,dx$ **は発散する**という．

例題 3.42. 広義積分 $\displaystyle\int_{-1}^{1} \frac{1}{x}\,dx$ を求める．

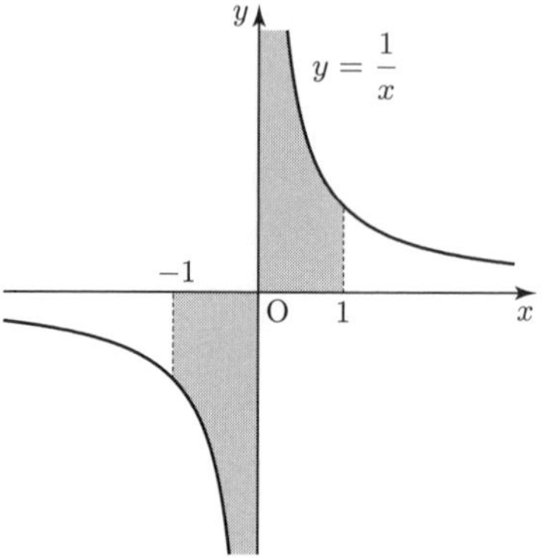

【解】 $x = 0$ において $\dfrac{1}{x}$ が定義されないことに注意して，次のように 2 つの広義積分に分ける．

$$\int_{-1}^{1} \frac{1}{x}\,dx = \int_{-1}^{0} \frac{1}{x}\,dx + \int_{0}^{1} \frac{1}{x}\,dx$$

右辺第 2 項の広義積分は，

$$\int_{0}^{1} \frac{1}{x}\,dx = +\infty$$

であった．したがって，広義積分 $\displaystyle\int_{-1}^{1} \frac{1}{x}\,dx$ は発散する． □

誤答例　$f(x) = \dfrac{1}{x}$ は奇関数であるから，$\displaystyle\int_{-1}^{1} \frac{1}{x}\,dx = 0.$

定義によると，問題の広義積分が収束するためには，2 つに分けた広義積分が両方ともに収束する必要があり，いずれかが発散した場合は，問題の広義積分は発散するとしている．

定義 3.12 (開区間における広義積分)．関数 $f(x)$ は開区間 (a, b) で連続であるが，両端点 a, b で連続でないとする．

(1) 開区間 (a, b) 内のある点 $x = c$ に対して，2 つの広義積分 $\displaystyle\int_a^c f(x)\,dx$ と $\displaystyle\int_c^b f(x)\,dx$ が収束するとき，**広義積分** $\displaystyle\int_a^b f(x)\,dx$ **は収束する**といい，

$$\int_a^b f(x)\,dx = \int_a^c f(x)\,dx + \int_c^b f(x)\,dx$$

と定める．

(2) そうでない場合，**広義積分** $\displaystyle\int_a^b f(x)\,dx$ **は発散する**という．

例題 3.43. 広義積分 $\displaystyle\int_{-\frac{\pi}{2}}^{\frac{\pi}{2}} \tan x\,dx$ を求める．

【解】 $x = \pm\dfrac{\pi}{2}$ において $\tan x$ が定義されないことに注意して，次のように 2 つの広義積分に分ける．

$$\int_{-\frac{\pi}{2}}^{\frac{\pi}{2}} \tan x\,dx = \int_{-\frac{\pi}{2}}^{0} \tan x\,dx + \int_{0}^{\frac{\pi}{2}} \tan x\,dx$$

右辺第 2 項の広義積分は，

$$\begin{aligned}
&\int_0^{\frac{\pi}{2}} \tan x\,dx \\
&= \lim_{\varepsilon \to 0+0} \int_0^{\frac{\pi}{2}-\varepsilon} \tan x\,dx \\
&= \lim_{\varepsilon \to 0+0} \big[-\log|\cos x|\big]_0^{\frac{\pi}{2}-\varepsilon} \\
&= \lim_{\varepsilon \to 0+0} \left\{-\log\left|\cos\left(\frac{\pi}{2}-\varepsilon\right)\right| + \log|\cos 0|\right\} \\
&= +\infty
\end{aligned}$$

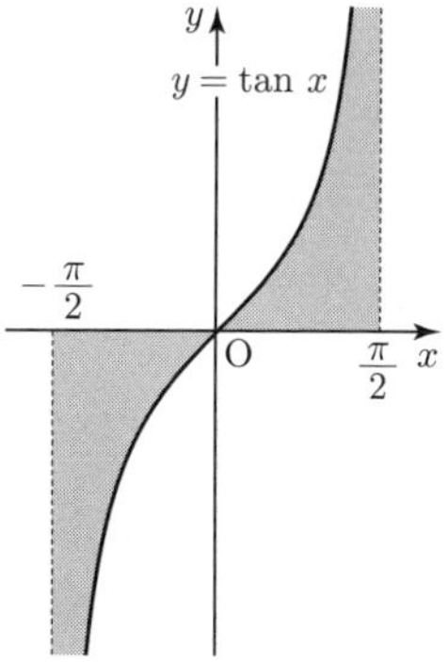

より発散する．したがって，広義積分 $\displaystyle\int_{-\frac{\pi}{2}}^{\frac{\pi}{2}} \tan x\,dx$ は発散する． □

誤答例　$f(x) = \tan x$ は奇関数であるから，$\displaystyle\int_{-\frac{\pi}{2}}^{\frac{\pi}{2}} \tan x\,dx = 0.$

奇関数であるからと安直に解答してはいけない．定義 3.12 を用いて求めなければならない．

注意 3.23. これらの有界な区間における広義積分の計算方法を閉区間 $[a,b]$ で連続な関数に対して適用しても，その計算結果は定積分 $\displaystyle\int_a^b f(x)\,dx$ と変わらないことが知られている． □

3.4.2 ガンマ関数とベータ関数

ここでは，代表的な広義積分の例であるガンマ関数とベータ関数を紹介する．

（1） ガンマ関数 $\Gamma(p)$

定義 3.13 (ガンマ関数)．$p > 0$ とする．$\Gamma(p)$ を広義積分

$$\Gamma(p) = \int_0^\infty x^{p-1} e^{-x}\, dx$$

で定義し，**ガンマ関数**という．

$p > 0$ であれば，広義積分 $\displaystyle\int_0^\infty x^{p-1} e^{-x}\, dx$ は収束する．詳しくは 3.4.3 項で述べる．

注意 3.24. $p = \dfrac{1}{2}$ の場合のガンマ関数について考えよう．広義積分の定義に注意して，置換積分法と偶関数の積分の性質を用いることで，

$$\Gamma\left(\frac{1}{2}\right) = \int_{-\infty}^\infty e^{-x^2}\, dx$$

と変形できる．右辺の積分は**ガウス** (Gauss) **積分**とよばれ，数学のみならず物理学・工学・確率統計学などに広く現れるものである．ここでは計算を省略するが，その値は $\Gamma\left(\dfrac{1}{2}\right) = \sqrt{\pi}$ であることが知られている． □

ガンマ関数の代表的な性質には以下のものがある．

定理 3.18 (ガンマ関数の性質)．$p > 0$, n を自然数とする．このとき，次が成り立つ．

(1) $\Gamma(1) = 1$

(2) $\Gamma(p+1) = p\,\Gamma(p)$

(3) $\Gamma(n+1) = n!$

(4) $\Gamma\left(n + \dfrac{1}{2}\right) = \dfrac{(2n-1)!!}{2^n}\sqrt{\pi}$

ここで，自然数 n に対して $n!!$ を，

$$n!! = \begin{cases} n(n-2)(n-4)\cdot 4\cdot 2 & (n \text{ は偶数}), \\ n(n-2)(n-4)\cdot 3\cdot 1 & (n \text{ は奇数}) \end{cases}$$

で定義し，n の**二重階乗**という．また，$0!! = 1$ と定義する．

定理 3.18 の証明　(1) ガンマ関数の定義より

$$\Gamma(1) = \int_0^\infty e^{-x}\,dx = \lim_{a\to\infty}\int_0^a e^{-x}\,dx = \lim_{a\to\infty}[-e^{-x}]_0^a$$
$$= \lim_{a\to\infty}(-e^{-a}+1) = 1.$$

(2) $\underline{p \geq 1 \text{ のとき：}}$　$e^{-x} = (-e^{-x})'$ に注意して部分積分法を用いると，

$$\begin{aligned}\Gamma(p+1) = \int_0^\infty x^p e^{-x}\,dx &= \lim_{a\to\infty}\int_0^a x^p e^{-x}\,dx = \lim_{a\to\infty}\int_0^a x^p(-e^{-x})'\,dx \\ &= \lim_{a\to\infty}\left\{[-x^p e^{-x}]_0^a + \int_0^a (x^p)' e^{-x}\,dx\right\} \\ &= \lim_{a\to\infty}\left(-a^p e^{-a} + \underline{\int_0^a p x^{p-1} e^{-x}\,dx}\right) \\ &= 0 + p\lim_{a\to\infty}\int_0^a x^{p-1}e^{-x}\,dx \\ &= p\int_0^\infty x^{p-1}e^{-x}\,dx = p\,\Gamma(p).\end{aligned}$$

$\underline{0 < p < 1 \text{ のとき：}}$　$p-1<0$ であるから，上の下線部 $\displaystyle\int_0^a p x^{p-1}e^{-x}\,dx$ が積分区間の下端 $x=0$ において広義積分となっていることに注意する．計算の見通しをよくするべく，$\Gamma(p+1)$ を次の 2 つに分けて考える．

$$\Gamma(p+1) = \int_0^\infty x^p e^{-x}\,dx = \int_0^1 x^p e^{-x}\,dx + \int_1^\infty x^p e^{-x}\,dx$$

右辺第 1 項の積分は，$p \geq 1$ のときと同様の計算により，

$$\begin{aligned}\int_0^1 x^p e^{-x}\,dx &= \lim_{a\to 0+0}\int_a^1 x^p e^{-x}\,dx = \lim_{a\to 0+0}\int_a^1 x^p(-e^{-x})'\,dx \\ &= \lim_{a\to 0+0}\left\{[-x^p e^{-x}]_a^1 + \int_a^1 (x^p)' e^{-x}\,dx\right\} \\ &= \lim_{a\to 0+0}\left\{(-e^{-1} + a^p e^{-a}) + \int_a^1 p x^{p-1} e^{-x}\,dx\right\}\end{aligned}$$

$$
\begin{aligned}
&= -e^{-1} + p \lim_{a \to 0+0} \int_a^1 x^{p-1} e^{-x}\, dx \\
&= -e^{-1} + p \int_0^1 x^{p-1} e^{-x}\, dx.
\end{aligned}
$$

右辺第 2 項の積分は,

$$
\begin{aligned}
\int_1^\infty x^p e^{-x}\, dx &= \lim_{b \to \infty} \int_1^b x^p e^{-x}\, dx = \lim_{b \to \infty} \int_1^b x^p (-e^{-x})'\, dx \\
&= \lim_{b \to \infty} \left\{ [-x^p e^{-x}]_1^b + \int_1^b (x^p)' e^{-x}\, dx \right\} \\
&= \lim_{b \to \infty} \left\{ (-b^p e^{-b} + e^{-1}) + \int_1^b p x^{p-1} e^{-x}\, dx \right\} \\
&= e^{-1} + p \lim_{b \to \infty} \int_1^b x^{p-1} e^{-x}\, dx \\
&= e^{-1} + p \int_1^\infty x^{p-1} e^{-x}\, dx.
\end{aligned}
$$

以上より,

$$
\begin{aligned}
\Gamma(p+1) &= \int_0^\infty x^p e^{-x}\, dx = \int_0^1 x^p e^{-x}\, dx + \int_1^\infty x^p e^{-x}\, dx \\
&= -e^{-1} + p \int_0^1 x^{p-1} e^{-x}\, dx + e^{-1} + p \int_1^\infty x^{p-1} e^{-x}\, dx \\
&= p \int_0^\infty x^{p-1} e^{-x}\, dx = p\,\Gamma(p).
\end{aligned}
$$

したがって, $p > 0$ のとき, $\Gamma(p+1) = p\,\Gamma(p)$ が成り立つ.

(3) (2) を n 回繰り返して用いると,

$$
\Gamma(n+1) = n\Gamma(n) = n(n-1)\Gamma(n-1) = \cdots = n!\,\Gamma(1).
$$

上の (1) で示したように $\Gamma(1) = 1$ であったから, $\Gamma(n+1) = n!$ が成り立つ.

(4) (2) を n 回繰り返して用いると,

$$
\begin{aligned}
\Gamma\left(n + \frac{1}{2}\right) &= \left(n - \frac{1}{2}\right) \Gamma\left(n - \frac{1}{2}\right) \\
&= \left(n - \frac{1}{2}\right)\left(n - \frac{3}{2}\right) \Gamma\left(n - \frac{3}{2}\right)
\end{aligned}
$$

$$
\begin{aligned}
&= \left(n - \frac{1}{2}\right)\left(n - \frac{3}{2}\right)\cdots\frac{1}{2}\Gamma\left(\frac{1}{2}\right) \\
&= \left(\frac{2n-1}{2}\right)\left(\frac{2n-3}{2}\right)\cdots\frac{1}{2}\Gamma\left(\frac{1}{2}\right) = \frac{(2n-1)!!}{2^n}\sqrt{\pi}
\end{aligned}
$$

が得られる． ■

注意 3.25. 定理3.18 (3) より，ガンマ関数は自然数 n に対して定義されていた階乗 $n!$ の正の実数への拡張と考えることができる． □

休憩　次元の呪い

ガンマ関数が使われている興味ある場面を紹介しよう．機械学習ではあたりまえになっている「次元の呪い」について説明してみたい．

「次元の呪い」とは，2 次元や 3 次元空間でイメージできた点と点との距離が，空間の次元が上がっていくにつれて，低次元では緻密に見える点の散らばりが高次元では粗になってしまうように，様相が変わっていくことを表す現象のことである．つまり，ある点の近傍の点の様子を見ようとしても，実際にはとても遠くまで見ないとわからない．そこで，機械学習において，近傍の点を参照するようなときには高次元空間になることをできるだけ避けるために，扱うデータの次元数を下げることがある．これを**次元削減**とよぶ．

さて，その現象を端的に表す一例を紹介する．1 辺の長さが 2 の n 次元立方体内に N 個の点が一様に散らばっているとしよう．このとき，立方体に内接する，原点を中心とする半径 1 の n 次元球内には，N 個の点のうちどのくらいの点が含まれているだろうか？ 立方体の体積は $V = 2^n$，球の体積はガンマ関数を使って $W = \dfrac{\pi^{\frac{n}{2}}}{\Gamma(\frac{n}{2}+1)}$ で求められることがわかっている．立方体の体積と球の体積の比 $r = \dfrac{W}{V}$ を求めると，例えば，$n = 2, 3$ のときそれぞれ $W = \pi$, $\dfrac{4}{3}\pi$ で，$r = \dfrac{\pi}{4}$, $\dfrac{\pi}{6}$ となっており，2 次元よりも 3 次元のほうが r は小さくなっている．一般の $2k$ 次元では $r = \dfrac{\pi^k}{2^{2k}k!}$，$2k+1$ 次元では $r = \dfrac{\pi^k}{2^k(2k+1)!!}$ となっている．整理してみると，右の表のように，n が大きくなるにつれて r は急速に小さくなって，r の式からもわかるように，$n \to \infty$ $(k \to \infty)$ では $r \to 0$ となってしまう． ■

次元数	r (およそ)
1	1
2	0.785
3	0.524
5	0.0164
10	2.49×10^{-3}
100	1.87×10^{-70}

（2） ベータ関数 $B(p,q)$

定義 3.14 (ベータ関数). $p>0,\ q>0$ とする．$B(p,q)$ を広義積分 (あるいは通常の定積分)

$$B(p,q)=\int_0^1 x^{p-1}(1-x)^{q-1}\,dx$$

で定義し，**ベータ関数**という．

$p>0,\ q>0$ であれば，広義積分 $\displaystyle\int_0^1 x^{p-1}(1-x)^{q-1}\,dx$ は収束する．詳しくは 3.4.3 項で述べる．

ガンマ関数とベータ関数のあいだには次の関係がある．証明には重積分を用いるため，ここでは定理の紹介のみにとどめる．

定理 3.19 (ガンマ関数とベータ関数の関係). $p>0,\ q>0$ に対して，次が成り立つ．

$$B(p,q)=\frac{\Gamma(p)\Gamma(q)}{\Gamma(p+q)}$$

例題 3.44. n を自然数とする．このとき，積分 $I=\displaystyle\int_0^{\frac{\pi}{2}}\sin^n x\,dx$ を求める．

【解】 ベータ関数の定義式で，$x=\sin^2\theta$ とおいて置換積分法を用いる．三平方の定理と $dx=2\sin\theta\cos\theta\,d\theta$ に注意して，

$$\begin{aligned}B(p,q)&=\int_0^1 x^{p-1}(1-x)^{q-1}\,dx\\&=\int_0^{\frac{\pi}{2}}(\sin^2\theta)^{p-1}(\cos^2\theta)^{q-1}\cdot 2\sin\theta\cos\theta\,d\theta\\&=2\int_0^{\frac{\pi}{2}}\sin^{2p-1}\theta\cos^{2q-1}\theta\,d\theta.\end{aligned}$$

ここで，$p=\dfrac{n+1}{2},\ q=\dfrac{1}{2}$ とすると，

$$B\left(\frac{n+1}{2},\frac{1}{2}\right)=2\int_0^{\frac{\pi}{2}}\sin^n\theta\,d\theta=2I$$

であるから，

$$I = \frac{1}{2}B\left(\frac{n+1}{2}, \frac{1}{2}\right)$$

を求めればよい．ガンマ関数とベータ関数の関係から，次が成り立つ．

$$I = \frac{1}{2}B\left(\frac{n+1}{2}, \frac{1}{2}\right) = \frac{\Gamma(\frac{n+1}{2})\Gamma(\frac{1}{2})}{2\Gamma(\frac{n+1}{2}+\frac{1}{2})} = \frac{\Gamma(\frac{n+1}{2})\cdot\sqrt{\pi}}{2\Gamma(\frac{n+2}{2})}$$

n が偶数のとき：　$n = 2m$ (m は自然数) とおくと，

$$\begin{aligned} I &= \frac{\Gamma(\frac{n+1}{2})\cdot\sqrt{\pi}}{2\Gamma(\frac{n+2}{2})} = \frac{\Gamma(m+\frac{1}{2})\cdot\sqrt{\pi}}{2\Gamma(m+1)} \\ &= \frac{\frac{(2m-1)!!}{2^m}\sqrt{\pi}\cdot\sqrt{\pi}}{2\cdot m!} = \frac{(2m-1)!!}{2^m\cdot m!}\cdot\frac{\pi}{2} = \frac{(2m-1)!!}{(2m)!!}\cdot\frac{\pi}{2}. \end{aligned}$$

n が奇数のとき：　$n = 2m-1$ (m は自然数) とおくと，

$$\begin{aligned} I &= \frac{\Gamma(\frac{n+1}{2})\cdot\sqrt{\pi}}{2\Gamma(\frac{n+2}{2})} = \frac{\Gamma(m)\cdot\sqrt{\pi}}{2\Gamma(m+\frac{1}{2})} \\ &= \frac{(m-1)!\cdot\sqrt{\pi}}{2\cdot\frac{(2m-1)!!}{2^m}\sqrt{\pi}} = \frac{2^{m-1}\cdot(m-1)!}{(2m-1)!!} = \frac{(2m-2)!!}{(2m-1)!!}. \end{aligned}$$

したがって，自然数 m に対して，次が得られる．

$$I = \int_0^{\frac{\pi}{2}} \sin^n x\,dx = \begin{cases} \dfrac{(2m-1)!!}{(2m)!!}\cdot\dfrac{\pi}{2} & (n = 2m), \\ \dfrac{(2m-2)!!}{(2m-1)!!} & (n = 2m-1) \end{cases}$$ □

例えば $n = 4$ のときには，場合分けの上の式に $m = 2$ を代入して，

$$\int_0^{\frac{\pi}{2}} \sin^4 x\,dx = \frac{(2\cdot 2-1)!!}{(2\cdot 2)!!}\cdot\frac{\pi}{2} = \frac{3}{16}\pi,$$

$n = 5$ のときには，場合分けの下の式に $m = 3$ を代入して，

$$\int_0^{\frac{\pi}{2}} \sin^5 x\,dx = \frac{(2\cdot 3-2)!!}{(2\cdot 3-1)!!} = \frac{8}{15}$$

が得られる．

例題 3.45. n を自然数とする．このとき，積分 $\displaystyle\int_0^{\frac{\pi}{2}} \cos^n x\,dx$ を求める．

【解】 $x = \dfrac{\pi}{2} - t$ とおき，以下のように置換積分法を用いる．

$$\int_0^{\frac{\pi}{2}} \cos^n x\,dx = \int_{\frac{\pi}{2}}^0 \cos^n\left(\frac{\pi}{2}-t\right)\cdot(-1)\,dt$$
$$= \int_0^{\frac{\pi}{2}} \cos^n\left(\frac{\pi}{2}-t\right)dt = \int_0^{\frac{\pi}{2}} \sin^n t\,dt = \int_0^{\frac{\pi}{2}} \sin^n x\,dx$$

したがって，前の例題を用いると，自然数 m に対して，次が得られる．

$$\int_0^{\frac{\pi}{2}} \cos^n x\,dx = \int_0^{\frac{\pi}{2}} \sin^n x\,dx = \begin{cases} \dfrac{(2m-1)!!}{(2m)!!}\cdot\dfrac{\pi}{2} & (n=2m), \\ \dfrac{(2m-2)!!}{(2m-1)!!} & (n=2m-1) \end{cases}$$
□

3.4.3 広義積分の収束・発散条件

ガンマ関数やベータ関数をはじめ，広義積分の多くはその値を求められないことが多い．しかし，その収束・発散の判定のみを行いたい場合には，次の定理が有用である．証明は省略する．

定理 3.20 (広義積分の収束・発散の判定)．区間 I を無限区間 $[a,\infty)$, $(-\infty,b]$, または半開区間 $(a,b]$, $[a,b)$ とし，関数 $f(x)$ は区間 I で非負値かつ連続とする．

(1) 次を満たす関数 $g(x)$ が存在するとする．

(i) 区間 I で $f(x) \le g(x)$.

(ii) 区間 I における $g(x)$ の広義積分が収束する．

このとき，区間 I における $f(x)$ の広義積分は収束する．

(2) 次を満たす関数 $g(x)$ が存在するとする．

(i) 区間 I で $0 \le g(x) \le f(x)$.

(ii) 区間 I における $g(x)$ の広義積分が発散する．

このとき，区間 I における $f(x)$ の広義積分は発散する．

定理 3.20 により，求めたい広義積分とは別の関数の広義積分を比較することで，収束・発散の判定を行うことができる．その比較に用いる代表的な関数としては，次がよく知られている．

$$f(x) = x^p \quad (p\text{ は実数}, \ x > 0)$$

この関数の区間 $[1, \infty)$ や $(0, 1]$ における広義積分は次のとおりであった(例題 3.36, 3.40 参照).

$$\int_1^\infty f(x)\,dx = \begin{cases} -\dfrac{1}{p+1} & (p < -1) \\ \text{発散} & (p \geq -1), \end{cases}$$

$$\int_0^1 f(x)\,dx = \begin{cases} \dfrac{1}{p+1} & (p > -1) \\ \text{発散} & (p \leq -1). \end{cases}$$

例題 3.46. 広義積分 $\displaystyle\int_1^\infty \frac{1}{1+x^a}\,dx$ の収束・発散を判定する.

【解】 (i) <u>$a > 1$ のとき：</u> 区間 $[1, \infty)$ において,

$$\frac{1}{1+x^a} \leq \frac{1}{x^a}$$

であり，広義積分 $\displaystyle\int_1^\infty \frac{1}{x^a}\,dx$ は収束する．よって，$\displaystyle\int_1^\infty \frac{1}{1+x^a}\,dx$ は収束する.

(ii) <u>$a \leq 1$ のとき：</u> 区間 $[1, \infty)$ において,

$$\frac{1}{1+x^a} \geq \frac{1}{1+x}$$

である．また,

$$\int_1^\infty \frac{1}{1+x}\,dx = \lim_{b\to\infty} \int_1^b \frac{1}{1+x}\,dx = \lim_{b\to\infty} \left[\log|1+x|\right]_1^b$$
$$= \lim_{b\to\infty} (\log(1+b) - \log 2) = +\infty$$

より，広義積分 $\displaystyle\int_1^\infty \frac{1}{1+x}\,dx$ は発散する．よって，$\displaystyle\int_1^\infty \frac{1}{1+x^a}\,dx$ は発散する.

したがって，(i), (ii) より，広義積分 $\displaystyle\int_1^\infty \frac{1}{1+x^a}\,dx$ は $a > 1$ のとき収束し，$a \leq 1$ のとき発散する. □

例題 3.47. ガンマ関数 $\Gamma(p) = \displaystyle\int_0^\infty x^{p-1} e^{-x}\,dx$ の収束・発散を判定する.

【解】 広義積分を，(i) $\int_0^1 x^{p-1}e^{-x}\,dx$ と (ii) $\int_1^\infty x^{p-1}e^{-x}\,dx$ に分けて考える．

(i) $\underline{p \geq 1}$ のとき： $\int_0^1 x^{p-1}e^{-x}\,dx$ は閉区間 $[0,1]$ における連続関数の定積分であるから，積分可能である．

$\underline{0 < p < 1}$ のとき： 区間 $(0,1]$ において，

$$x^{p-1}e^{-x} \leq x^{p-1}$$

である．また, 広義積分 $\int_0^1 x^{p-1}\,dx$ は収束する．よって, $\int_0^1 x^{p-1}e^{-x}\,dx$ は収束する．

$\underline{p \leq 0}$ のとき： 区間 $(0,1]$ において，

$$x^{p-1}e^{-x} \geq x^{p-1}e^{-1}$$

である．また，広義積分 $\int_0^1 x^{p-1}e^{-1}\,dx$ は発散する．よって，$\int_0^1 x^{p-1}e^{-x}\,dx$ は発散する．

(ii) $f(x) = x^{p-1}e^{-x} \cdot x^2$ とおくと，区間 $[1,\infty)$ で連続，かつ $f(1) = \dfrac{1}{e}$，$\lim_{x\to\infty} f(x) = 0$ より，区間 $[1,\infty)$ で有界である．つまり，

$$f(x) = x^{p-1}e^{-x} \cdot x^2 \leq M$$

を満たす $M > 0$ が存在する．この不等式を整理すると，区間 $[1,\infty)$ において，

$$x^{p-1}e^{-x} \leq Mx^{-2}$$

が成り立つ．また，広義積分 $\int_1^\infty Mx^{-2}\,dx$ は収束する．よって，任意の実数 p に対して $\int_1^\infty x^{p-1}e^{-x}\,dx$ は収束する．

したがって，(i), (ii) より，ガンマ関数 $\Gamma(p)$ は $p > 0$ のとき収束し，$p \leq 0$ のとき発散する． □

例題 3.48. ベータ関数 $B(p,q) = \int_0^1 x^{p-1}(1-x)^{q-1}\,dx$ の収束・発散を判定する．

【解】 広義積分を，(i) $\displaystyle\int_0^{\frac{1}{2}} x^{p-1}(1-x)^{q-1}\,dx$ と (ii) $\displaystyle\int_{\frac{1}{2}}^1 x^{p-1}(1-x)^{q-1}\,dx$ に分けて考える．

(i) <u>$p \geq 1$ のとき：</u> $\displaystyle\int_0^{\frac{1}{2}} x^{p-1}(1-x)^{q-1}\,dx$ は閉区間 $\left[0, \frac{1}{2}\right]$ における連続関数の定積分であるから，積分可能である．

<u>$0 < p < 1$ のとき：</u> 区間 $\left(0, \frac{1}{2}\right]$ において，

$$x^{p-1}(1-x)^{q-1} \leq x^{p-1} \cdot \max\left\{1, 2^{1-q}\right\}$$

である．ただし，$\max\left\{1, 2^{1-q}\right\}$ は，1, 2^{1-q} のうち大きいほうの数とする．また，広義積分 $\displaystyle\int_0^{\frac{1}{2}} x^{p-1} \cdot \max\left\{1, 2^{1-q}\right\} dx$ は収束する．よって，$\displaystyle\int_0^{\frac{1}{2}} x^{p-1}(1-x)^{q-1}\,dx$ は収束する．

<u>$p \leq 0$ のとき：</u> 区間 $\left(0, \frac{1}{2}\right]$ において，

$$x^{p-1}(1-x)^{q-1} \geq x^{p-1} \cdot \min\left\{1, 2^{1-q}\right\}$$

である．ただし，$\min\left\{1, 2^{1-q}\right\}$ は，1, 2^{1-q} のうち小さいほうの数とする．また，広義積分 $\displaystyle\int_0^{\frac{1}{2}} x^{p-1} \cdot \min\left\{1, 2^{1-q}\right\} dx$ は発散する．よって，$\displaystyle\int_0^{\frac{1}{2}} x^{p-1}(1-x)^{q-1}\,dx$ は発散する．

(ii) 広義積分の定義に注意して，$t = 1 - x$ とおいて置換積分法を用いると，

$$\int_{\frac{1}{2}}^1 x^{p-1}(1-x)^{q-1}\,dx = \lim_{\varepsilon \to 0+0} \int_{\frac{1}{2}}^{1-\varepsilon} x^{p-1}(1-x)^{q-1}\,dx$$

$$= \lim_{\varepsilon \to 0+0} \int_{\frac{1}{2}}^{\varepsilon} (1-t)^{p-1} t^{q-1} (-1)\,dt$$

$$= \lim_{\varepsilon \to 0+0} \int_{\varepsilon}^{\frac{1}{2}} (1-t)^{p-1} t^{q-1}\,dt = \int_0^{\frac{1}{2}} t^{q-1}(1-t)^{p-1}\,dt$$

であるから，(i) の議論を q について，同様に行えばよい．したがって，$q \geq 1$ のとき定積分は積分可能，$0 < q < 1$ のとき広義積分は収束し，$q \leq 0$ のとき広義積分は発散する．

したがって，(i), (ii) より，ベータ関数 $B(p,q)$ は $p>0$ かつ $q>0$ のときのみ収束し，それ以外のときは発散する． □

3.5 定積分の応用

定積分を応用すると，面積をはじめとするさまざまな量を測ることができる．ここでは主に，グラフで囲まれる平面図形の面積，回転体の体積，曲線の長さを，定積分を用いて求める．

3.5.1 グラフで囲まれる図形の面積

平面図形の面積の定義は一般には 2 重積分により表されるため，本書では扱わない．その定義によれば，面積をもたない平面図形も存在するが，少なくともなめらかな有限個の曲線で囲まれる平面図形は面積をもつことが知られている．特に，グラフで囲まれる図形については，定積分でその面積を求められる．

グラフで囲まれる図形の面積

関数 $f(x)$, $g(x)$ は区間 $[a,b]$ において連続，かつ $f(x) \geq g(x)$ とする．このとき，2 曲線 $y=f(x)$, $y=g(x)$，2 直線 $x=a$, $x=b$ で囲まれる図形の面積 S は，

$$S = \int_a^b \{f(x) - g(x)\}\,dx$$

で求められる．

例題 3.49. 曲線 $y=-x^2+2x+3$ と x 軸とで囲まれる図形の面積を求める．

【解】 因数分解すると, $y=-(x+1)(x-3)$ であるから，曲線と x 軸との交点の x 座標は $-1, 3$．したがって面積は，

$$\begin{aligned} S &= \int_{-1}^3 (-x^2+2x+3)\,dx \\ &= \left[-\frac{1}{3}x^3 + x^2 + 3x\right]_{-1}^3 = \frac{32}{3}. \end{aligned}$$ □

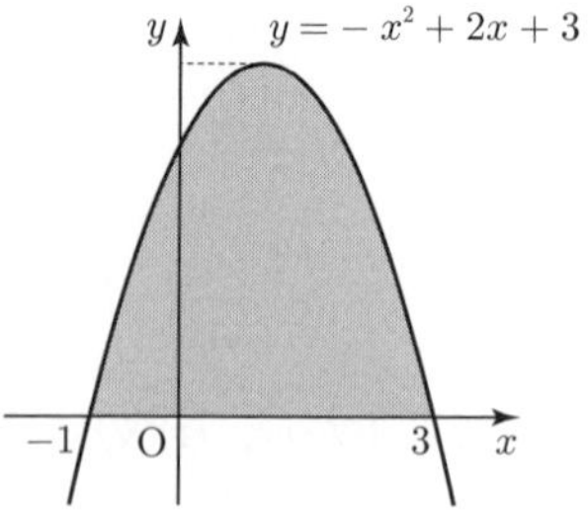

例題 3.50. 曲線 $y=x^3$ と直線 $y=x$ とで囲まれる図形の面積を求める．

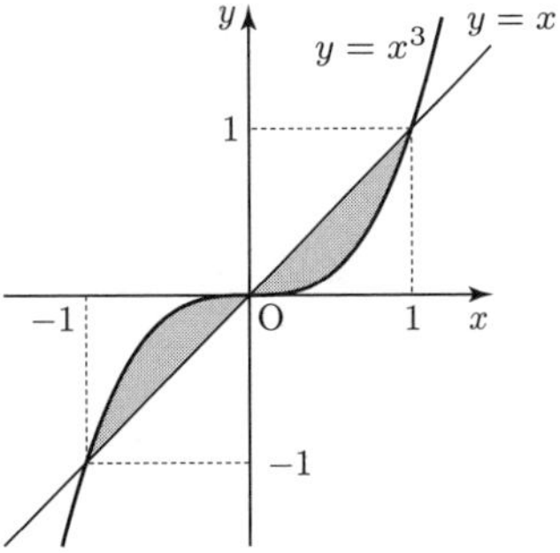

【解】 曲線と x 軸との交点の x 座標は, $x^3 = x$ として $x^3 - x = 0$ より $x(x+1)(x-1) = 0$ であるから, $x = -1, 0, 1$. したがって面積は,

$$S = \int_{-1}^{0} (x^3 - x)\,dx + \int_{0}^{1} (x - x^3)\,dx$$

$$= \left[\frac{1}{4}x^4 - \frac{1}{2}x^2\right]_{-1}^{0} + \left[\frac{1}{2}x^2 - \frac{1}{4}x^4\right]_{0}^{1}$$

$$= \frac{1}{2}.$$

□

例題 3.51. 曲線 $y = a(x-\alpha)(x-\beta)$ と x 軸とで囲まれる図形の面積を求める. ただし, $a > 0, \alpha < \beta$ とする.

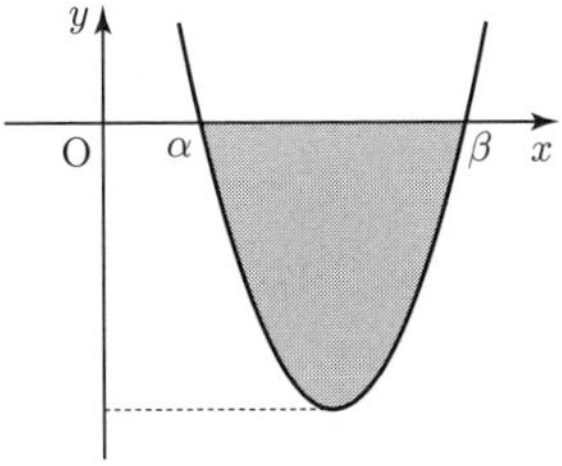

【解】 曲線と x 軸との交点の x 座標は $x = \alpha, \beta$. したがって面積は,

$$S = \int_{\alpha}^{\beta} \{-a(x-\alpha)(x-\beta)\}\,dx$$

$$= -a \int_{\alpha}^{\beta} \{x^2 - (\alpha+\beta)x + \alpha\beta\}\,dx$$

$$= -a \left[\frac{1}{3}x^3 - \frac{1}{2}(\alpha+\beta)x^2 + \alpha\beta x\right]_{\alpha}^{\beta}$$

$$= -a \left(-\frac{1}{6}\beta^3 + \frac{1}{2}\alpha\beta^2 - \frac{1}{2}\alpha^2\beta + \frac{1}{6}\alpha^3\right)$$

$$= \frac{a}{6}\left(\beta^3 - 3\alpha\beta^2 + 3\alpha^2\beta - \alpha^3\right) = \frac{a}{6}(\beta-\alpha)^3.$$

□

注意 3.26. この例題により, 下に凸な 2 次関数と x 軸で囲まれる図形の面積は, 関数の 2 次の項における係数 a と, 2 つの x 切片の間の距離 $\beta - \alpha$ のみで決まることがわかる. このことは, 2 次関数のグラフを x 軸方向に $-\alpha$ だけ平行移動しても x 軸により切り取られる図形が変わらないことを利用し,

$$S = \int_{0}^{\beta-\alpha} \left[-ax\{x - (\beta-\alpha)\}\right] dx$$

を計算すると, より見通しがよい.

□

3.5.2　立体の体積，回転体の体積

立体の体積の定義は一般には3重積分により表されるため，面積の定義と同様に本書では扱わない．しかしながら，ある向きでのすべての切り口の面積がわかっている立体については，定積分でその体積を求められることが知られている．

立体の体積，回転体の体積

(1) 空間における立体 G に対して，点 $\mathrm{P}(x,0,0)$ をとおり x 軸に垂直な平面で立体を切るときの切り口の面積を $S(x)$ とする．このとき，立体 G の x 軸に垂直な2つの平面 $x=a,\ x=b\ (a<b)$ にはさまれた部分の体積 V は，

$$V=\int_a^b S(x)\,dx$$

で求められる．

(2) 平面における連続関数 $y=f(x)\ (a \leq x \leq b)$ のグラフと，x 軸，2直線 $x=a,\ x=b$ で囲まれる図形を，x 軸のまわりに1回転してできる立体(回転体という)の体積 V は，

$$V=\pi\int_a^b (f(x))^2\,dx$$

で求められる．

例題 3.52. 曲線 $y=\sin x\ (0 \leq x \leq \pi)$ と x 軸で囲まれる図形を x 軸のまわりに1回転してできる回転体の体積を求める．

【解】

$$\begin{aligned}V&=\pi\int_0^\pi (\sin x)^2\,dx\\&=\pi\int_0^\pi \frac{1-\cos 2x}{2}\,dx\\&=\pi\left[\frac{1}{2}x-\frac{1}{4}\sin 2x\right]_0^\pi\\&=\frac{\pi^2}{2}\end{aligned}$$

□

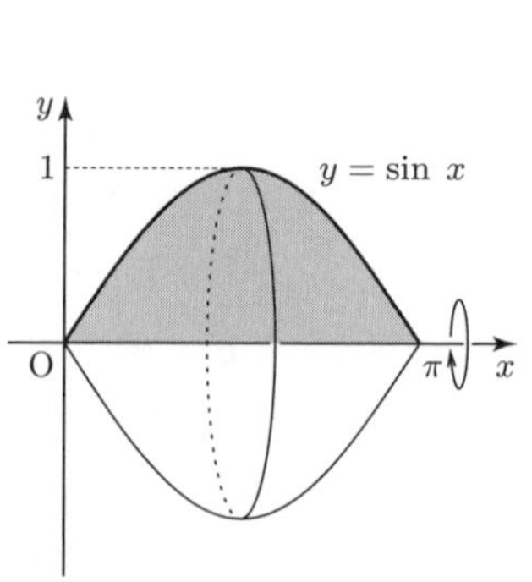

例題 3.53. 3 直線 $y = r$, $x = 0$, $x = h$ と x 軸とで囲まれる図形を x 軸のまわりに 1 回転してできる回転体 (円柱) の体積を求める．ただし，r と h は正の定数とする．

【解】
$$V = \pi \int_0^h r^2 \, dx = \pi \left[r^2 x \right]_0^h = \pi r^2 h$$
□

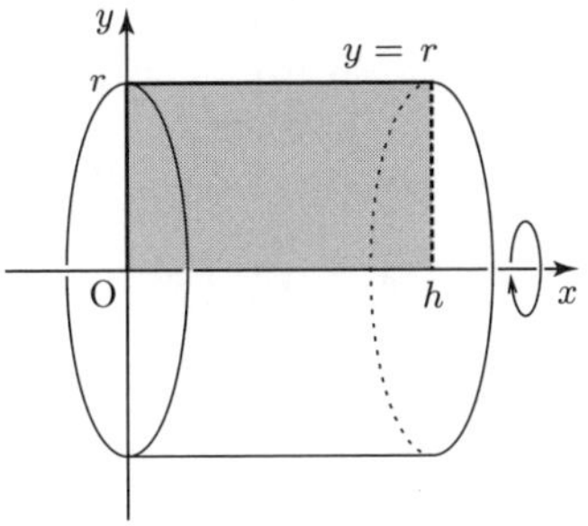

例題 3.54. 2 直線 $y = \dfrac{r}{h}x$, $x = h$ と x 軸とで囲まれる図形を x 軸のまわりに 1 回転してできる回転体 (円錐) の体積を求める．ただし，r と h は正の定数とする．

【解】
$$V = \pi \int_0^h \left(\frac{r}{h} x \right)^2 dx = \pi \int_0^h \frac{r^2}{h^2} x^2 \, dx = \pi \left[\frac{r^2}{3h^2} x^3 \right]_0^h = \pi \frac{r^2}{3h^2} h^3 = \frac{1}{3} \pi r^2 h$$
□

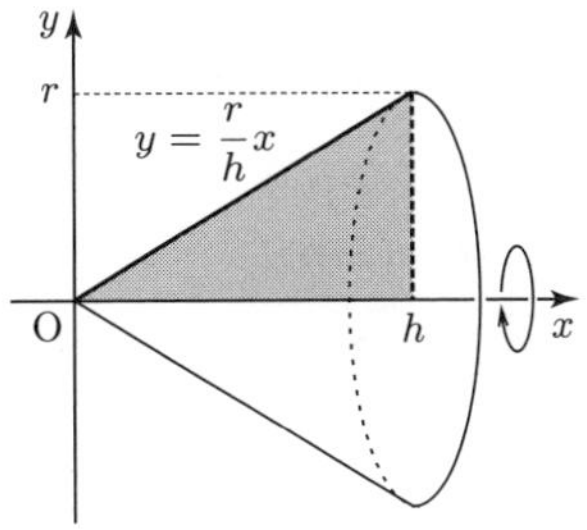

注意 3.27. これらの 2 つの例題から，その底面と高さが同じであれば，円錐の体積は円柱の体積の $\dfrac{1}{3}$ であることが確かめられる．□

例題 3.55. 曲線 $y = \sqrt{r^2 - x^2}$ と x 軸とで囲まれる図形を x 軸のまわりに 1 回転してできる回転体 (球) の体積を求める．ただし，r は正の定数とする．

【解】 $V = \pi \int_{-r}^{r} \left(\sqrt{r^2 - x^2}\right)^2 dx$

$$= \pi \int_{-r}^{r} (r^2 - x^2)\, dx$$

$$= \pi \left[r^2 x - \frac{1}{3} x^3 \right]_{-r}^{r}$$

$$= \frac{4}{3}\pi r^3$$

□

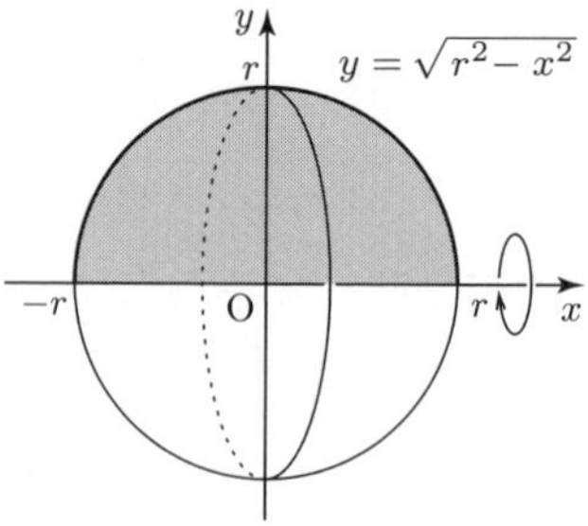

3.5.3 曲線の長さ

まず，C^1 級曲線とその長さの定義を述べる．

定義 3.15 (C^1 級曲線)．平面にある曲線 C が変数 t を用いて，

$$C: x = f(t),\, y = g(t) \quad (a \leq t \leq b)$$

で表されているとする．関数 $f(t), g(t)$ がともに C^1 級であるとき，曲線 C を **C^1級曲線**という．

変数 t が a から b まで連続的に変化していくとする．このとき，t の値を決めるごとに $x = f(t), y = g(t)$ によって x と y の値が求められ，点 $\mathrm{P}(x, y)$ の座標が決まる．これによって決まる点 P をすべて集めると，その軌跡は曲線 (または線分や点) となる．このとき，

$$x = f(t),\, y = g(t) \quad (a \leq t \leq b)$$

を曲線 C の**媒介変数表示**または**パラメータ表示**といい，曲線 C のことを**媒介変数表示された曲線**または**パラメータ表示された曲線**という．また，変数 t を**媒介変数**または**パラメータ**という．

さて，リーマン和から定積分を定義したときと同様に，区間 $[a, b]$ の分割 Δ，小区間の幅 Δt_k と区間の幅 $|\Delta|$ を次で定義する．

$$\Delta:\ a = t_0 < t_1 < t_2 < \cdots < t_n = b,$$

$$\Delta t_k = t_k - t_{k-1} \quad (k = 1, 2, \ldots, n),$$

$$|\Delta| = \max\{\Delta t_1, \Delta t_2, \ldots, \Delta t_n\}.$$

定義 3.16 (曲線の長さ).　曲線 $C: x = f(t),\ y = g(t)\ (a \leq t \leq b)$ に対し，区間 $[a, b]$ の分割 Δ における分点 t_k に対応する曲線 C 上の点 $(f(t_k), g(t_k))$ を P_k とし，$\mathrm{P}_0, \mathrm{P}_1, \ldots, \mathrm{P}_n$ を頂点とする折れ線の長さ

$$\sum_{k=1}^{n} \sqrt{(f(t_k) - f(t_{k-1}))^2 + (g(t_k) - g(t_{k-1}))^2}$$

を $L(C, \Delta)$ とおく．

分割を細かくすることによって，分割の幅 $|\Delta|$ を十分小さくしたとき，分割 Δ の分け方によらずに次の極限が一定の値に定まるとする．

$$\lim_{|\Delta| \to 0} L(C, \Delta)$$

このとき，曲線 C は**長さをもつ**という．そして，この極限値を**曲線** C **の長さ** (または**弧長**) といい $L(C)$ または単に L で表す．

例えば，曲線 C に対する $n = 3$ のときの折れ線をみてみよう．

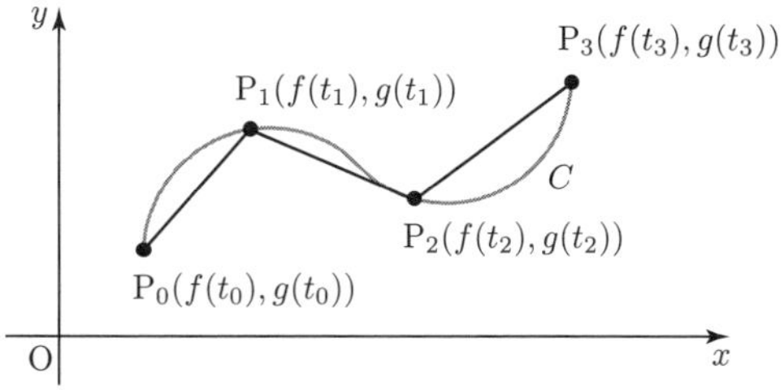

図 3.10　$n = 3$ のときの折れ線の長さ $L(C, \Delta)$

この図より，三平方の定理を用いると，

線分 $\mathrm{P}_0\mathrm{P}_1$ の長さは $\sqrt{(f(t_1) - f(t_0))^2 + (g(t_1) - g(t_0))^2}$,

線分 $\mathrm{P}_1\mathrm{P}_2$ の長さは $\sqrt{(f(t_2) - f(t_1))^2 + (g(t_2) - g(t_1))^2}$,

線分 $\mathrm{P}_2\mathrm{P}_3$ の長さは $\sqrt{(f(t_3) - f(t_2))^2 + (g(t_3) - g(t_2))^2}$

であるから，折れ線全体の長さは，

$$\sum_{k=1}^{3} \sqrt{(f(t_k) - f(t_{k-1}))^2 + (g(t_k) - g(t_{k-1}))^2}$$

となる．ここで分割を細かくし，曲線を折れ線で近似することでその長さを考えるのである．

注意 3.28. C^1 級関数 $y=f(x)$ $(a \leq t \leq b)$ のグラフも平面上の C^1 級曲線である．実際，$x=t$, $y=f(t)$ $(a \leq t \leq b)$ を考えれば，t, $f(t)$ はともに C^1 級関数で $y=f(x)$ を満たしている． □

特に C^1 級曲線 C は長さをもち，その長さ $L(C)$ は定積分を用いて次で求められることが知られている．

定理 3.21 (曲線の長さ (弧長))**.**

(1) C^1 級曲線 $C: x=f(t), y=g(t)$ $(a \leq t \leq b)$ の長さ $L(C)$ は，

$$L(C)=\int_a^b \sqrt{(f'(t))^2+(g'(t))^2}\,dt$$

で求められる．

(2) C^1 級関数 $y=f(x)$ $(a \leq t \leq b)$ のグラフの表す曲線 C の長さ $L(C)$ は，

$$L(C)=\int_a^b \sqrt{1+(f'(x))^2}\,dx$$

で求められる．

(1) の証明の概略　折れ線の長さ $L(C,\Delta)$ を次のように変形する．

$$\begin{aligned} L(C,\Delta) &= \sum_{k=1}^n \sqrt{(f(t_k)-f(t_{k-1}))^2+(g(t_k)-g(t_{k-1}))^2} \\ &= \sum_{k=1}^n \sqrt{\left(\frac{f(t_k)-f(t_{k-1})}{t_k-t_{k-1}}\right)^2+\left(\frac{g(t_k)-g(t_{k-1})}{t_k-t_{k-1}}\right)^2} \cdot (t_k-t_{k-1}) \end{aligned}$$

ここで $f(t)$, $g(t)$ それぞれに平均値の定理を用いると，

$$L(C,\Delta)=\sum_{k=1}^n \sqrt{\left(f'(\xi_k)\right)^2+\left(g'(\eta_k)\right)^2} \cdot \Delta t_k$$

を満たす $\{\xi_k\}$, $\{\eta_k\}$ で，それぞれ $\xi_k, \eta_k \in (t_{k-1}, t_k)$ を満たすものが存在する．ここで $f(t)$ と $g(t)$ の一様連続性 (本書では深くは立ち入らない) により，次の差

$$\sum_{k=1}^n \sqrt{\left(f'(\xi_k)\right)^2+\left(g'(\eta_k)\right)^2} \cdot \Delta t_k$$

$$-\sum_{k=1}^{n}\sqrt{\left(f'(\xi_k)\right)^2+\left(g'(\xi_k)\right)^2}\cdot\Delta t_k$$

は，$|\Delta|\to 0$ としたときに限りなく 0 に近づくことが証明される[3)]．なお，この式の 2 行目の $|\Delta|\to 0$ としたときの極限は，定積分の定義より，

$$\lim_{|\Delta|\to 0}\sum_{k=1}^{n}\sqrt{\left(f'(\xi_k)\right)^2+\left(g'(\xi_k)\right)^2}\cdot\Delta t_k=\int_a^b\sqrt{\left(f'(t)\right)^2+\left(g'(t)\right)^2}\,dt$$

であることがわかる．

$f(t)$, $g(t)$ は C^1 級であるから $f'(t)$, $g'(t)$ は連続である．したがって，最後に現れた積分の被積分関数 $\sqrt{\left(f'(t)\right)^2+\left(g'(t)\right)^2}$ も区間 $[a,b]$ で連続，つまり積分可能であることに注意されたい．

(2) の証明　C^1 級曲線 $x=t$, $y=f(t)$ $(a\leq t\leq b)$ に，(1) の結果を適用すればよい．■

例題 3.56. 曲線 $x=a\cos t$, $y=a\sin t$ $(0\leq t\leq\pi)$ の長さを求める．ただし，a は正の定数とする．

【解】 曲線は右図のとおり．

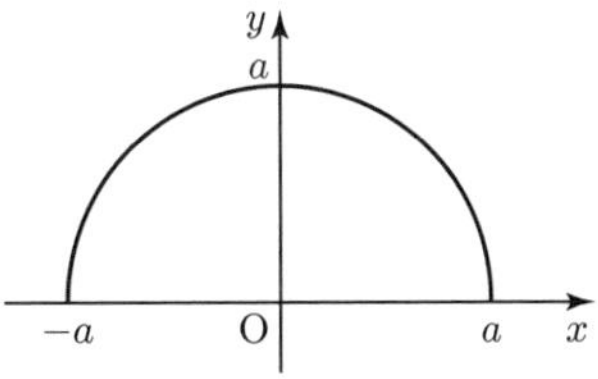

$$\begin{cases}\dfrac{dx}{dt}=-a\sin t\\[2mm]\dfrac{dy}{dt}=a\cos t\end{cases}\quad\text{であるから，}$$

$$\sqrt{\left(\frac{dx}{dt}\right)^2+\left(\frac{dy}{dt}\right)^2}=\sqrt{a^2}=|a|=a.$$

したがって，

$$L=\int_0^{\pi}\sqrt{\left(\frac{dx}{dt}\right)^2+\left(\frac{dy}{dt}\right)^2}\,dx=\int_0^{\pi}a\,dx=[ax]_0^{\pi}=a\pi.\qquad\square$$

この曲線は中心が原点，半径が a の円周 $x^2+y^2=a^2$ の上半分であり，その長さは $L=2a\pi\cdot\dfrac{1}{2}=a\pi$ でも求められる．

例題 3.57. 曲線 $x=a(t-\sin t)$, $y=a(1-\cos t)$ $(0\leq t\leq 2\pi)$ の長さを求める．ただし，a は正の定数とする．

---

3)　1 行目と 2 行目で変数が異なっていることに注意せよ．

【解】 曲線は右図のとおり．

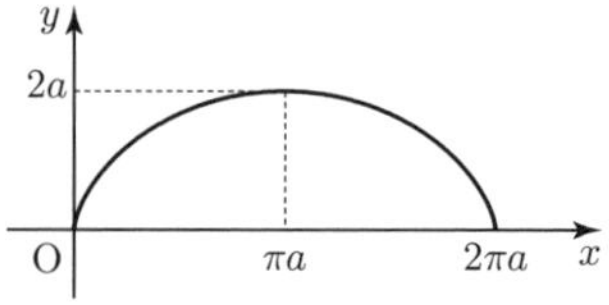

$$\begin{cases} \dfrac{dx}{dt} = a(1-\cos t) \\ \dfrac{dy}{dt} = a\sin t \end{cases}$$ であるから，

$$\sqrt{\left(\frac{dx}{dt}\right)^2 + \left(\frac{dy}{dt}\right)^2} = \sqrt{2a^2(1-\cos t)}$$

$$= \sqrt{4a^2\sin^2\frac{t}{2}} = \left|2a\sin\frac{t}{2}\right| = 2a\sin\frac{t}{2}.$$

したがって，

$$L = \int_0^{2\pi} \sqrt{\left(\frac{dx}{dt}\right)^2 + \left(\frac{dy}{dt}\right)^2}\,dx$$

$$= 2a\int_0^{2\pi} \sin\frac{t}{2}\,dx = 2a\left[-2\cos\frac{t}{2}\right]_0^{2\pi} = 8a. \qquad \square$$

この曲線は**サイクロイド**とよばれる．半径 a の円が水平な直線 (x 軸) の上側を滑らずに転がるときの円周上の 1 点の軌跡として描かれ，**最速降下曲線** (ある 2 点を結ぶなめらかな斜面を初速度 0 の物体が滑り降りるときにかかる時間が最短の曲線) としても知られている．

例題 3.58. 曲線 $x = a\cos^3 t$, $y = a\sin^3 t$ $(0 \leq t \leq 2\pi)$ の長さを求める．ただし，a は正の定数とする．

【解】 曲線は右図のとおり．x 軸および y 軸に関して対称な曲線であるから，第 1 象限 $\left(0 \leq t \leq \dfrac{\pi}{2}\right)$ における長さを求め，4 倍すればよい．

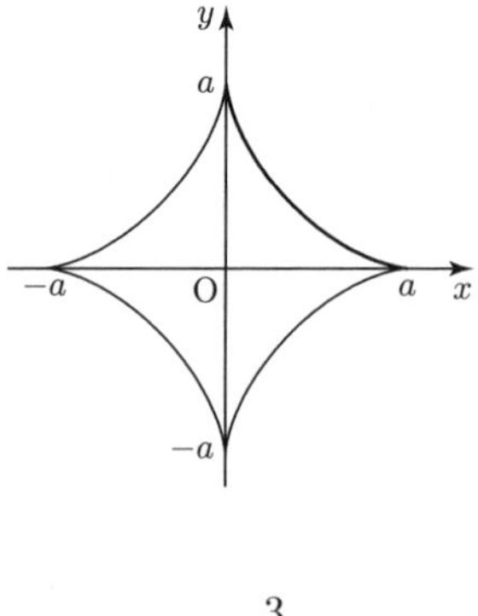

$$\begin{cases} \dfrac{dx}{dt} = -3a\cos^2 t\sin t \\ \dfrac{dy}{dt} = 3a\sin^2 t\cos t \end{cases}$$ であるから，

$$\sqrt{\left(\frac{dx}{dt}\right)^2 + \left(\frac{dy}{dt}\right)^2} = \sqrt{9a^2\sin^2 t\cos^2 t} = |3a\sin t\cos t| = \frac{3}{2}a\sin 2t.$$

したがって，

$$L = 4\int_0^{\frac{\pi}{2}} \sqrt{\left(\frac{dx}{dt}\right)^2 + \left(\frac{dy}{dt}\right)^2}\,dx$$
$$= 4\cdot\frac{3}{2}a\int_0^{\frac{\pi}{2}} \sin 2t\,dx = 6a\left[-\frac{1}{2}\cos 2t\right]_0^{\frac{\pi}{2}} = 6a. \qquad \square$$

この曲線は**アステロイド** (あるいは**星芒形**) とよばれる．半径 $\frac{a}{4}$ の円 C_1 が，半径 a の円 C_2 の内側を滑らずに転がるときの，円周 C_1 上の 1 点の軌跡として描かれ，直交座標系では $x^{\frac{2}{3}} + y^{\frac{2}{3}} = a^{\frac{2}{3}}$ と表される．

例題 3.59. 曲線 $x = a(1+\cos t)\cos t,\ y = a(1+\cos t)\sin t\ (0 \leq t \leq 2\pi)$ の長さを求めよ．ただし，a は正の定数とする．

【解】 曲線は右図のとおり．x 軸に関して対称な曲線であるから，上半平面 $y \geq 0$ における長さを求め，2 倍すればよい．

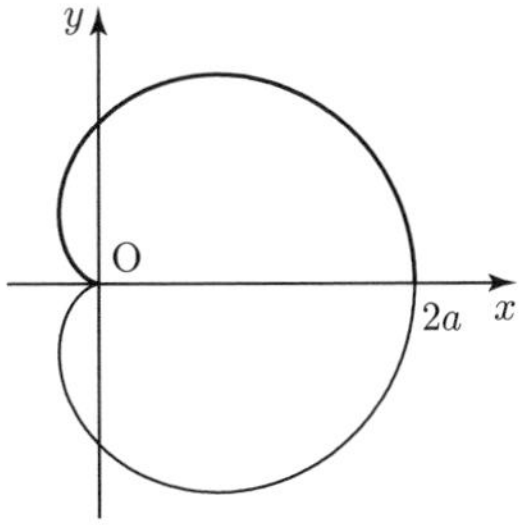

$$\begin{cases} \dfrac{dx}{dt} = -a\sin t(1+2\cos t) \\ \dfrac{dy}{dt} = a\cos t(1+2\sin t) \end{cases}$$ であるから，

$$\sqrt{\left(\frac{dx}{dt}\right)^2 + \left(\frac{dy}{dt}\right)^2} = \sqrt{2a^2(\cos t + 1)}$$
$$= \sqrt{4a^2\cos^2\frac{t}{2}} = \left|2a\cos\frac{t}{2}\right| = 2a\cos\frac{t}{2}.$$

したがって，

$$L = 2\int_0^{\pi} \sqrt{\left(\frac{dx}{dt}\right)^2 + \left(\frac{dy}{dt}\right)^2}\,dx$$
$$= 2\cdot 2a\int_0^{\pi} \cos\frac{t}{2}\,dx = 4a\left[2\sin\frac{t}{2}\right]_0^{\pi} = 8a. \qquad \square$$

この曲線は**カージオイド** (あるいは**心臓形**) とよばれる．半径 a の円 C_1 が，半径 a の円 C_2 の外側を滑らずに転がるときの，円周 C_1 上の 1 点の軌跡として描かれる．

例題 3.60. 曲線 $x = a(\cos t + t\sin t)$, $y = a(\sin t - t\cos t)$ $(0 \leq t \leq \tau)$ の長さを求める．ただし，a, τ は正の定数とする．

【解】 曲線は右図のとおり．

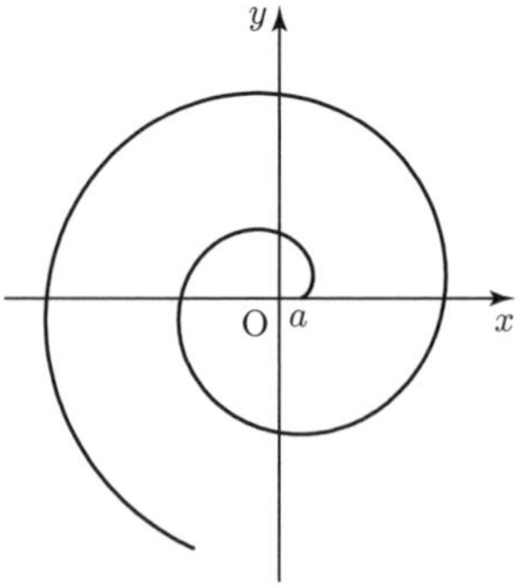

$$\begin{cases} \dfrac{dx}{dt} = at\cos t \\ \dfrac{dy}{dt} = at\sin t \end{cases}$$ であるから，

$$\sqrt{\left(\frac{dx}{dt}\right)^2 + \left(\frac{dy}{dt}\right)^2} = \sqrt{a^2t^2} = |at| = at.$$

したがって，

$$L = \int_0^\tau \sqrt{\left(\frac{dx}{dt}\right)^2 + \left(\frac{dy}{dt}\right)^2}\,dx = \int_0^\tau at\,dx = \left[\frac{1}{2}at^2\right]_0^\tau = \frac{1}{2}a\tau^2. \qquad \square$$

この曲線は**インボリュート曲線** (あるいは**伸開線**) とよばれる．回転しない半径 a の糸巻きから糸をほどいていくときの，糸の端点の軌跡として描かれ，歯車の歯の形状などに応用される．

例題 3.61. 曲線 $y = x^2$ $(0 \leq x \leq 1)$ の長さを求める．

【解】 $y' = 2x$ であるから，

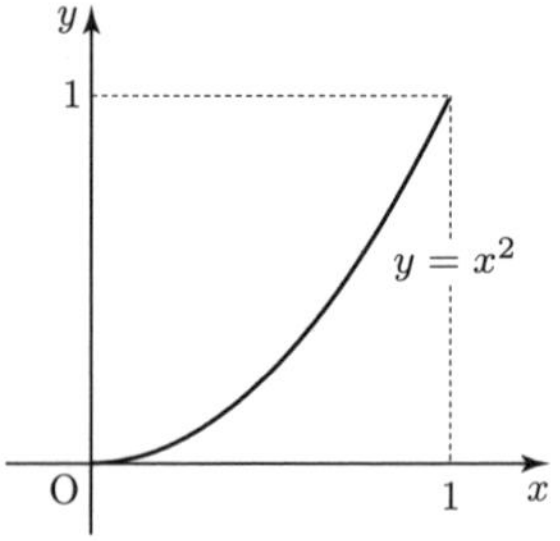

$$\begin{aligned} L &= \int_0^1 \sqrt{1 + (2x)^2}\,dx \\ &= \int_0^1 2\sqrt{x^2 + \frac{1}{4}}\,dx \\ &= \left[x\sqrt{x^2 + \frac{1}{4}} + \frac{1}{4}\log\left|x + \sqrt{x^2 + \frac{1}{4}}\right|\right]_0^1 \\ &= \frac{\sqrt{5}}{2} + \frac{1}{4}\log(2 + \sqrt{5}). \qquad \square \end{aligned}$$

この例題で求めた曲線の長さは，

$$\frac{\sqrt{5}}{2} + \frac{1}{4}\log(2 + \sqrt{5}) = 1.47894\cdots$$

であり，曲線の両端点 (点 $(0,0)$ と点 $(1,1)$) を結ぶ直線距離

$$\sqrt{2} = 1.41421\cdots$$

よりも，およそ 4.6％ 長い．（意外に伸びていない）

第 3 章の章末問題

問 1　関数 $f(x)$ と $g(x)$ の和 $f(x)+g(x)$ は区間 $[0,1]$ で積分可能だが，$f(x)$ と $g(x)$ 自体はそれぞれ区間 $[0,1]$ で積分不可能であるような例をあげよ．

問 2　0 以上の整数 n に対して，$I_n = \displaystyle\int_0^{\frac{\pi}{2}} \sin^n x\,dx$ とする．次の問いに答えよ．

(1) 部分積分法を用いて $I_n = \dfrac{n-1}{n} I_{n-2}$ $(n \geq 2)$ を示せ．

(2) I_n を求めよ．

問 3　区間 $[0, \frac{\pi}{2}]$ 上の関数 $f(x) = \sin x$ と $g(x) = x\sin x$ について，次の問いに答えよ．

(1) 関数 $y = f(x)$ と $y = g(x)$ のグラフを描き，値の大小を比較せよ．

(2) 曲線 $y = f(x)$，x 軸，直線 $x = \dfrac{\pi}{2}$ で囲まれる図形の面積 S_1 を求めよ．

(3) 曲線 $y = g(x)$，x 軸，直線 $x = \dfrac{\pi}{2}$ で囲まれる図形の面積 S_2 を求めよ．また，S_1 と S_2 の大小を比較せよ．

問 4　$a > 0$ に対して，$p_a(x) = \dfrac{1}{1+e^{-ax}}$ とする．次の問いに答えよ．

(1) $y = p_1(x)$ のグラフを描け．

(2) $y = \displaystyle\lim_{a\to\infty} p_a(x)$ のグラフを描け．

(3) $p_a(x) = \dfrac{1}{2}\left(1 + \tanh\dfrac{ax}{2}\right)$ を示せ．

(4) $\displaystyle\int p_a(x)\,dx = -\frac{1}{a}\log(1 - p_a(x)) + C$ を示せ．

問 5　連続関数 $f(x)$ に対して，広義積分 $\displaystyle\int_0^{\infty} f(x)\,dx$ は収束するとする．このとき，次は成り立つか．

$$\lim_{x\to\infty} f(x) = 0$$

That's it.

A
オンライン演習「愛あるって」

A.1 「愛あるって」の理論的背景

本書に付随したアダプティブオンライン演習「愛あるって」は，**項目反応理論** (Item Response Theory といい，IRT という略語を用いる) を背景とした新しい評価法を用いている．これまでの評価法では，各問題にはあらかじめ配点が与えられ，それぞれの問題の得点を合計した総得点が評価値であった．同じ試験を多くの人に課せば全員の総得点が得られる．そこから平均や標準偏差を算出すれば，自分の相対的な評価値を偏差値という形で求めることができる．しかし，問題の配点を変えれば総得点が違ってくる場合がある．配点によって評価値が変わるのは公正な評価法とはいえないかもしれない．そこで，各受験者の評価値に加えて問題の難易度も同時に求めながら，公正で公平な評価法が提案された．これが IRT による評価法である．この理論は，これまでに TOEFL など多くの公的な場面で適用されている．本書では，この評価法を用いた演習をオンラインで行うことができる．

IRT では，各問題 j に対する受験者 i の評価確率 $P_j(\theta_i; a_j, b_j, c_j)$ がロジスティック分布，すなわち，

$$P_j(\theta_i; a_j, b_j, c_j) = c_j + \frac{1}{1 + \exp\{-1.7a_j(\theta_i - b_j)\}} \tag{A.1}$$

に従っていると仮定する．a_j, b_j, c_j は，それぞれ問題 j の識別力 (簡単にいうと，問題の良し悪しを表す)，困難度 (文字どおり，問題の難易度を表す)，当て推量 (偶然に正答する確率を表す)，θ_i は受験者 i の学習習熟度 (ability) を表している．数値 1.7 は分布が標準正規分布に近くなるように調整された定数で

ある．受験者 $i = 1, 2, \ldots, N$ が項目 $j = 1, 2, \ldots, n$ に対して取り組んだ結果，その解答が正答なら $\delta_{i,j} = 1$，誤答なら $\delta_{i,j} = 0$ と書き表すと，すべての受験者がすべての問題に挑戦した結果 (これを**反応パターン**という) の確率は，独立事象を仮定すれば，$c_j = 0$ と仮定した場合，

$$L = \prod_{i=1}^{N} \prod_{j=1}^{n} P_j(\theta_i; a_j, b_j)^{\delta_{i,j}} (1 - P_j(\theta_i; a_j, b_j))^{1-\delta_{i,j}} \tag{A.2}$$

と表される．これを**尤度関数**という．図 A.1 に，IRT による評価の過程のイメージを示す．

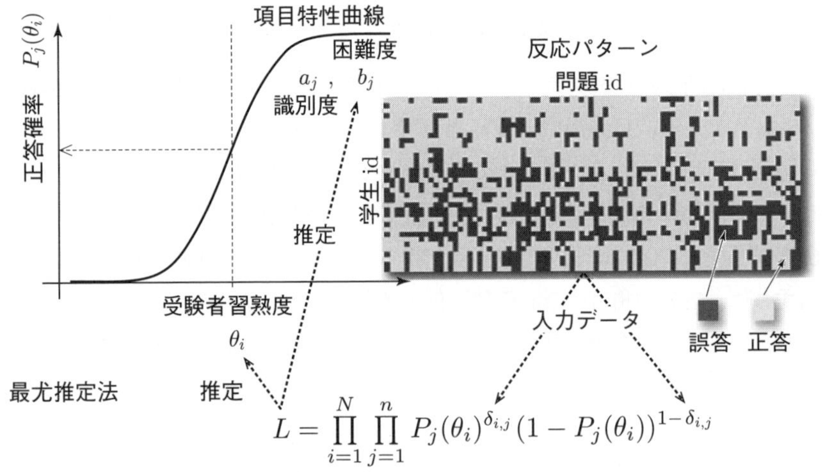

図 A.1 項目反応理論 (IRT) による評価の過程

誤答 0 と正答 1 からなる $\delta_{i,j}$ を式 (A.2) の尤度関数 L に代入し，それを最大にするような a_j, b_j, θ_i を同時に求めるのが IRT による評価法である．

ここで，なぜ古典的な評価法ではなく IRT を使った評価法が適切なのかについて考えてみる．いま，A, B 両君が 13 問の数学問題に挑戦し，$\delta_{i,j}$ の値が問題順に，

A 1111110001011

B 1011110011011

であったとする．2 問目と 9 問目で正誤が入れ替わっているだけで他は同じ解答パターンなので，正答率はどちらも同じ値 0.69 となる．しかし，A, B 以外

の受験者も加えて IRT を使って問題の難易度 b_j を計算してみると，2 問目では 2.3，9 問目では 1.2 なので，2 問目を正答した A 君のほうが学習習熟度が高いと考えるのが自然であると思われる．実際，A, B 両君の ability θ_i を求めてみると，それぞれ 1.70，1.56 である．IRT は自然な配点を自動的に行っていることがわかる．この例は，IRT のほうがよりふさわしい学習習熟度の評価値を与えていることを示唆している．

このオンライン演習では，問題の出題時には問題の難易度はすでに与えられている．受験者には，まず平均的なレベルの問題が与えられる．その問題が解けると少し難しい問題が与えられる．解けなければもう少しやさしい問題になる．このようにいくつかの問題を解いていくうちに自分の習熟度レベルと問題のレベルとが段々一致してくる．何問か解いた時点で最終的な評価点を出す．これを**アダプティブオンラインテスティング**という．

アダプティブテスティングでは，困難度はあらかじめ与えられているので未知数は θ_i だけと少なくなり，したがって習熟度を推定するために計算する手間は IRT よりも簡単になる．ただし，ときおり行う難易度の調整のための計算は通常の IRT よりも手間は大きくなる．図 A.2 に，アダプティブオンラインテスティングでの推定過程のイメージを示す．

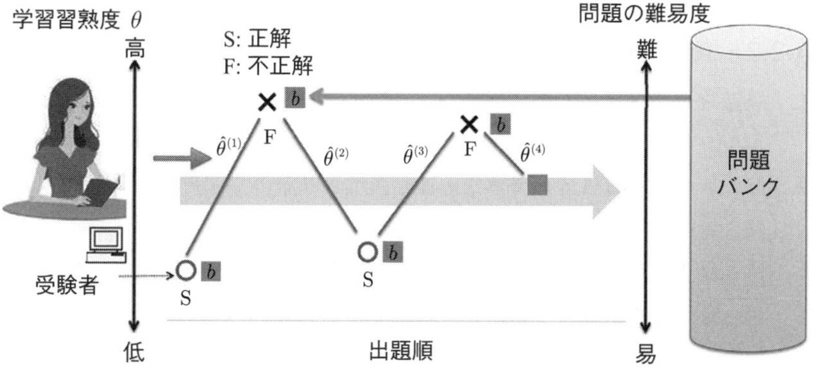

図 A.2 アダプティブテスティングでの推定過程．b, $\hat{\theta}$ は，問題を 1 問解くごとに変更されていく推定値を表す．

A.2 「愛あるって」の使い方

A.2.1 初期登録手続き

「愛あるって」では，初期登録を行った後，問題を解答するシステムになっている．初期登録は以下の手順に従って行う．

1. 培風館のホームページ

   `http://www.baifukan.co.jp/shoseki/kanren.html`

   にアクセスし，本書の「愛あるって」をクリックする．初回のアクセス時には，「接続の安全性を確認できません」というメッセージが表示されることがあるが，そのままブラウザの指示に従って進める．
2. システムにアクセスすると，ユーザ名とパスワードが求められる．ここでは，仮に以下のユーザ名とパスワードを入力して「OK」ボタンを押す．
   - ユーザ名： guest
   - パスワード： irt2014
3. すでにログイン ID をもっているユーザは登録されたユーザ ID とパスワードを入力してログインする．まだ登録していない場合，

   「ユーザ ID をお持ちでない方は コチラ 」

   をクリックする．その後，ログイン ID，氏名，パスワードを入力する．「登録」ボタンを押すと登録が完了する．

A.2.2 実際の利用法

1. 登録後にシステムにログインすると，受験トップ画面が現れるので，図 A.3 のように演習を行いたい章を選択し「開始」ボタンを押す．
2. 開始されると図 A.4 のような画面が表示されるので，問題をよく読み，各問に対応した選択肢から，正解を選んでクリックする．

   解き終えたら「回答して次へ」のボタンを押す．最後の問題を解き終えた場合は「解答して終了」ボタンを押す．
3. 問題を解き終えると図 A.5 のような画面が表示され，各問題を解くごとに推定されたあなたの習熟度がグラフ化される．「成績一覧」では，過去の習熟度の変化や全体におけるあなたのランク (S，A，B，C，D の 5 段階評

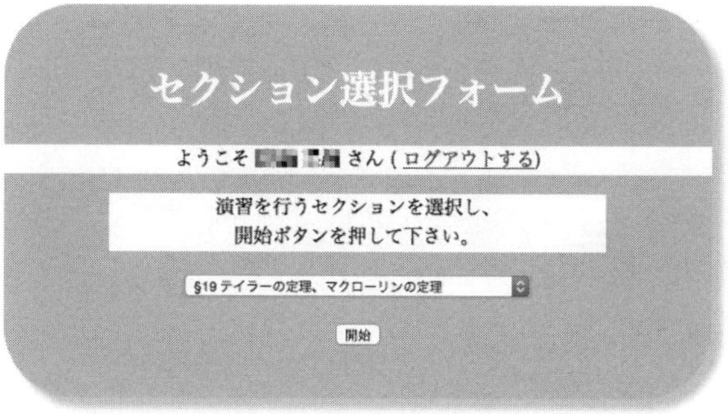

図 A.3　演習を行いたい章を選択

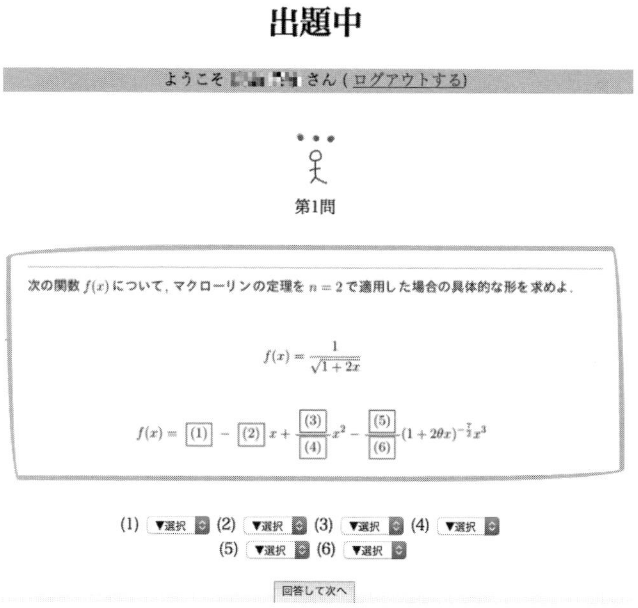

図 A.4　第 1 問目

価) をグラフで見ることができる.

その下には，図 A.6 のような画面が表示され，問題番号をクリックすれば正答と解説が表示される.

「印刷する」ボタンをクリックすると受験した内容を pdf に出力した後，印刷することができる.

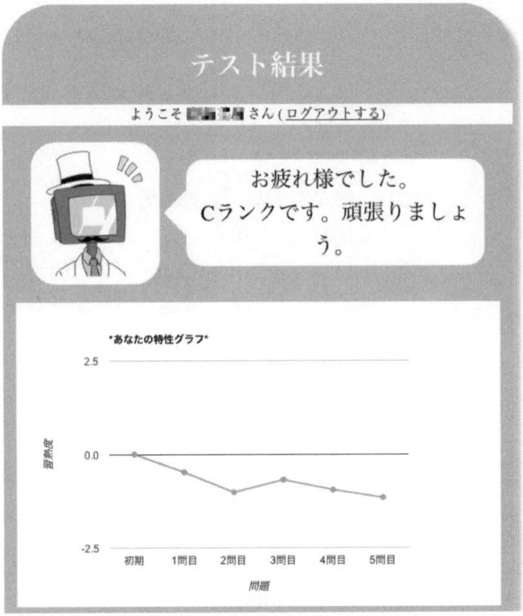

図 A.5　習熟度の変化と 5 段階評価

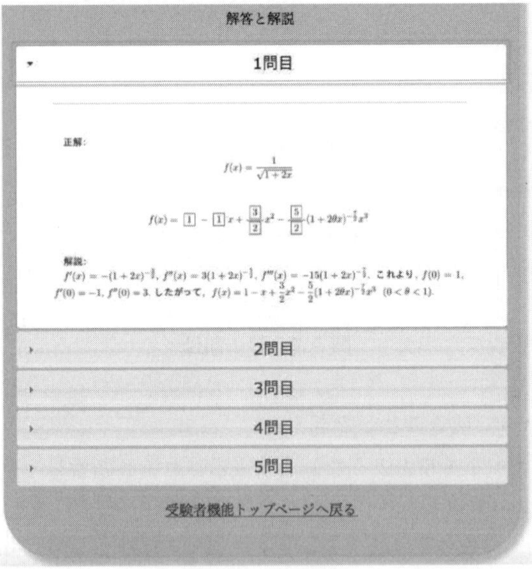

図 A.6　解説画面

章末問題の略解・ヒント

第 1 章

問 1　鳩ノ巣原理を用いよ．

問 2　パスカルの三角形を使え．

問 3　収束する．単調性を示せ．収束値を α とおいて方程式を解け．

問 4　単調性を示せ．

問 5　連続ではない．

第 2 章

問 1　必要性の証明は，導関数の定義式を用いよ．十分性の証明は，平均値の定理を用いよ．

問 2　$|x| \geq 1$ であれば成立することは明らかなので，$|x| < 1$ としてよい．$f(x) = |x| - |\sin x|$ とおくと，$f(0) = 0$ かつ $f(x) = f(-x)$ なので，$f(x) = x - \sin x$ $(0 \leq x < 1)$ が単調増加であることを示せばよい．

問 3　$x = \dfrac{1}{e}$ のとき，極小値 $f\left(\dfrac{1}{e}\right) = \left(\dfrac{1}{e}\right)^{1/e}$ をとる．

問 4　$n = 1$ のときは積の微分法より成り立つので，$n \geq 2$ として，

$$(f(x)g(x))^{(n-1)} = \sum_{k=0}^{n-1} \binom{n-1}{k} f^{(n-1-k)}(x) g^{(k)}(x)$$

が成り立つと仮定して，

$$\begin{aligned}(f(x)g(x))^{(n)} = \left((f(x)g(x))^{(n-1)}\right)' &= \sum_{k=0}^{n-1} \binom{n-1}{k} \left(f^{(n-1-k)}(x) g^{(k)}(x)\right)' \\ &= \sum_{k=0}^{n} \binom{n}{k} f^{(n-k)}(x) g^{(k)}(x)\end{aligned}$$

となることを，$\dbinom{n}{k} = \dbinom{n-1}{k-1} + \dbinom{n-1}{k}$ $(1 \leq k \leq n-1)$ を用いて確かめればよい．

問 5 点 0 以外の微分可能性は明らかであるから，点 0 で微分可能であることを示せばよい．

導関数 $f'(x) = \begin{cases} 2x\sin\left(\dfrac{1}{x}\right) - \cos\left(\dfrac{1}{x}\right) & (x \neq 0) \\ 0 & (x = 0) \end{cases}$ であり，$\displaystyle\lim_{x\to 0} f'(x)$ は発散するので，$f'(x)$ は点 0 で連続でない．

第 3 章

問 1 ディリクレ関数 (積分不可能) どうしの差をとると，定数関数 0 (積分可能) となる．

問 2 (1) $\sin^n x = (-\cos x)' \sin^{n-1} x$ として部分積分法を用いよ．

(2) n が奇数のとき，$I_n = \dfrac{(n-1)!!}{n!!}$．$n$ が偶数のとき，$I_n = \dfrac{\pi}{2}\dfrac{(n-1)!!}{n!!}$．

問 3 (1) $0 < x < 1$ のとき $\sin x > x\sin x$．$1 < x \leq \dfrac{\pi}{2}$ のとき $\sin x < x\sin x$．$x = 0, x = 1$ のとき $\sin x = x\sin x$．

(2), (3) $S_1 = S_2 = 1$．

問 4 (1) 略

(2) $x < 0$ のとき 0，$x > 0$ のとき 1，$x = 0$ のとき $\dfrac{1}{2}$．

(3) 右辺を整理せよ．

(4) 右辺を微分せよ．

問 5 成り立たない．例えば，自然数 n に対して，底辺 n^{-2}，高さ 2 の二等辺三角形を無限個並べると，その面積の総和 $\displaystyle\sum_{n=1}^{\infty} n^{-2}$ は有限値．

参考文献

和 書

[1] 杉浦 光夫，解析入門 I，1980，東京大学出版会

[2] 結城 浩，数学ガールの秘密ノート／微分を追いかけて，2015，SB クリエイティブ

[3] 嶺 幸太郎，微分積分学の試練，2018，日本評論社

[4] 高木 貞治，数の概念，2019，講談社

[5] 松坂 和夫，解析入門(上)，2018，岩波書店

[6] 上見 練太郎・勝股 脩・加藤 重雄・久保田 幸次・神保 秀一・山口 佳三，積分 改訂版，2014，共立出版

[7] 占部 実・佐々木 右左，理工科系一般教育 微分・積分教科書，1965，共立出版

[8] 大学数学の質問箱(数学セミナー増刊)，日本評論社，2019 年 6 月

[9] 広島工業大学数学グループ，微分積分学，2018，広島工業大学

洋 書

[1] James Tanton, Mathematics Galore!, 2012, Mathematical Association of America

[2] E.D. Gaughan, Introduction to Analysis, 2009, American Mathematical Society

索　　引

さ 行

た　行

な　行

は　行

ま　行

や　行

著者略歴

廣《ひろ》 瀬《せ》 英《ひで》 雄《お》

1977 年　九州大学理学部数学科卒業
　　　　工学博士
2015 年　九州工業大学名誉教授
現　在　広島工業大学教授

高《たか》 藤《とう》 政《まさ》 典《のり》

2008 年　東京理科大学大学院理学研究科
　　　　数学専攻博士後期課程修了
　　　　博士(理学)
現　在　広島工業大学准教授

山《やま》 内《うち》 雄《ゆう》 介《すけ》

2007 年　北海道大学大学院理学研究科
　　　　数学専攻博士後期課程単位取得
　　　　退学
　　　　博士(理学)
現　在　広島工業大学准教授

小《こ》 山《やま》 哲《てつ》 也《や》

1984 年　北海道大学大学院理学研究科
　　　　数学専攻博士後期課程単位取得
　　　　退学
　　　　博士(理学)
現　在　広島工業大学教授

2020 年 3 月 30 日　初 版 発 行

1 変数の微積分

著　者　廣 瀬 英 雄
　　　　高 藤 政 典
　　　　山 内 雄 介
　　　　小 山 哲 也
発行者　山 本 　格

発行所　株式会社　培　風　館
東京都千代田区九段南 4-3-12・郵便番号 102-8260
電 話 (03)3262-5256 (代表)・ 振 替 00140-7-44725

三美印刷・製本

PRINTED IN JAPAN

ISBN 978-4-563-01232-8　C3041